U0904735

全国教育科学“十一五”规划教育部重点课题
《职业教育中价值观教育的比较研究与实验》课题成果

基于联合国教科文组织国际教育和价值观教育亚太地区委员会“在全球化中共同学习与工作的价值观”课程实验成果

学会做事 赢在起点

Learning to do

主编 梁敬升 王吉明 孙晓东 孙涛 赵庆华

山东大学出版社

《学会做事——赢在起点》编委会

序　言

首先，对《学会做事——赢在起点》一书能在这么短的时间内成书并付梓表示祝贺！

关于为本书写序还要从《学会做事》中文版说起。《学会做事》(*Learning To Do*)一书来自于联合国教科文组织，是国际教育和价值观教育亚太地区网络(APNIEVE)组织专家编写出版的教师系列参考书的第三本(详细介绍请参阅《学会做事》中文版)。2005 年在联合国教科文组织和教育部领导的支持关心下我翻译了此书，2006 年 6 月由人民教育出版社出版了中文版，章新胜副部长作序予以支持指导。

2006 年 2 月以《学会做事》一书为基础，并辅以与亚太地区其他国家在职业教育中进行价值观教育的比较，正式申请了全国"十一五"规划教育部重点课题"职业教育中价值观教育的比较研究与实验"。中国职业教育学会组织了研究小组，由刘来泉常务副会长任总顾问，我任课题负责人，设计了课题研究方案。研究工作从价值观教育课程比较研究和借鉴《学会做事》一书开展本土化教学与实验两个方面展开。主要研究实验活动有国际比较、选修课实验、活动课实验、专业课渗透、职业指导渗透和师资培训等。通过比较研究与实验的方式，研究在中国职业教育中加强价值观和态度教育的内容、途径和方法。

《学会做事——赢在起点》一书是由"职业教育中价值观教育的比较研究与实验"山东实验子课题组及组长单位山东鲁职教育就业指导中心组建编委会组织编写的，该书由参与课题研究的 20 多所院校的 50 多位院校领导和教师参与编写，作为山东实验子课题组的重要研究成果推出并出版。在山东实验子课题的研究过程中，组织了近 60 所院校参与课题的研究与实践，参研院校把《学会做事》的课程模式与社会主义核心价值观部分内容的教学结合起来，把价值观教育与专业教学活动整合起来，把世界先进文化和我国优秀传统文化结合起来，把学习国际经验与总结我们自己的经验结合起来，很好地贯彻并实施了总课题组提出的借鉴国际先进经验，研究、开发新形势下有社会主义中国职业教育特色的职业价值观教育课程、教学模式，促进职业院校学生形成正确的人生观、价值观，提高职业素质，改善就业质量，增强职业适应能力和终身学习能力的总体目标。

《学会做事——赢在起点》一书在编写过程中，充分利用课题研究成果，借助山东课题组所有参研单位的集体团队力量，研究开发出了适合中国职业教育特色的职业价值观教育课程、教学模式，并通过结合总课题研究中职业价值观课的教学实践，在遵循全面贯彻科学发展观、以人为本构建社会主义和谐社会精神的基础上，尝试了以学生为中心的参与式学习、体验式学习及建构主义学习等各种教学实践方式，通过运用《学会做事》一书中推荐的“认知——理解——评价——行动”四步循环教学法，取得了良好的学习效果，得到了实验教学师生双方的认可。该书共设35个模块，包括职业价值观教育的课程结构构建和内容选择，教学过程的组织和方法，教师和学生的体会与收获等。

《学会做事——赢在起点》一书的出版为各院校提供了一个适合教师和学生同步使用并获得价值观教育独立的形式和舞台；为学生管理工作赋予了活的灵魂、提供了新的题材。它具有开放性，留给学生足够想象和发挥的空间，成为学生再思考的手杖和知识再生成的源头；它为德育课教学改革提供了新鲜的思路、新的范式。本书还填补了院校开设职业价值观教育课的学生用书的空白。

现在，由“职业教育中价值观教育的比较研究与实验”山东实验子课题组组织编写的《学会做事——赢在起点》一书就要在山东大学出版社正式出版了，我希望《学会做事——赢在起点》能在开展职业价值观教育中发挥重要作用，也希望更多院校通过此书了解职业价值观教育，为提高学生职业素质、改进做事态度提供可以借鉴参考的有效方法。

余祖光

2008年12月

《学会做事》原版中文序言

教育可以改变世界，教育决定着我们的未来。在经济全球化、政治多极化、文化多样化趋势日益明显的当今世界，越来越多的国家都不约而同地把对青年一代的教育放在了更加突出的位置。为探索合适的培养途径，各国都作出了自己的努力，联合国教科文组织也长期致力于这一领域的工作。早在1996年，以德洛尔为首的21世纪教育委员会，就提出了新世纪需要青年人“学会认知、学会做事、学会共处、学会生存”。这一理念对新世纪教育的实践产生了深远的影响。

2005年，联合国教科文国际教育和价值观教育亚太地区网络组织编写的《学会做事》(*Learning To Do*)一书，在联合国教科文职业技术教育与培训国际中心的支持下出版了。这是一本关于在全球化下共同学习和工作中的价值观教育的教师参考书，该书弘扬了“四个学会”的共同宗旨，倡导了健康、人与自然和谐，真理与智慧，爱心与同情，创造，和平与公正，可持续发展，国家统一和全球团结，全球精神等八个核心价值观，提出了具有可操作性的课程建议方案。

学会做事的前提是学会做人，这也是这本书的宗旨。教育要促进人的身心、智力、情感、审美意识、责任感和精神价值等方面的发展，使之成为一个全面发展的合格公民。职业教育培养的人，既要掌握技能和技术，还要自尊、自立，具备独立工作和团队工作的能力，诚实正直、守时负责；既有全面的综合知识，又具备某个领域的专门知识，具备在学习型社会继续学习的能力。在经济全球化不断深化的时代里，教育还要培养人的全球视野和国际沟通与交流能力，能够在不同文明之间对话，正确认识国际竞争与合作、生态环境、多元文化、和平发展等方面的国际问题，关心人类的共同发展。

《学会做事》一书重点为教师提供了系统的、具体的价值观教育的教学途径与方法。这本书知识面广、内容新颖，涉及经济、社会、文化和政治的各个方面，内容表达形式多样，有来自各种文化的诗歌、寓言、故事，许多文献资料都是2000年以来发表的。尤其值得称道的是其介绍了灵活多样的教学组织形式与教学方法，通过情景、参与、互动形成自主学习、合作学习的良好氛围，完成价值认知与理解、价值评价与价值实践这样一个知、情、意、行的完整学习过程。

今天，我们国家正在全面推进素质教育。素质教育的实质目标，就是要使我们的学生既学会做人，又学会做事。所以，我们反复强调要以育人为本、德育为首，要促进学生的全面发展，要突出创新精神和实践能力的培养。在实践这些教育理念的过程中，不但要认真地总结我们自己的经验，还要大胆地借鉴和学习国际上成功的做法，熔中西之长于一炉，这是提高我国教育质量和国际竞争力一个非常重要的途径。《学会做事》这本书有助于开阔我们的视野，有助于拓展新形势下学生价值观教育的有效途径，也会在教育教学的改革实践中给我们以新的启发，尤其是对职业教育院校的教师具有重要的参考价值。

现在，教育部职业教育中心研究所副所长余祖光先生翻译的《学会做事》中文版，由人民教育出版社正式出版了。我衷心希望《学会做事》中文版对职业教育以至于对于整体教育都有所启迪，同时也希望广大教育工作者根据我国的国情和文化有选择地应用，创造性地发展。

中华人民共和国教育部副部长
中国联合国教科文组织全国委员会主任
联合国教科文组织执行局主席
章新胜
2006年5月22日

目 录

绪 论 …… (1)

一、为什么要写《学会做事——赢在起点》这本书

——"学会做事"引发的思考 …… (1)

二、我们为什么要做价值观教育这件事

——价值观教育的价值驱动 …… (3)

三、我们拿什么教学生做事

——价值观教育的内容与框架 …… (5)

四、我们怎么教学生做事

——价值观教育的教学循环模式 …… (6)

五、在教"学会做事"中学习做事

——重塑我们的职业教育观 …… (8)

中心价值观:人的尊严 劳动的尊严

模块1 以尊重待人 …… (17)

一、尊严,人最宝贵的财富 …… (17)

二、尊重的基本内涵 …… (19)

三、如何尊重别人 …… (23)

四、让尊重成为习惯 …… (25)

模块2 工作的意义 …… (27)

一、劳动、工作和职业 …… (27)

二、尊重和欣赏所有形式的工作 …… (29)

三、工作的价值 …… (32)

四、关注思考你的工作 …… (35)

模块3 倡导良好的工作场所 …… (37)

一、众说纷纭:何谓良好的工作场所 …… (37)

二、良好的工作场所:让人有尊严地工作 …………………………(38)
三、倡导良好的工作场所:我们共同担当 …………………………(40)

核心价值观一:健康、人与自然和谐

模块 4　我是链条上的一环 …………………………(45)
一、尊重生命,感恩自然 …………………………(45)
二、环境与人…………………………(47)
三、我是最重的一环…………………………(52)
四、做链条的守护者…………………………(53)
模块 5　获得整体健康 …………………………(56)
一、身体健康与整体健康…………………………(56)
二、我的健康扫描…………………………(57)
三、走向整体健康…………………………(59)
模块 6　创建平衡的生活方式 …………………………(63)
一、生活需要平衡…………………………(63)
二、你的生活平衡吗…………………………(64)
三、学做生活与工作的主人…………………………(65)
四、快乐地工作,幸福地生活 …………………………(68)
模块 7　安全防护 …………………………(71)
一、安全第一:危险和事故就在身边 …………………………(71)
二、安全防护:幸福人生的基本保障 …………………………(73)
三、安全防护:不容懈怠的人生课题 …………………………(75)
四、让灾难远离我们…………………………(77)
模块 8　安全地工作 …………………………(80)
一、发生在工作中的健康与安全问题…………………………(80)
二、工作中健康与安全问题探讨…………………………(82)
三、营造健康、安全的工作环境…………………………(90)
四、安全地工作:贵在行动 …………………………(91)

核心价值观二:真理与智慧

模块 9　让正直成为一种生活方式 …………………………(95)
一、正直,为人之本 …………………………(95)
二、正直的基本内涵…………………………(97)

三、我正直吗 …………………………………………………………………… (101)
四、让正直引领我们的生活 ……………………………………………………… (102)
模块 10 解决复杂问题 ………………………………………………………… (104)
一、我在系统中 …………………………………………………………………… (104)
二、解决问题的态度与方法 ……………………………………………………… (106)
三、解决复杂问题的训练 ………………………………………………………… (110)
模块 11 道德启蒙 ……………………………………………………………… (112)
一、善恶是非,与人评说…………………………………………………………… (112)
二、道德发展,积善成习…………………………………………………………… (114)
三、道德决策,择善而从…………………………………………………………… (116)
四、躬身实践,持之以恒…………………………………………………………… (119)
模块 12 明智的人 ……………………………………………………………… (121)
一、洞察自己 ……………………………………………………………………… (121)
二、提高洞察外界的能力 ………………………………………………………… (122)
三、做明智的人 …………………………………………………………………… (126)

核心价值观三:爱与同情

模块 13 相信你自己 …………………………………………………………… (131)
一、天生我材必有用 ……………………………………………………………… (131)
二、自尊与自立:人生的脊梁……………………………………………………… (133)
三、我有多重要 …………………………………………………………………… (135)
四、做最好的自己 ………………………………………………………………… (137)
模块 14 我分享,因为我关心…………………………………………………… (141)
一、我心本善:同情与关心………………………………………………………… (141)
二、人间暖色:同情与关心………………………………………………………… (144)
三、送人玫瑰,手留余香…………………………………………………………… (146)
模块 15 服务的价值 …………………………………………………………… (149)
一、服务无处不在 ………………………………………………………………… (149)
二、服务是工作的目的 …………………………………………………………… (150)
三、优质的服务与优秀的服务者 ………………………………………………… (152)
四、做一个优秀的服务者 ………………………………………………………… (155)
模块 16 正确和公正的行为 …………………………………………………… (158)
一、心灵深处的航标 ……………………………………………………………… (158)

二、道德困境下的抉择 …………………………………………………… (160)
三、十字路口的思量 …………………………………………………… (161)
四、气有浩然，择善而行…………………………………………………… (164)

核心价值观四:创造力

模块17 构建创新的工作文化 ………………………………………… (167)
一、创新无处不在:出路所在，活力之源 …………………………… (167)
二、创新:智慧和勇气的挑战…………………………………………… (172)
三、创新的最佳体验 …………………………………………………… (174)
四、走近创新 …………………………………………………………… (175)
模块18 学做创业者 ………………………………………………… (181)
一、创业:一种积极的选择……………………………………………… (181)
二、创业:一种有准备的选择…………………………………………… (184)
三、创业能力评估 ……………………………………………………… (186)
四、做成功的创业者 …………………………………………………… (187)
模块19 承担责任 …………………………………………………… (192)
一、生产力、效用性与责任感…………………………………………… (192)
二、责任心评价 ………………………………………………………… (195)
三、责任的意义及价值 ………………………………………………… (195)
四、做负责任的人 ……………………………………………………… (199)
模块20 追求卓越 …………………………………………………… (204)
一、从优秀到卓越:伟大的跨越………………………………………… (204)
二、追求卓越:没有最好，只有更好 …………………………………… (206)
三、相约走向卓越:质量、时间与问题管理 …………………………… (208)
四、让追求卓越成为个人习惯 ………………………………………… (210)

核心价值观五:和平与公正

模块21 工作场所中的人权 ………………………………………… (213)
一、工作中的人权问题 ………………………………………………… (213)
二、关注工作中的人权 ………………………………………………… (215)
三、我国工作场所中的人权保护 ……………………………………… (217)
四、我们共同的义务 …………………………………………………… (218)
模块22 团队和谐 …………………………………………………… (224)

一、人多力量大不大 …………………………………………………… (224)
二、团队精神:合作、和谐 ……………………………………………… (227)
三、坦诚沟通,分享观点……………………………………………… (230)
四、做最好的团队 …………………………………………………… (233)
模块23 宽 容 ……………………………………………………… (237)
一、和而不同,最美的世界…………………………………………… (237)
二、宽容是最美丽的品格 …………………………………………… (239)
三、你的气量有多大 ………………………………………………… (242)
四、开放心态,包容不同……………………………………………… (245)
模块24 维护公平的工作场所 ……………………………………… (248)
一、公平与平等:普世的理想与追求………………………………… (248)
二、公平:在争议中被认同…………………………………………… (251)
三、维护公平:我们共同行动………………………………………… (255)

核心价值观六:可持续发展

模块25 可持续的生活质量 ………………………………………… (261)
一、从“女儿村”和“世界第七大洲”说起 …………………………… (261)
二、来自生态环境的挑战 …………………………………………… (264)
三、在反思中觉醒 …………………………………………………… (267)
四、走向可持续的生活方式 ………………………………………… (269)
模块26 可持续发展的工作场所 …………………………………… (271)
一、什么是理想的工作场所 ………………………………………… (271)
二、工作场所可持续性的反思 ……………………………………… (273)
三、组织的未来导向和可持续性发展 ……………………………… (275)
四、行动与思考 ……………………………………………………… (278)
模块27 可持续发展社会的新道德 ………………………………… (280)
一、生态危机,人类危急……………………………………………… (280)
二、构建可持续发展的新道德 ……………………………………… (283)
三、理解自己:个人职业道德观评价………………………………… (286)
四、做一个有新道德的人 …………………………………………… (287)
模块28 保护和促进多样性 ………………………………………… (290)
一、世界是复杂多样的 ……………………………………………… (290)
二、世界多样性的缺失 ……………………………………………… (293)

三、保护生物多样性和尊重文化多样性 …………………………… (296)
四、从我们的日常生活做起 ………………………………………… (298)

核心价值观七:国家统一　全球团结

模块 29　我是一个负责任的公民吗 ………………………………… (303)
一、公民责任意识 ………………………………………………… (303)
二、理想社会与负责任的公民 …………………………………… (306)
三、我是一个负责任的公民吗 …………………………………… (308)
四、做负责任的公民 ……………………………………………… (309)
模块 30　谁是负责任的领导 ………………………………………… (314)
一、领导力 ………………………………………………………… (314)
二、发展个体在工作中的领导力 ………………………………… (316)
三、你是一个优秀的领导吗 ……………………………………… (317)
四、做一名优秀的领导者 ………………………………………… (319)
模块 31　民主需要达到的基本水平 ………………………………… (322)
一、不同背景下民主的实践 ……………………………………… (322)
二、民主政治的基本元素 ………………………………………… (326)
三、关注民主,感受民主………………………………………… (330)

核心价值观八:全球精神

模块 32　当所有边界都消失之后 …………………………………… (337)
一、目前的地区发展趋势和全球和平与公正问题 ……………… (337)
二、人的个性与文化的多元 ……………………………………… (338)
三、可持续发展的趋势 …………………………………………… (340)
四、促进相互统一和相互依存 …………………………………… (341)
模块 33　全球合作 …………………………………………………… (344)
一、地球是一家 …………………………………………………… (344)
二、我的觉悟 ……………………………………………………… (346)
三、全球性思维,地方性行动………………………………………… (347)
四、积极的参与 …………………………………………………… (349)
模块 34　对工作崇敬的再发现 ……………………………………… (351)
一、对敬畏的认知 ………………………………………………… (351)
二、因为敬畏,所以奋斗………………………………………… (354)

三、带着敬畏去工作 …………………………………………………………… (357)

四、敬畏自己的工作 …………………………………………………………… (359)

模块 35　探究内心的平和 ………………………………………………………… (362)

一、平和是人生的境界 ………………………………………………………… (362)

二、平和存在于人的内心深处 …………………………………………………… (364)

三、分享平和 ……………………………………………………………………… (368)

后　记……………………………………………………………………………… (370)

绪　论

一、为什么要写《学会做事——赢在起点》这本书

——"学会做事"引发的思考

联合国教科文组织国际教育和价值观教育亚太地区网络编著的《学会做事》中文版面世了，这是一本对职业劳动者进行职业价值观教育与培训的参考书。初见此书，第一感觉是其内容和题目有一定出入，名为《学会做事》，实则是价值观教育。细读下来，终于明白了个中道理：做事是在做人的基础上进行的，做事先做人，做不好人，怎么能做得好事呢？而要做好人，首先就要有正确的做人态度，有正确的价值观念。这正是"学会做事"能成为教育的四个支柱之一的理由和依据。

《学会做事》一书中提出或阐明的一些关于职业教育的观点，对于我们这些长期从事职业教育的人来说是非常有震撼性的：

> ——价值观是一个人所认为自己生命中至关重要的东西，它为一个人的行为提供动力和指导，因此备受珍视。……价值观是由某些行为规范组成，可能是口头的也可能是书面的，需要通过我们的感觉和情感来体验，在人类活动和人类努力的产品中得以表达。
>
> ——价值观教育应当成为职业教育和培训的新的特征之一。
>
> ——职业教育和培训中，任何一个全面统一的人力资源开发项目，都应该以培养负责任的、自由的和成熟的个人作为目标，他们所需要掌握的，不仅是一定的技能和对最新技术的了解，同时还需要具备深厚的人类价值观和态度——对自我价值、自我尊重和尊严的认识，具有独立工作的能力，诚实正直、守时负责；能够适应变化的形势，知晓和理解困难和问题，创造性地拿出解决方案，和平解决争端，良好掌握世界、自己和他人的现实情况；既有全面的综合知识，又具备某个领域的专门知识、具备在学习型社会继续学习和接受终身教育的能力。

——现代教育已变得太专业化，分类过细、支离破碎。但是我们却没有完全开发出人的天赋。过分强调知识和技能，使得我们忽视了价值观和态度，我们的教育所培养的人，具有相当技术能力，但他不一定就是一名诚实负责的工作成员。因此，我们需要把负责任的公民的价值观和标准，渗透到通用能力、职业道德、技术和创业技能的培训中去，这一点是非常重要的。

——在设定与职业技术教育过程相关的目标时，一定要考虑个人的需求和愿望，因此，职业教育和培训应当：允许个性与个人特质的协调发展，培养精神和人类的价值观，培养理解、判断、批判性思考和自我表达的能力；通过开发必要的智力工具，发展技术技能以及态度，为个人终身学习做好准备；发展决策能力，积极、明智地参与工作的能力，在工作和社区中进行团队合作和领导的能力；让个人在信息和通信技术的迅速进步中能够及时应对。

上述观点的提出，不由得我们这些专门从事职业教育工作的人不对以往的职业教育行为进行深刻反思：

反思之一：新中国建立以来，我们党和国家历来就重视思想政治教育，强调素质教育在教育中的重要意义，强调世界观、人生观、价值观对个人成长发展的重要作用。各职业院校都把以职业素质教育为核心的全面素质教育列入了重要日程，开设了专门课程，但企业家们为什么总是感觉我们的毕业生似乎在总体素质上缺了些什么呢？企业选人用人在经历过资历取向、学历取向、能力取向后，素质取向为什么在今天如此走红？是意味着企业和社会在对人才的学历和能力要求得到一定程度的满足后，对人才素质品格的要求更高了呢，还是意味着企业认为我们对学生品格秉性方面的培养需要强化呢？

反思之二：我们是社会主义国家，要建设有中国特色的社会主义，要培养适应社会主义经济建设的职业技术技能人才。因此，我们的价值观教育必须以贯彻以社会主义价值体系为根本，必须做好马克思主义、中国特色社会主义共同理想、爱国主义为核心的民族精神和以改革创新为核心的时代精神以及社会主义荣辱观的教育。但在社会主义核心价值观教育以外，还是不是需要职业院校和职业教育工作者进一步做些什么？如：是不是需要进行社会主义一般价值观教育？是不是需要对学生进行一些个人价值观尤其是职业价值观教育？如果需要的话，对学生个人的职业价值观教育应赋予哪些具体内容？这些内容与社会主义的核心价值观又是什么样的关系？等等。

反思之三：在以往对学生进行思想素质、职业素质教育的过程中，我们不能不说十分努力，我们也采用了必要的手段和方法，比如，必修课、考试课、记学分、评优秀，甚至与奖助学金联系了起来。但我们仍然经常遭受学生的冷遇，学生不仅对思想素质教育课，甚至对专业课、技术技能课都表现出了不同程度的倦怠。

我们以为给学生的是可口的饺子，是西式大餐，或者是日本料理等，我们满腔热情地希望看到他们一拥而上，把这些美味佳肴分食殆尽，但我们看到的却是他们的不屑一顾，就像吃糠咽菜般的勉强。这又是为什么？

反思过去不是一件容易的事，尤其是反思过去的失误则更为痛苦。但反思又会给我们力量和勇气，让我们发现修正失误的机会和方法。上面的反思至少让我们给自己提出了一个重要问题：我们在教育别人“学会做事”这件事上是尽善尽美的吗？我们是不是也需要学习《学会做事》呢？《学会做事》这本书能不能帮助我们把想做的事做得更好呢？答案是肯定的。

于是，在北京、在山东、在湖南、在深圳，甚至在新加坡等地有一批从事职业教育的领导、专家、教师警醒了，开始以“学会做事”为研究对象，研究怎样做好职业教育与培训中的职业价值观教育这件事。自2005年开始在余祖光先生带领下，大家一边学习《学会做事》，一边研究和实验怎么教学生“学会做事”，并将职业价值观教育列为全国教育科学“十一五”规划教育部重点课题——“职业教育中职业价值观教育的比较研究与实验”，做了认真研究。

期间，课题的参与专家和单位从职业价值观教育的国际比较、职业价值观教育的心理学研究以及职业价值观教育在专业课、专业基础课、思想政治课、第二课堂、职业指导课、创业教育课中的渗透，职业价值观教育选修课等多个侧面进行了探索与实验。摆在我们面前的这本《学会做事——赢在起点》，是山东子课题组在总结山东省各实验院校实践经验的基础上，为了满足各实验院校开设“学会做事”选修课的需要，对《学会做事》原书的中国化、教材化。这也可以说是山东省参加研究和实验的职业教育工作者们，为自己、为自己的学生、为职业教育所做的一件具体小事，书的质量和使用效果还不得而知，但作者们是怀着对职业教育高度负责的精神和责任感、对学生成人成才的满腔热情和希望来做这件事的。

二、我们为什么要做价值观教育这件事

——价值观教育的价值驱动

对个人进行价值观教育是一件很值得去做的事。因为我们知道，人们的行动总是受价值观支配，它是一个人生命中至关重要的东西，为一个人的行动提供动力和向导。人们常说有什么样的决定，就会采取什么样的行动；有什么样的行动，就会有什么样的结果，就会有什么样的命运。也就是说，人们所做的决定造就了人们的人生。而主宰人们做出不同决定的关键因素就是个人的价值观。

价值观对个人生活的影响和作用是全方位的，就像一只无形的手在左右着人生的方方面面。如，在职业生涯的许多场合，人们往往要在一些得失中作出选择，是要工作舒适轻松还是要高标准的工资待遇？是要成就一番事业还是要安稳太平？当两者有矛盾冲突时，最终影响我们决策的就是存在于内心的职业价值观；选择工作时，企业文化的适应程度也是个人在其中感觉舒适与否的重要因素，而企业文化背后的支撑则是企业价值观，可见个人价值观与企业价值观的适应程度决定了个人的职业或岗位适应程度；个人价值观甚至在选择朋友、选择爱人、家庭和睦上有重大影响，我们经常听到的因性格不合而破裂的婚姻，其实性格差异并不是破裂的真实原因，人们的性格不同、多样，恰恰是我们感觉丰富多彩的原因，风格不同的人可以相处得很好，但是价值观如果不同，对问题的看法不同、处理方式不同，会使双方在日常生活中分歧多多，这才是不合的根源。

有人说：我们当前教育的最大失败可能还不是制造了一批雷同的“人才”，而是整个价值观培育的失败。对这种说法我们不敢完全苟同。我们正在举办世界上规模最大的职业教育，我们已培养和正培养数以亿计的职业技能人才，正在努力办让人民满意的职业教育。但也不得不承认，在很长一段时期内我们的确忽视了对学生个人价值观及态度的培育。而未拥有独立价值观的个人，则缺乏深沉的信念和独立的人格，缺乏个性和自我快乐的源泉。这样的人走向社会后很容易走弯路、斜路，或因没有主见而随波逐流，或因遇到困难和挫折而自卑颓废……

有人担心强调个人职业价值观教育会弱化我们的社会主义核心价值观教育。这种担心是由于不了解“学会做事”的真正内涵而导致的杞人忧天。联合国教科文组织国际教育和价值观教育亚太地区网络主导下编写的《学会做事》是一本教师参考书，我们不能期望编者站在我们立场上，以社会主义核心价值观的高度来指导写作。但它所倡导的是普适的人类共同学习、共同工作中的价值观，其中有关人的尊严、劳动的尊严、尊重生命和自然、工作安全与保障、正直、自信、服务、公正、创新、创业、责任、分享、可持续发展、公民责任、民主参与、全球精神等观念都是积极向上的，不仅与社会主义的核心价值观没有矛盾，而且契合一致，是对社会主义核心价值观教育内容的充实和有益补充。

价值观教育是塑造心灵、点亮人生的伟大工程。我们不会幼稚地期望通过一本书、几堂课或几次训练就能解决个人价值观的全部问题。我们想做的是要参考《学会做事》一书中提供的个人职业价值观教育的具体内容，借助该书介绍的教育培训方法，结合我国职业教育实际和社会主义价值观教育的基本要求，探索出一种在我国职业教育与培训中进行职业价值观教育的新模式，把职业价值观教育这件事做出成效，把过去我们欠学生的东西补还给学生。这对我们做职

业教育的人来说是本职，对学生个人来说是善举，也是我们在努力办让人民满意的职业教育中的应尽义务。

三、我们拿什么教学生做事

——价值观教育的内容与框架

《学会做事——赢在起点》这本书，以人的尊严、劳动的尊严为中心价值观，以健康、人与自然和谐，真理与智慧，爱心与同情，创造力，和平与公正，可持续发展，国家统一和全球团结，全球精神为核心价值观，并在以上两个中心价值观、8个核心价值观基础上延伸出了33个相关价值观，结合提出的价值观编写了35个教学模块，构成了完整的共同学习与工作的价值观体系框架和教学内容。

核心价值观	相关价值观	教学培训模块
	中心价值观： 1. 人的尊严 2. 劳动的尊严	模块1 以尊重待人 模块2 工作的意义 模块3 倡导良好的工作场所
健康、人与自然和谐	1. 尊重生命和自然 2. 全面健康和幸福 3. 平衡的生活方式 4. 关注安全和保障	模块4 我是链条上的一环 模块5 获得整体健康 模块6 创建平衡的生活方式 模块7 安全防护 模块8 安全地工作
真理与智慧	1. 正直 2. 系统思维 3. 明智和良知 4. 领悟与理解	模块9 让正直成为一种生活方式 模块10 解决复杂问题 模块11 道德启蒙 模块12 明智的人
爱与同情	1. 自尊和自立 2. 同情、关心和分享 3. 服务 4. 伦理和道德意识	模块13 相信你自己 模块14 我分享，因为我关心 模块15 服务的价值 模块16 正确和公正的行为

（续表）

创造力	1. 想象力、创新和灵活性 2. 主动性与创业精神 3. 生产力与效用性 4. 质量意识与时间管理	模块 17　构建创新的工作文化 模块 18　学做创业者 模块 19　承担责任 模块 20　追求卓越
和平与公正	1. 尊重人权 2. 和谐、合作和团队工作 3. 对多样性的宽容 4. 平等	模块 21　工作场所中的人权 模块 22　团队和谐 模块 23　宽容 模块 34　维护公平的工作场所
可持续发展	1. 守护资源 2. 未来导向 3. 职业道德和勤奋 4. 负责	模块 25　可持续的生活质量 模块 26　可持续发展的工作场所 模块 27　可持续发展社会的新道德 模块 28　保护和促进多样性
国家统一、全球团结	1. 公民责任 2. 恪尽职守的领导 3. 民主参与 4. 统一与相互依存	模块 29　我是一个负责任的公民吗 模块 30　谁是负责任的领导 模块 31　民主需要达到的基本水平 模块 32　当所有边界都消失之后
全球精神	1. 相互关联、区域完善 2. 崇敬神圣 3. 内心平和	模块 33　全球合作 模块 34　对工作崇敬的再发现 模块 35　探究内心的平和

四、我们怎么教学生做事

——价值观教育的教学循环模式

近两年在北京、山东等地的教学实验证明，由奎苏姆宾建议的四个教与学的循环步骤深受师生欢迎，教育效果明显。为此我们把《学会做事》中文版中有关四步循环教学法的描述转录如下，以供参考：

认知层面：知晓

关于个人、其他人；个人和其他人的工作和职业；自己的个性和相关的价值

（事实、信息等）

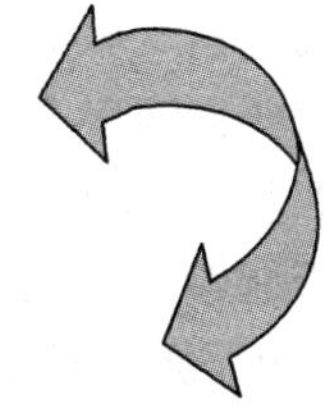

活动层面：行动

应用于工作场所和日常生活；决策，交流技能，小组工作，非暴力解决冲突等

（个人价值外显：行动和应用）

概念层面：理解

个人、其他人；概念、关键问题，过程因素

（顿悟、觉悟、认识）

情感层面：评价

反思、接受、尊重和欣赏个人和其他人的工作价值，个人和社会目标

（个人价值内化）

四步循环教学法示意图

第一步:认知层面——知晓。价值观不是存在于真空之中,它需要有知识作为基础,在此基础上对价值观进行了探索和判断。这一层面主要寻找和考察的都是一些具体的价值观。这些价值观是如何影响我们自身和其他人的?是如何影响我们工作中行为、职业道德、生活方式的?不过,知晓的内容还只停留在事实和概念上。为此,我们需要进入下一步骤。

第二步:概念层面——理解。对上图循环中所示的知识和智慧之间进行区别。只有知识但不理解知识,所带来的是傲慢,而有了知识并且理解知识,所带来的就是深刻见解。这就是为什么概念层面要分为两个步骤学习。教师很容易对知识进行讲解,并由学生记忆下来。但是,学习者如果要理解知识并且具备深刻见解,他们还需要有智慧。所谓智慧,就是了解主观思想和客观现实的本质,从而能够具备理解各种人、各种系统以及它们之间的内部联系的能力。如果学习者对于概念的掌握很牢固,他们就能更全面、更容易地掌握这些概念的内在价值。

第三步:情感层面——评价。知晓和理解并不能保证价值就被内化和整合。因此,我们必须确保价值概念渗透到一个人的体验和反省中,最后能够在一个人的情感层面得到肯定。简单来说，这些概念将经过三个过程：被选择、被评价和付诸行动。由于教和学是通过学习小组来进行的，由此可能获得的额外好处是，学习者需要同时学会欣赏、接受和尊重自身的价值观以及他人的价值观。

第四步：行动层面——行动。经过评价的价值概念最终将导致行动。无论行动是否能够体现我们此后的沟通技巧、决策能力、团队合作精神、非暴力解决冲突能力等，价值概念迟早总会影响我们的行为。学习者所面临的挑战，是要将从概念所得到的价值，经过情感层面以后，落实到人的行为。有时候，这是一个自发的过程。有时候，这需要某些特定领域提高学习者的技能。

虽然以上步骤是按逻辑顺序进行的，但在实际中，并不一定就是按部就班地进行。

五、在教"学会做事"中学习做事

——重塑我们的职业教育观

我们理解，按照奎苏姆宾倡导的四步循环步骤整合后的新教学法，会带来教学组织方式上的重大转变：从内容向过程、从认知向评价、从教师中心向学生中心转变。这样我们的职业价值观教育就成了一种以学生为主体，让学生通过评价和行动，在与自己的内心、与教师、与同学互动中体验的过程。通过这一过程，使学习者能够在个人幸福与工作满意之间进行协调，以实现个人的统一、完善与和谐。这意味着他们在认知阶段所获得的价值观，将会进入到情感阶段，并在行动阶段落实，从而使他们实现真正的自我。①

体验式学习或者叫体验式教育的一个重要特点，就是教育者要提供一个学习机会和学习氛围，让学习者能够真正地、自由地进行探索、表达和发现。最终，学习者把自己有意识选择和内化的价值观落实到行动中去。这对习惯于教师为中心的灌输式教学来说是一个挑战。这个挑战首先不在于我们能不能提供一个符合体验式学习的机会和氛围，不在于我们能不能找到一种方法来实现上面说的三个转变，而首先是对我们传统的职业教育观挑战。因此，职业价值观教育的过程是教育者和学习者一起受教育的过程，我们应当重塑自己的价值观、人才观、教学观、学生观、教材观。

1. 检视我们的价值观

我们要做的这件事，是一项塑造灵魂的工作。要想塑造人先要塑造自己，要

① 《学会做事》，人民教育出版社 2006 年版，第 19 页。

想点亮别人先要点亮自己。因此,我们首先要做的就是要检视自己:将要让学习者接受的这些观念我们自己理解、认可了吗?我们自己这样做了吗?如果连我们自己都不相信、不认可、不遵循,无论什么形式的价值观教育都是空的;对价值观教育的重要性、必要性和迫切性我们已经认识得足够充分了吗?我们是否还认为职业教育就是一种低层次的生计教育和单纯的技术教育呢?我们是否还认为价值观教育是空洞说教、虚无缥缈、可有可无的呢?如果发现我们自己的职业价值观包括职业教育观与需要和现实还有距离,那么我们自己就要为自己"洗脑",就要更新我们的观念。

2. 端正我们的人才观

我国的传统教育赋予教师的使命是"传道、授业、解惑","传道"被放在首位。可见我们的先辈希望教育者首先塑造好学习者的品行、良知,其次才是传授技能技术。在现代,我们强调"德才兼备","德"依然被置于"才"之上,甚至有的学者拿人和产品作比喻:"德才兼备是精品,有德无才是次品,无德无才是废品,无德有才是危险品。"什么是德?德就是人的品行,是在真善美的价值观指引下形成的个人秉性与良知。人可以没有知识,但不可以没有良知;可以技不如人,但不能道德败坏。单纯地拥有知识不一定就是人才;单纯地拥有技术也未必成为人才。现代社会对人才的需求不是唯知识和技能,更重要的是积极的价值观;但价值观教育恰恰是当前职业教育中最薄弱的一环,培养德才兼备,符合生产、经营、服务和管理一线需要的技术技能型人才是我国职业教育的重要使命。

3. 重塑我们的学生观

有一位职业学校的老师对"学会做事"课堂的感受是"三个没想到":没想到这些学生课堂上也会举手、参与,没想到这些学生也能讲出这么深刻的道理来,没想到这些学生竟然也想做"好孩子"。学生能做到的为什么以前没做到?我们该想到的以前为什么没想到?不仅说明我们对自己的学生缺乏足够的了解,"药不对症",在教育方法上出了问题,缺乏调动学生主动学习、主动参与的手段,更说明了我们对他们缺乏足够的信任和尊重,在对学生的评价上出了问题,我们的学生观需要重塑。下面是山东课题组提出的一些学生观:

(1)每个学生都是成功的,每个学生都在走向成功,都能够取得成功。

(2)每个学生都是可爱的,都是老师的好朋友,都能成为老师的好朋友。

(3)每个学生都有一颗向善的心,都渴望阳光的照耀,都希望自己成为一个优秀的人,正面教育始终是教育的主要方向。

(4)每个学生身上都有亮点,都是一座挖掘不尽的宝藏。职业学校的学生更是这样。

(5)每个学生都是一支可以点燃的火把,不是一个盛放知识的容器,就看我们用什么样的方法把他们点燃。

还有吗?请补充在下面:

学会做事 LEARNING TO DO

4. 更新我们的教学观

与学生共同领悟,共同感动,共同成长。在传统模式下,教师往往被视为知识和技能的所有者,是价值观的楷模。在学生眼中老师应该是专家,是偶像,是圣人。这在推动社会重视教育、重视人才,促进教师为人师表、学生尊师守纪等方面起了积极作用。但是,如果教师一旦不那么像“专家”,不是太高尚,往往使学生对你所教的内容产生逆反情绪。所以,教育者应该要求自己成为专家,成为高尚的人,但绝不能以圣人的姿态和面孔对待学习者,尤其是年轻学生。因为教师也是普普通通的人,尤其是在价值观教育上,有许多新领域、新观念对老师来说也是新东西,也需要一个学习过程。怀着与学生一起学习、一起领悟,共同感动、共同成长的教学观,不是以布道者,而是以协调员、组织者、参与者姿态和心态来做职业价值观教育这件事,就会更有主动权,更有感召力。因为这样做本身就是对学生尊重、与学生平等、为学生服务、对工作负责、与学生分享的行为,而尊重、平等、服务、负责、关心、分享也正是我们要接受、养成的职业价值观。

课堂并非是老师的舞台,而是学生的舞台。价值观教育是触及灵魂的教育,灌输式的布道往往收效甚微且不受欢迎,而互动式教学则更能激发学生兴趣。前期的课程实验已证明:“老师原来是不必站在讲台上的,老师走到学生中去更具亲和力。”(一位课程实验老师的课后感言)谁站在讲台上的问题,不是一个谁在台上谁在台下的问题,而是一个教学理念问题,是谁为课堂主体的问题。以往我们把课堂视为教师的舞台,教师与学生的关系是:“我在上你在下,我来教你来学,我来讲你来记,我提要求你照做。”课堂是老师表演、展示的场所。这种模式往往会限制学生的主动性,与体验式学习格格不入。老师把学生推向“前台”,自己退到“后台”,教师与学生的关系应当转变为组织协调者与参与者的关系,也可以比喻为编导(教师)与演员的关系。这时教师作为编导的任务是设计好剧本,提供机会,营造氛围,指导并参与互动。显然,这样的课堂是以学生为主体、教师

为主导的课堂，是在老师与学生互动、学生与学生互动、学生自己与内心互动的课堂，如果方法得当，应该受到学生欢迎，效果也会是明显的。

课堂氛围应该是民主宽松、开放诚恳、不偏不倚的。在价值观教育和形成过程中，教育者要保证在学习环境中提供一个民主空间，形成一种开放的、诚恳的、真挚的、非压迫式的课堂氛围。这样，学习者才能自由地展示自我，学习者与教育者之间形成有意义的互动，使对话和互动取得实效。如果课堂是压迫式的，教师只是希望学习者作出自己期待的回答，学习者自然也会倾向于说出他们认为教师所希望听到的答案，而不会说出真实感受和想法。失去了坦诚，职业价值观教育所做的任何努力都将是徒劳的。

教学形式应该是丰富多彩、生动活泼的。知晓、理解、评价、行动四步循环模式遵循了人类认知和行为的一般规律，是有一定科学性的。同时也符合我们中国人的知行观，《中庸》第20章就提出："博学之，审问之，慎思之，明辨之，笃行之"，二者可以说是一脉相承。它之所以魅力无穷，深受欢迎，首先在于它帮助我们冲破了传统、僵化的课堂教学模式，以高度的开放性、灵活性、包容性使我们豁然开朗：原来课堂教学形式可以如此丰富多彩，如此生动活泼。在这种模式中，不管是传统的还是我们新设计出来的，只要符合价值观教育需要的积极的教学方法、教学手段都有自己的用武之地。如协调员引导法、案例分析法、情境教学法、头脑风暴法、拓展训练法、项目驱动法、心灵震撼法、自我感悟法、互助分享法、现场教学法，甚至引导性深思、游戏、演讲、辩论、诗歌、小品等等，都呈现在了我们课堂上，成为引导学生参与、自主学习、体验人生的载体，也成为个人职业价值观内化、外显的重要方式。

评价和行动是价值观教育的主要着力点。"只有当学习者全方位体验到自己是全人类的一员之后，他才能成为一名胜任技术工作之外，同时成为一名负责任的、献身于改善生活质量的社会成员。"[①]我们在职业价值观教育中倡导学习者自主性、体验式学习，并把评价和行动过程视为体验式学习的两个重要支点。通过评价来发现问题、启迪思考，能触及灵魂，点燃情感，知晓与理解了的概念和价值才能内化，纳入个人价值观体系。行动是帮助学习者将所学到的知识和内化了的价值观，应用到实际中去，是最直接、最现实的体验过程。学习者在行动中真正感受到践行某种价值观所带来的生活质量改善时，才会乐此不疲。这样，职业价值观教育才不会仅仅停留在认知层面，才会实现真正的内化。因此，如何引导学生评价和行动是教育者面临的一个重要课题。

我们理解：评价可以是个人既有价值观的反思与考量，也可以是对组织或社

① 《学会做事》，人民教育出版社2006年版，第19页。

会中相关价值观的审视和研判。就个体评价而言，评价就是老师设局，学生说话，直指人心，晾晒灵魂；就社会评价而言，评价就是透析现状，发现问题。教育者在评价环节的设计上：一要紧紧围绕相关价值观确立评价目的；二要准确设计评价题目，要注意指向明确，梯度合理，有话可说，适当铺陈，简明扼要；三要恰当引领评价过程，以学生自我评价为主，教师当讲的讲透，不当讲的不讲；四要在结果运用上抓住重点，抓住实质，抓住问题，适当点评。在评价的原则上：我们主张以学生自我评价为主，真正把课堂交给学生；以正面评价为主，教师要学会欣赏和赞誉学生；描述性评价与量化评价相结合的，老师要准备好评价资料；以真诚求实为原则，教师要鼓励实话实说，创设出学生互动交流的民主空间。

行动过程是让学生在做中学、学中做。教、学、做相结合是我国职业教育教学中倡导的一个重要原则。在职业价值观教育中，教、学、做相结合的方式可以是多样的，如组织一次有目的的课外或者社会活动，是一种现实的做；组织一次课堂拓展训练，是一种模拟的做；利用案例教学也是一种做，是通过别人所做来学习，是一种虚拟的做。甚至沉思、回忆、评价过程也是一种做，是在体验中做。总之，行动和做是价值观教育的目的，也是手段，如何利用好这一手段取决于教育者的灵感和教育智慧。

5. 探讨我们的教材观

《学会做事——赢在起点》是《学会做事》中文版的一本配套书。该书在遵循《学会做事》中文版的基本框架和宗旨的前提下，做了一些新的尝试：一是思维方式、语言风格、价值观念的本土化，使职业价值观教育更适合中国人阅读习惯和认识规律；二是表述方式教材化，把以教师为主要对象变为以学生为主要对象，把教学参考书式的表述方式变为教材化的表述方式，使职业价值观教育更贴近学生。在这两种尝试中，我们还注意到了以下问题：

(1)教材必须坚持正确的价值导向，传递基本的价值观点。《学会做事》的副标题是“在全球化中共同学习与工作的价值观”，可以看出，编者是以全球化的视点和思维方式来阐述“学会做事”这一教育支柱的，因此，无论是语言风格、思维方式，还是价值观点的具体描述，难免与我们存在一定距离，尤其是有些价值观点需要扬弃。如：人权问题，维护权利与履行义务的问题，宽容与原则的问题，创建平衡的生活方式与倡导积极的工作态度的问题，公平公正问题，文化的多样性与主旋律问题，民主问题，边界消失、全球化与多样化、国家主权、民族精神问题等等。总之，我们应当坚持正确的价值导向，共同的价值观要与我国主流的价值观相融合；要坚持辩证思维和唯物史观，使职业价值观教育成为我们社会主义价值观教育的具体组成部分。

(2)教材应当发挥引领教、学的作用。无论是从动机还是从目标上,我们对《学会做事——赢在起点》在引领教与学方面的期待颇多:一是期待该书提出的中心价值观、核心价值观、相关价值观,引领教育者和学习者寻找到更多职业价值观教育和学习的具体内容,使个人在职业价值观修养方面目标更具体一些,内容再充实一些,成为社会主义的主流价值观体系的具体部分。二是期待该书所提供的四步循环模式,引领教育者探讨更生动活泼、更新颖有效的教育与教学方法,使价值观教育不再那么空洞乏味,引领学习者兴趣盎然地加入到我们的课堂中来,主动接受教育、体验人生,将价值概念内化为个人品格。三是期待通过《学会做事——赢在起点》课程实验探讨一种符合在我国职业教育中进行职业价值观教育甚至是思想素质教育的课程范型,整合出一种以职业素质教育为核心的全面素质教育的新途径。

(3)教材不是圣经式的教科书,应具有一定程度的开放性、包容性。与其他课程不同,职业价值观教育既是职业观、人生观教育,又是生存观、发展观教育;既是大众化的教育,更是学习者个性的培养与开发。因此,职业价值观教育的内涵极深,外延甚广,一本教材是很难穷尽的。我们的观点是:教材是老师和学生共同写出来的,知识是在课堂上不断生成的,价值观是在看似“没有”答案的教育训练中养成的。教材可以不说尽一切,也不可以说尽一切。教材要留给教师学生发挥的空间,成为学生再思考的手杖,成为知识再生成的源头。《学会做事——赢在起点》提供了一些案例、情境或活动,给出了一些正确的、基本的价值观念,甚至有些地方也给出了看似答案的阐述;但也没有把一切说尽,试图从该书中找到所有问题的答案和解决所有问题的方法,然后照本宣科式地向学生灌输是不可能的。

总之,价值观教育是职业教育与培训的一项重要内容,也是一项艰巨的“育人”工程,任重而道远。但为了找出一种教学方法,如捷克著名教育家夸美纽斯所说的“使教师因此可以少教,但是学生可以多学;使学校因此可以少些喧嚣、厌恶和无益的劳苦,独具闲暇、快乐和坚实的进步”。这一教育理想的实现,我们期望所做的能得到大家的认同和欢迎,并积极参与、行动起来,和我们一起把这件事做得更好。

中心价值观：

人的尊严　劳动的尊严

人的尊严和劳动的尊严是支撑本书中所有核心价值观与相关价值观的一对中心价值观。人的尊严和劳动的尊严是最有力最基础的价值观。

人的尊严：所有人都有被尊重的权利，都有满足基本需求的权利，每个人都应具有发展个人潜能的机会。

劳动的尊严：尊重和赞赏所有形式的劳动，承认它们对个人理想的实现和对社会进步发展的贡献。

模块1　以尊重待人

世界上没有两片完全相同的叶子，同样，我们也找不到两个完全相同的人生。当你从母腹中呱呱坠地的时候，也就决定了你的人生之路将从此与众不同。生于富贵人家，你可以从容地过上丰衣足食的生活；生于贫寒之家，你将不得不为生存而四处奔波。为此，我们无须去责怪上天，更不该去抱怨父母，因为不管富贵与贫穷，有一笔最珍贵的财富由你我共同拥有，它随着生命的诞生而降临，却不会随着生命的凋零而消失，那就是：人格的尊严。

一、尊严，人最宝贵的财富

尊严，简言之，尊贵而庄严。人是尊贵的，因为我们拥有人格。芸芸众生中，我们是万物之灵长，我们拥有比其他生物更高级的智慧、更丰富的情感、更广阔的胸怀。人是庄严的，因为这种高贵的品质是造物主神圣的赐予，它不能转借、不能交易，更不能通过巧取豪夺来获得。你的人生可以命运多舛，可以遭逢坎坷，可以怀才不遇，可以碌碌无为，但是，拥有人格无疑是一件十分荣幸的事情，因为有一个事实我们无法否定，那就是：没有一个人会主动放弃人格，也没有一个人会因为自己是人而懊恼不已。

人的一生中最重要的是什么？权力？金钱？还是荣誉地位？我们无法给出最精确的答案，但是，我们知道，人如果失去了尊严，他所拥有的这一切都将失去意义。尊严包含着一个人是否存在的事实，它代表着一个人的独立人格，它可以证明你就是你而不是其他人或其他族类，它排斥权力、金钱、地位和知识，它就是你平等、独立存在于这个世界上的最好证明！

概言之，人的尊严是人所应拥有的尊贵的身份和地位，是在任何情况下都不能出卖、不能丧失的气节、品质和骨气。

案例1-1 《乞丐的眼泪》 有一天，俄罗斯文豪屠格涅夫遇见一个乞丐，看见乞丐穷困潦倒的样子，他很想有所施舍，可是，由于出行匆忙，他口袋里没有带一分钱。此时，他见乞丐的手高高地举着，于是，大踏步走上前去，握着乞丐的手说："兄弟，实在对不起，我忘了带钱出来。"乞丐流着泪说："您能叫我兄弟，让我和您站在同一条线上就已经让我感激不尽了。"

案例1-2 《哈默的故事》 美国石油大王哈默，曾经是个落难者。一天，他和一群人来到一个小镇上。镇长给每个人分发了食物。哈默却说："您这儿有活干吗？我干完活再吃您的饭。"镇长说："没有。"哈默转身要走。镇长连忙说："年轻人，愿意到我的农场干活吗？"于是，他留了下来。二十年后他成为著名的实业家。

☞看了上面的两个故事，你首先想到什么？两个故事给你带来怎样的启示？

学会做事 LEARNING TO DO

☞请回想一下当你受到尊重或当你给予别人尊重的时候，内心是什么感受？

受到尊重的经历	当时的心情	给你的触动
给别人以尊重的经历	当时的心情	给你的触动

☞以小组的形式交流体验，并运用头脑风暴法找出与尊重相关的关键词。

学会做事 LEARNING TO DO

二、尊重的基本内涵

古往今来，哲学家们对人格的本质做了无数次界定。有人说“人是政治动物”，有人说“人是社会动物”，也有人说“人是一切社会关系的总和”。尽管人们因立场和观察问题角度的不同，对人格的本质作出了迥然不同的判断，但是有一点是共同的，他们都承认，人是权利与义务的载体。我们尊重人格就是尊重他们与生俱来的权利，并在理解与关爱的前提下为每个人正常行使他们的权利提供充分的保障。

1. 权利，与生俱来

我们每个人都具有天赋的权利与尊严，遗憾的是，并不是每个人都对自身的权利拥有足够的认识。基于政治、经济、文化等各方面的原因，有些人不知道自己拥有什么样的权利，有些人漠视自己拥有的基本权利，更有甚者，有些人面对自身的权利被侵犯却不敢拿起法律的武器为自己讨一个说法，所有这些都表明，我们维权的道路依然任重而道远。

☞ 看一看：宪法赋予我国公民的基本权利，请对照《中华人民共和国宪法》第二章第三十三条至第四十八条内容，说一说，在日常生活与交往中有哪些权利曾经遭受过别人的侵犯？

学会做事 LEARNING TO DO

2. 权利，人人平等

人人生而自由，人人生而平等。看似简单的命题，却是耗费了几代人的生命和热血才悟出的。

当人类还处于蒙昧时代，他们面对的是恶劣的自然环境，生存是他们的第一要务。尽管他们还不能充分地认识自己，对生存权的要求就已经在活下去的愿望中悄悄萌芽了。

当人类进入阶级社会，社会被分化成统治和被统治两个极端对立的阶级，统治者为了满足需要，极尽骄奢淫逸之能事，他们把人当成会说话的工具，把普通人的生命当成手中的玩偶。从古罗马斯巴达克斗兽场到中国东晋王朝的肉痰盂，血淋淋的事实告诉我们，没有政治上的平等、经济上的独立，人格的尊严便无从谈起。为了摆脱像动物一样地生活，奴隶与平民们掀起了一场又一场捍卫尊严的斗争，他们的事迹将永载人权运动的史册。

当人类步履蹒跚地进入 18 世纪以后，首先由欧洲资产阶级掀起的启蒙思想运动，才使人们真正认识到自由平等原本属于自己。于是，人们像追求空气、阳光和水一样，迸发出对自由平等的向往与追求。经过不懈的努力，终于在 1789 年 8 月 26 日，一纸划时代的人权宣言应运而生了，这就是《法国人权宣言》。透过不足两页的文字，人们终于明白，人之所以为人，是因为我们拥有着与生俱来的尊严与权利；终于知道，人人生而自由，人人生而平等；终于知道，我们每个人都赋有理性和良心，不管地位的尊卑，在社会中都应当以兄弟相待。

纵观人类的发展我们不难看出，一部厚重的人类发展史，既是一部征服自然改造自然的开拓史，也是一部争取权利维护尊严的奋斗史。

3. 权利，需要维护

中国有句古话：志士不饮盗泉之水，廉者不受嗟来之食。个人有个人的尊严，国家有国家的尊严，民族有民族的尊严。尊严维系着一个民族的命运和形象，人的尊严是不可征服的，民族的尊严更是不可诋毁。当一个民族没有了尊严时，个人也就失去了尊严。

一个社会进步与否，不应当只看其经济的发展与科学的进步，人们享有权利的状况以及民主与幸福才是衡量人类进步的最重要指标。著名学者陈家琪曾经说过："尊严是文明，但又像一层贴在脸上的东西一样容易脱落。"尽管人的尊严

是与生俱来的，但是我们依然要像对待自己的生命一样去细心维护它。

案例1-3 《曲小雪的故事》 四年前，曲小雪留学美国，到路易丝太太家勤工俭学，在多次受到了令人难以忍受的侮辱之后，她决定辞工。而老太太的儿子银行家爱德华却蛮横地拦住了她，并声称，中国人比他最看不起的黑人都不如。事关中国人的尊严，曲小雪不卑不亢，针锋相对："请不要污辱我们中国人，我可以告诉你我身边的一个例子。在我所在的大学里，我们班有50个读硕士学位的，可47个都是我们黄皮肤、黑头发的中国人。而遗憾的是，你的同胞只有3个，而且还是倒数三名，但我们没有看不起他们。"爱德华母子恼羞成怒，竟对弱小的曲小雪进行人格侮辱和毒打，致使曲小雪膑软骨永久性挫伤、脊椎骨错位弯曲以及严重脑震荡。更让人难以忍受的是，爱德华母子竟恶人先告状，告她无理取闹。无奈之下，曲小雪被迫四处求告。在以后漫长的四年里，她忍受着病痛的折磨、法庭内外的巨大压力以及种种意想不到的困难，最后，使这场官司由地方法庭一直打到最高巡回法庭。法庭上，曲小雪以超群的智慧击败了华盛顿三位大律师"庭外和解"的企图。法官被迫宣判被告赔偿5250美元，并当场向原告赔礼道歉。曲小雪接过支票，向全场抖了抖，义正词严地说："刚才被告不得不向我公开道歉之后，你们又非常及时地在法庭上公开给我递上这张支票，你们这样做，是想造成一种印象：这个中国姑娘之所以旷日持久地坚持要打这场官司，无非就是为了这张支票，让人觉得钱是这场官司的目的，也只有钱能为这场官司画上句号。可你们错了！至少我这个中国人，当然，还有许许多多的中国人都决不会在你们的美元面前低下自己高贵的头！我打这场官司，是为了讨回我做人的尊严！尊严！美元，在我的尊严面前一分不值。见鬼去吧！"曲小雪当场把五千多美元的支票一点一点地撕碎，抛向法庭的上空。在这里，曲小雪讨回的不仅是个人的公道，还有一个拥有13亿人口、拥有五千年文明的伟大民族的尊严！

☞ 说一说，曲小雪的故事带给你怎样的震撼？

学会做事 LEARNING TO DO

☞ 当你的尊严受到侵犯的时候，你将采取什么样的手段维护自己的尊严？

学会做事 LEARNING TO DO

在日常生活中，我们常常得不到自己应有的尊严，我们的权利也有被忽视甚至被别人侵犯的情况，究其原因不外乎有以下几个层面：

首先，贫富不均。尽管人的尊严不因财富占有的多寡来衡量，但是财富与资源的不均等分配却足以对人们行使其权利构成不利的影响。尊严是一种需求，而且是一种高层次的需求，它必然要建立在生理需求、安全需求和社交需求之上，不能满足人们衣食住行的需要，甚至衣不蔽体、食不果腹，我们谈何尊严！只有在大力发展经济的前提下并尽量公平地使每个人都享受到社会发展的成果，人们的尊严才可以实现。管仲说过：衣食足则知荣辱，仓廪实则知礼节。可见消除贫富不均始终是人权与尊严能否实现的关键所在。

其次，社会偏见。在文明昌盛的今天，我们依然能够看到封建传统陋习的存在，这些封建文化的毒瘤还时不时在我们健康的社会躯体上发作，并对人类的尊严构成直接的威胁。这些名目繁多的毒瘤中，最大的一个就是社会偏见。由于它的存在，让有些人看不到人性的光辉，比如轻视普通劳动者，歧视残疾人，重男轻女等等，在这种错误思想的支配下，一幕幕丑陋荒唐的闹剧诞生了。

案例 1-4 《屈辱的回忆》 1995 年 3 月，一位中国女员工因过度疲劳在工作台上打盹，韩国女老板金珍仙强迫百余名中国劳工双手举起作投降状，就地跪下，并声称若有一人不从就罚其余人“永远跪着上班”。

2001 年 7 月，由于怀疑工厂女工偷窃假发，一家由韩国人在深圳开办的假发厂竟对该车间的 56 名女工强行搜身，并喝令女工们双手抱头站立长达一个多小时之久。

☞ 看到这些事实，你的内心是一种什么样的感受？请写出不超过 100 字的短文说出你的感受。

学会做事 LEARNING TO DO

再次，误解与不宽容。我们生活的社会是个多元并存的社会。每个人由于

遗传、出身、教育等背景的不同造成个体心理素质的不同。有些人宽容，有些人褊狭；有些人性情暴烈，有些人温良恭俭。事实证明，有很多冒犯他人尊严的事情是完全可以避免的。当你的行为遭人误解的时候，只需一点宽容和理解；当你误解他人的时候，只需一句真诚的道歉。如果能够做到宽严有度、待人以诚，言行恭谨、待人以和，常怀恻隐、待人以亲，我们就会减少冲突，让每个人都能享有各自的尊严。

案例 1-5 《自取其辱的故事》 有一次，周总理去会见某外国元首。那个国家的元首，很看不起中国和中国人民。在和周总理礼节性握手之后，他从衣服兜里掏出一块手帕擦了擦手，然后把手帕放回了兜里。这时，周总理不慌不忙地也掏出一块手帕，擦了擦手，然后把洁白的手帕扔进了垃圾箱。一生节俭的周总理，用一块洁白的手帕，不但捍卫了自己的尊严，而且还捍卫了祖国的尊严。

还有一次，有记者问："我们西方人走路总是挺起胸膛，中国人走路总是弯腰驼背，这是为什么？"周恩来回答道："这是因为我们中国人正在走上坡路，而你们西方人正在走下坡路。"

☞ 看到这两则故事，我们不但为总理的智慧拍案叫好，更让我们从中感悟到很多做人的道理。请同学们围绕这个主题，讨论一下尊重他人与自我尊重的关系。

学会做事 LEARNING TO DO

最后，社会暴力。文明的对立面是野蛮。一部厚重的人类发展史，同时也是一部文明与野蛮不断交织、不断斗争并最终以文明的胜出为结局的斗争史。毋庸讳言，暴力作为野蛮的一种极端表现在我们今天的社会中还没有完全消除，大到世界大战，中到恐怖活动，小到家族械斗甚至街头打架斗殴，野蛮的种子我们随处都可以看到。在这种暴力的践踏下，人们或者因战争而流离失所，或者因失去亲人而呼天抢地，或者因生活所迫而卖儿卖女，人类的尊严又如何谈起呢？

评价

三、如何尊重别人

一个和谐的社会，必然是人们享有尊严与权利的社会。为此，一国家一组织一团体必须在制度文化上采取相应的措施去给予保证。同时我们也应当看到在个体与个体交往过程中，把握交往的原则与完善交往的技巧同样会对权利与尊严产生一定的影响。我们主张以尊重待人，因为我们发现尊重带有强烈的交互性，送人玫瑰手留余香，你给别人一个微笑，别人会回报给你一个美丽的春天。

那么如何才能实现彼此尊重、和睦共处呢？

1. 认可与理解

大千世界，林林总总，每一个生命都有自己独特的生存智慧与生存方式。正是这种细微差别，让我们所处的世界和而不同、异彩纷呈。所以要想让人际更和谐，关系更融洽，我们每个人首先要认可这种差别，对异于自己的生活方式、处事的方式给予充分的理解，就像天上的星星，你亮你的，我亮我的，它们彼此互不干涉，却又相互的辉映，共同成就一个璀璨而迷人的星空。

2. 欣赏与关爱

尽管人们出生的背景不同，生活的阅历不同，但他们作为一个鲜活的个体生命都有其独特的人生体验，正所谓尺有所短、寸有所长。这就需要我们以赞赏的目光去努力发现别人身上的闪光点，以别人之长来弥补自己之短。同时我们还要把我们周围的人看成是自己的兄弟姐妹。我们每个人都处于不同的工作岗位上，扮演着不同的生活角色，不管权利大小，拥有财富多寡，他都是与我们有着相同人格的生命体。对他人付出爱也会受到别人爱，每个人都付出自己的爱心，这个世界就会充满健康和温馨。

3. 合作与帮助

尊重别人不但是一种道德，还是一种生存的智慧。在这个世界上，我们每个人的力量总是十分卑微的，这就需要别人的合作与帮助。现代社会是建立在社会化大生产基础之上的经济运作，分工与协作不但可以提高效率，更主要的是通过合作建立起一种全新的人际关系。人作为一种社会动物，需要有一种归属和关怀，我们统称为“社交需求”，以尊重待人是能否合作愉快的根本保证，更是能否获得别人认同与理解的处事良方。

案例 1-6 《尊重的回报》 有一位推销大王叫乔·吉拉德，在他短短十五年的推销生涯中，一共推销了 13001 辆高档小轿车。由于数量惊人，无人可及，因此被载入“吉尼斯世界纪录”。他是怎样成功的呢？下面的故事会给你一个答案。

一天，他的汽车展销室走进一位中年妇女，他热情地上前接待。聊天中得知这位妇女只是进来打发时间，因为今天是她 55 岁生日，她早已打定主意在今天

为自己订购一辆白色的福特牌轿车。可刚才她到那家福特轿车展销室购车时，年轻的推销员说要出去办点事，叫她一小时后再来，于是她来到吉拉德的展销室，当然这里的车不是她想要的福特牌，而是雪佛莱专卖店，她只是随意来转转。

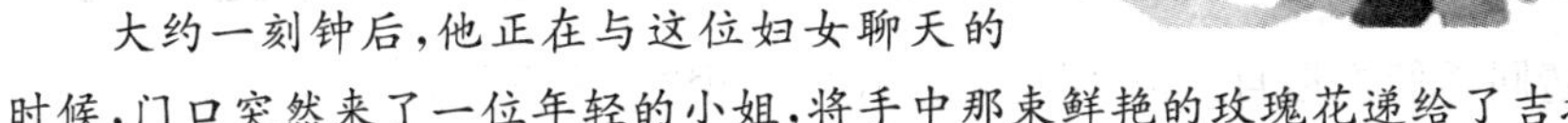

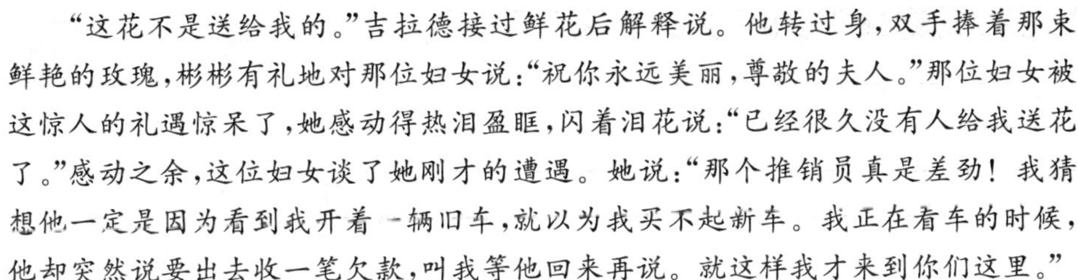

不管这位妇女是不是来购车的，吉拉德还是热情地接待了她，只是看来有点急事，向她礼貌地告辞了一两分钟，接着又回来了。

大约一刻钟后，他正在与这位妇女聊天的时候，门口突然来了一位年轻的小姐，将手中那束鲜艳的玫瑰花递给了吉拉德。

“这花不是送给我的。”吉拉德接过鲜花后解释说。他转过身，双手捧着那束鲜艳的玫瑰，彬彬有礼地对那位妇女说：“祝你永远美丽，尊敬的夫人。”那位妇女被这惊人的礼遇惊呆了，她感动得热泪盈眶，闪着泪花说：“已经很久没有人给我送花了。”感动之余，这位妇女谈了她刚才的遭遇。她说：“那个推销员真是差劲！我猜想他一定是因为看到我开着一辆旧车，就以为我买不起新车。我正在看车的时候，他却突然说要出去收一笔欠款，叫我等他回来再说。就这样我才来到你们这里。”

这位妇人最后究竟买了一辆什么车，这结果不说大家也自然知道。乔·吉拉德为什么会成功，我们在这个故事里是看得最清楚不过了。

☞ 吉拉德成功的秘诀在哪里？中年妇女的选择说明了什么？如果你是一位消费者，你会做出与她同样的决定吗？

学会做事 LEARNING TO DO

行动

四、让尊重成为习惯

尊重作为一种文明，它与我们的日常生活息息相关，如果你一时还不知道如何去尊重他人，那么，请你从下面的小事做起。

当你不经意地冒犯了别人，请真诚地说声：对不起。
当别人不经意冒犯了你，请真诚地说一声：没关系。
当别人遇到困难时，伸出你的手，给他坚强和鼓励。
当自己遭逢坎坷时，昂起头，让微笑带给你无限生机。

对他人	应该怎样做	不该怎样做
对自己	应该怎样做	不该怎样做

☞ 请同学们根据自己的实际情况，制定一个“以尊重待人”的公约。

学会做事 LEARNING TO DO

模块2　工作的意义

说到每天上班8小时这件事，其实是20世纪人类生活史上最大的发明，也是最长的一出集体悲剧。朱德庸先生说：你可以不上学，你可以不上网，你可以不上当，你就是不能不上班。说得实在太对了。工作是为了什么？是为了兴趣，为了赚钱，还是为了被人尊敬？假如有那么一天，你有了能养活你和家人这辈子的钱，你是否一定不去上那"该死"的班了呢？

一、劳动、工作和职业

1. 对劳动的敬畏与崇拜

劳动创造了人。《圣经》上说：上帝按照自己的样子造出了人类的祖先亚当和夏娃；我们的祖先也说：女娲将泥巴与水调和，比着自己的样子造出了我们的祖先。人类学家告诉我们：劳动让我们从四肢行走到直立行走，解放出了双手，让我们学会了语言、发明了文字，让我们学会了使用工具、制造工具、设计工具，把我们送上了月球，送上了太空……无论是宗教教义，还是神话传说，都不得不承认劳动对于人产生的意义；不管是考古学考证，还是客观现实，都充分证明了劳动在人从动物界脱颖而出、成为万物之灵长中的作用。我们敬畏劳动，是因为劳动让我们脱胎换骨，没有劳动就没有人类。

劳动是人类生存发展的需要，是人类遵循一定的规律，利用、改造自然，不断适应自然，从而获得生活资料的活动。人类劳动发展史，就是一部人类的发展进步史。劳动丰富了人们的物质生活，使我们从茹毛饮血到佳肴美酒，从兽皮遮羞到华衣时裳，从山洞茅屋到名车豪宅；劳动丰富了人们的精神生活，结绳记事、语言文字、文学作品、歌舞影视、理论研究等每一个进步，休闲娱乐、健身美容、旅游探险等每一项提升都是一曲劳动的赞歌；劳动扩展了人们活动与交流的时空，从封闭的部落到一体化的世界，从飞鸽传书到信差邮寄，从电报电话到视频聊天，从嫦娥奔月的梦想到登陆月球的现实，从环球航海到步入太空，显微镜、望远镜、宇宙飞船、航天飞机、太空站、核电站、互联网、计算机……无一不彰显着劳动的伟大。我们崇拜劳动，是因为劳动是人类生存的基础、发展的源泉，是社会进步的阶梯。

2. 工作和职业

工作是个人在自己所处历史阶段上，根据个人、社会发展需要所从事的有意义的劳动。通过各种不同形式的工作，为自己、为他人、为社会付出自己的劳动，作出自己的贡献，是个人立足社会的最基本前提。如果你不劳动、不从事一定的工作，你就会沦为社会的寄生虫，就会被人类社会所唾弃。

工作是多种多样的。有些工作是正式的，有经济报酬；有些工作是非正式的，没有经济报酬的。前者是从经济学意义上讲的，是个人与他人互换各自劳动，得到丰富多样的物质、精神生活资料的必要形式。后者是从社会学意义上讲的，人们所从事的劳动或者工作，未必全部都有经济上的物质回报，还有诸多劳动或者工作是无偿的，但却是非常有意义，而且是作为“人”这种高级动物所必须要承担的责任和义务，只顾“向钱看”的人是愚蠢的。

通常我们把那些有报酬的工作称为职业。所谓职业，是指社会人员按照社会分工所从事的相对稳定、合法、有报酬的工作。警察、会计、医生、厨师、保安、清洁工、演员、公务员等都是职业的名称。职业具有社会性、有偿性、稳定性、规范性、合法性等特征，并非所有的劳动或工作都是职业。

☞ 列举出你知道或熟悉的10个职业名称。你最羡慕和敬重哪些职业？

学会做事 LEARNING TO DO

☞ 说出你父母及朋友所从事的职业，你了解这些职业的工作内容吗？你曾经做过哪些工作？它们符合自己的工作意愿吗？

学会做事 LEARNING TO DO

☞ 讨论下列活动哪些是职业？哪些不是？为什么？

行乞　司机　家务劳动　商品传销　志愿者　军人　医生　倒卖票据　清洁工

学会做事 LEARNING TO DO

二、尊重和欣赏所有形式的工作

1. 工作的体验与感受

☞ 活动：请参与者回忆自己曾经的打工或其他社会工作的经历，并思考工作与职业的关系、工作者与工作的关系、工作者与社会及他人的关系。填写“工作的意义”问卷表。

(1)你是否正从事着你不喜欢的工作,或难以从中获得满足感?是否生活在周围巨大的压力下无暇喘息?是否迷失了生活的意义,找不到前进的动力?

(2)自己做什么工作有可能最有意思也最有意义?

(3)你在多大程度上看重别人对你从事工作的看法?它会左右你对所爱好的职业的选择吗?

“工作的意义”问卷表填写说明:

第一栏:在栏目“工作经历”下面,列举自己曾经做过的所有形式的工作。

第二栏:在栏目“耗费的精力”下面,指出每项工作所耗用的一种或者多种精力。可以从以下四种精力中进行选择:体力、智力、情感、精神。

第三栏:在栏目“满意程度”下面,标出个人对这种工作的满意程度:非常满意、满意、不满意、非常不满意。

第四、五栏:在栏目“个人利益水平”、“社会效益水平”下面写下这些工作带来的各种利益。前者填写自身从工作中所获取的利益,后者填写这一工作对他人、对组织和社会的贡献。

工作的意义

工作经历 (自己或者家人)	耗费的精力	满意程度	个人利益 水平	社会效益 水平

2. 工作是美丽的

在现代社会中,人生的大部分时间是在工作中度过的,跨越人生中精力最充沛、知识经验日益丰富和完善的几十年,工作成为绝大多数人生活的重要组成部分。工作就是生活,工作是丰富多彩、美丽生动的。

工作可以满足我们重要的生活需求。美国心理学家亚伯拉罕·马斯洛的需要层次理论,把人的需要分为基本需要和成长需要两大类,生理需要、安全需要、社交需要、尊重需要、自我实现需要五个层次。这五种需要像台阶一样依次排列(如图),一旦底部的第一种需要得到了满足,下一步的需要就变得重要并渴望满足。显然,人们每一种需要的满足都不可能离开工作的支撑,而且越是高层次的

需要就越明显。当被问及工作的缘由时，大多数人会说："当然是为了生活。"这句话道出了人们对工作根本属性的通俗认识。

工作赋予时间更多的意义。人类在任何时候，都希望有充实感。在成年时，我们通过学习、工作、休闲、与亲友交流等方式使时间充实起来。正如作家尤金·得拉克洛尔斯所说，通过工作"我们不但创造产品，而且赋予时间意义"。我相信，每个人都有过"有时间，而不知道做什么"的无聊，而工作，真正让我们有了有所事事的感觉。

工作赋予我们一个全新而重要的社会角色。当人们第一次相遇时，首先开始的对话便指向工作："你是做什么的？""你打算干什么？"当被问到"你是谁"时，绝大多数人会这样回答："一名教师"、"一名律师"、"一名银行职员"。这里的"教师"、"律师"、"银行职员"，就是我们的社会角色。当我们有一份工作时，就会扮演一定的社会角色，承担一定的社会责任，并得到同学、朋友、家庭及社会的认同；当我们获得一份很有竞争力的工作时，我们会有一种特殊的优越感；如果我们没有工作，就会沮丧、失落，甚至自卑。

工作使我们得到维持生存而需要的"薪水"，但工作并不只是为了"面包"、"啤酒"，我们还能从工作中获得经验、受到训练、得到尊重、找到归属、体现价值。当工作为我们赢得人们赞赏的目光时，当工作为我们带来"我竟如此重要和不可或缺"等人生体验时，成就感、满足感、自豪感就成了工作对我们的丰厚回报和最高奖赏。此时此刻，我们会体验到工作是多么重要，多么美丽，生活是多么绚丽多姿。我快乐，因为我工作；我重要，因为我奉献。工作是美丽的，我们也因工作而美丽。

3. 工作是多样的

人类的工作是多样的，不同工作对人类自身来说有不同的意义和价值，分别托起一片生活的天空，塑造着我们五彩缤纷的生活和世界。就工作本身而言，每一份具体工作都承担着自己特定的社会使命，每一位在特定岗位上从事具体工作的人都在向社会、向他人提供特定的服务，都意义非凡。在现实生活中，越是看似平凡的工作往往越是不可或缺。我们可以不听音乐、不看歌舞，可以没有音乐家、舞蹈家，但没有人可以不吃饭、不穿衣，不能没有农民；我们可以没有电脑、没有电视，但不能没有电，不能没有矿工、发电工……凡此种种，没有了这些工作，我们生活的链条就会中断。

案例2-1 《农民工贡献有多大》 中国社科院人口经济研究所专家曾拿出了一份报告。透过这份报告中的一些数字，我们看到了这支“产业大军”的威力。报告说，改革开放近30年，劳动力流动对GDP贡献率达21%——谁还能小瞧农民工对中国经济发展的巨大贡献？农民工在干着什么工作？报告说，没有城市户口的农民工已占第二产业的57.6%，商业和餐饮业的52.6%，加工制造业的68.2%，建筑业的79.8%——换言之，如果没有农民工，超过一半的饭店要停业，近七成的生产厂家要关门，近八成的大楼建不起来！

> 擦地板和洗痰盂的工作和总统的职务一样，都有其尊严存在。
>
> ——尼克松

劳动没有高低贵贱，工作不应分为三六九等，各行各业的工作都是光荣的。无论是脑力劳动还是体力劳动，凡是社会需要的各种劳动都是美丽的、值得我们欣赏的；无论是脑力劳动者还是体力劳动者，工作在各种岗位上的劳动者都在以自己特定的方式向社会奉献，为他人提供服务，都价值无限，都是值得我们尊重的。

三、工作的价值

1. 寻找你工作的意义

20世纪，美国的一些社会学家，曾经作过一个调查，当问及“当你发现自己拥有一笔不必工作也能维持生计的财产时，你会不会脱离职业行列？”结果发现80%的人回答，即使生活富有，也仍然愿意工作。理由有下列种种：

——工作是一种乐趣；

——希望自己的内心经常保持充实感；

——以此维持自己的健康；

——通过工作可以促进人际关系；

——工作着证明自己是一个活生生的人；

——保持自尊心。

对另一个问题：“如果没有工作，你会怎么样？”大多数人的回答是：

——每天无所事事，感到无聊至极；

——不再感觉自己是活泼、活生生的人；

——觉得自己似乎成了废人。

☞ 请阅读以下短文和诗歌，领悟工作的价值和意义。

工作的意义

很多人都在感叹工作没有意义，没有兴趣，想要找到一个让自己愿意工作的“终极目标”。问题不在于原来的工作没有意义，而在于他还没有找出自己对意义的定义。

有意义，可大可小。如果那个工作是他喜欢做的，那必然是有意义的，不管世人怎么看他。我知道有人硕士毕业去跑远洋渔船，有人放弃医职去学舞教舞。这也都需要勇气。有几个能放弃原来已经拥有的，去冒险选择新的人生道路呢？

我能从我的工作中找到成就感，看着送走的一批批毕业班学生，走出大学的他们还能想到给我来个电话，聊聊他们的大学生活，让我感觉到自己也回到了自己的大学时光。毕业后他们都叫我姐，我也很欣慰能有这样的一些弟弟妹妹，无关于血缘，就是那种淡淡的感情，让你感觉到很温暖。我工作很努力，甚至有点拼命，女人没有感情的时候，难道还要没有事业吗？我要努力地工作，努力地生活，为了家人，也为了自己。也许我的学生也看到了我的付出，所以他们跟我很好，我时不时地能收到他们的短信、电话，跟我讲他们的大学趣事，每次我都被快乐涨得满满的，忘却了工作中的压力和不愉快，我是那么的高兴，我知道自己适合这个行业，适合这份工作，虽然工作很辛苦，虽然薪水不高，可是我活出了自己的价值，这就是我工作的意义。

（陈晨曦《工作的意义是什么》）

领悟生活的真谛

很多人都会对你说，
工作意味着诅咒，劳动带来了不幸。
但我要告诉你，
当你工作的时候，
你在实现着人类最深远的梦想，
这个梦从刚一诞生开始，
实现它的任务就落在你的肩头。
只有不断地工作，你才能真正热爱生活，
只有通过劳动，你才能真正领悟到生活的真谛。
只有工作着，知识才不会浪费；

只有充满爱,工作才不会枯燥;
只有让爱伴随着工作,
你才会贴近自己的心灵,贴近别人,贴近上帝。

(纪伯伦《先知》,转引自余祖光译《学会做事》)

☞ 选出你填写在“工作的意义”问卷表中的一项你最不满意的工作,结合你对工作价值和意义的领悟,试着写一段你与该工作的对话。

学会做事 LEARNING TO DO

2. 富有意义的工作的特征

(1)能扩展自我,激发个人潜能的工作。如果不仅仅把工作看作是谋生的手段或者必须完成的任务,而是看成扩展自我、利用自身资源和激发个人潜能的过程,工作对个人就有非凡的意义。

(2)符合并且能够发挥个人能力的工作。使个人体力的、智力的、情感的和精神的能力得到充分利用的工作。

(3)对其过程可以控制的工作。享有工作主动权,能够控制自己的工作。

(4)符合个人兴趣的工作。乐趣和满足是富有意义的工作所带来的一个重要结果。当工作与个人需要紧密结合时,富有意义的工作甚至可能为人带来一种精神满足。

(5)使个人能得到重塑和升华的工作。

(6)能为社会进步和发展作出贡献的工作。富有意义的工作不仅仅能帮助我们实现个人幸福和价值,而且能为社会进步和发展作出贡献。

案例 2-2 《没有文凭的“工人教授”》 窦铁成,从一名只有初中文化的农村青年,以 29 年的不懈努力,成为中铁一局的电力技师,实现了自己的人生跨越。他先后提出施工设计变更 6 次,解决技术难题 52 项,为企业创造和节约价值 1380 万元。他负责安装的 38 个变、配电所,全部一次性送电成功。中铁一局电务公司目前共有电力工技师 42 人,其中 35 人是窦铁成的徒弟。如今,“窦铁成”三个字几乎成了中铁一局电务公司技术保障的一个品牌,他也被同事们亲切地称为“窦教授”。刚进单位时,窦铁成只有初中文化。工作的挑战,让他体会到了知识的力量,也让他对专业技术着了迷。上班时,他细心琢磨每个施工环节;下班后,他就把技术要点记在本子上仔细研究……他把工作变成一种乐趣,把工

作化成一种追求。

案例 2-3 《中国鞋王:王振滔》 1982 年,17 岁的王振滔第一次走出温州,出外闯荡世界。1988 年,不向命运屈服的王振滔东拼西凑了 3 万元,创办了永嘉奥林皮鞋厂,开始了他民营制鞋业的艰苦跋涉。经过 19 年的不懈努力与追求,终于发展成了以制鞋为主业,并涉足商业地产、生物制品等领域,跨行业、跨区域发展的全国民营百强企业——奥康集团,主导产品"奥康"牌皮鞋陆续获"中国真皮领先鞋王"、"中国名牌产品"、"驰名商标"等称号,并成为中国皮鞋行业唯一的标志性品牌。王振滔也被业界称为"中国鞋王"。2007 年 4 月,王振滔出资 2000 万人民币成立"王振滔慈善基金会",资助贫困大学生完成学业;同时也定下规矩:受助学生学成毕业后,必须资助另一名贫困学生。这种独一无二的接力慈善做法,被王振滔称为"种子工程"。

在王振滔的心目中,一直酝酿着一种希望。他曾说:"奥康不追求企业的规模最大,不在乎财富多少,而是在做强做大企业的同时,愿意承担更多的社会责任,为人类的进步而服务。"

☞ 你从窦铁成、王振滔两人身上感悟到些什么?他们所从事的工作的意义在哪儿?请总结一下,记录在下面。

学会做事 LEARNING TO DO

四、关注思考你的工作

☞ 请参与者思考并回答以下问题:

问题一 从下列影响你工作选择的要素中选择最重要的三个,并排序:

兴趣爱好 单位知名度 有无晋升机会 单位离家的距离

工资待遇 有无挑战性 是否在大城市 父母的意见

工作单位的类型(国有、集体、外资企业等)

学会做事 LEARNING TO DO

问题二 就业对你意味着什么？请选三项，并按重要性排列：

养家糊口 赚钱以便更好地享受 实现自己的价值

走出家门为其他人和社会作贡献 成为社会人 其他

学会做事 LEARNING TO DO

☞请参与者写出个人对工作含义的理解，并根据下面的提纲，对这节课的学习做总结反思，并与同伴分享交流。

(1)我是否关注工作本身？

(2)我能通过工作全面表现自我吗？

(3)我是否投身于富有意义的工作之中了？

(4)我是否有足够的毅力和技能来做好我理想中的工作？

学会做事 LEARNING TO DO

模块3　倡导良好的工作场所

环境会影响人，环境会塑造人。良好的工作场所可以提升个人和公司的成就。就业前，我们每一个人都希望找到一家好单位；就业后，我们又都希望能拥有一个良好的工作场所。但是，良好的工作场所是什么样子呢？怎样才能创造一个良好的工作场所呢？

尊重人的尊严，维护人的权利，发展人的潜力，成就人的事业，这就是良好工作场所。坚持以人为本，公平公正，宽容和谐，才能营造良好的工作场所。

一、众说纷纭：何谓良好的工作场所

同学聚会，自然免不了议论一下各自的工作单位。

郝平平：要说我的公司确实不错。高档豪华的写字楼，绿树成荫，薪水也高，奖金也多。然而，到处都是摄像头，整天生活在别人的注视之下，让人有一种被偷窥的感觉。

许风廓：我的公司不大，员工不多，老板待人也好，像一家人似的。可就是工作环境差了一点，特别是缺少必要的安全设施，让人觉得不踏实。

周晓楠：我的酒店在咱这地儿也是数一数二的，工作条件没说的，待遇也不错。但就是老板娘太凶，整天骂骂咧咧的。带班的都是她的亲戚，整天监视我们服务员，打我们的小报告。

陈旭东：我公司正处于上升势头，发展潜力很大，我们都对公司充满信心，也干劲十足；公司奖罚分明，多劳多得，极大地调动了员工的积极性，但是公司实行末位淘汰制，压力太大，天天诚惶诚恐的。

……

☞ 请你评价一下，哪一家工作场所最好？为什么？结合自己的见闻，谈一谈工作场所中常见的问题有哪些？

学会做事 LEARNING TO DO

☞ 一个良好的工作场所应具备哪些特征？请列出关键词，在小组内交流。

工作条件	关键词	排序
工作环境方面		
办公条件方面		
工作制度方面		
人际关系方面		
权利保障方面		
工资收入方面		
发展前景方面		
其他		

☞ 一个良好的工作场所有利于实现和维护劳动者的哪些价值观？

学会做事 LEARNING TO DO

二、良好的工作场所：让人有尊严地工作

良好的工作场所能够提供优美、舒适、绿色、安全的工作环境，提供比较完备的工作条件；能够尊重和维护人的尊严和权利，使人有尊严地工作；能够平等地

对待每一位员工，公平、公正，平衡彼此的利益关系；能够理解、欣赏、悦纳每一个人的思想和观点，成员之间有效沟通，迅速达成共识，形成合力；能够欣赏优点，鼓励创新，赏识成功，宽容过失；能够赏罚分明，举贤用能，有完善的良性竞争机制，有成熟的优秀人才培养机制；能够形成高雅健康、积极向上的组织文化和诚实正直、和谐融洽的组织氛围。

并不是所有的工作场所都是完美的、宜人的，通常情况下，工作场所中会存在这样那样的问题，常见的问题有：

雇用童工和经济剥削。

虐待、暴力、欺凌、骚扰或任何形式的威胁。

对女性、移民、难民或其他弱势少数民族人士的歧视。

血汗工厂。

同工不同酬。

工作条件——不安全。

工作性质——重复、没有变化。

工作场合的不公正待遇——任人唯亲。

不公正的解雇。

案例 3-1 《人和文化》 某公司推行“人和文化”，改善员工工作条件，关心员工生活，关注员工的精神世界，营造暖意融融的家庭氛围；重视团队建设，倡导团结合作、共担荣辱的团队精神，形成了强大的凝聚力；实行人才战略，用高薪聘人，用温情暖人，用机制留人，用事业提升人，短短五年，聚集了国内顶尖的尖端人才二十余人。公司创新能力不断增强，主打产品五年三升级，市场份额急速扩张，经济效益迅速提高。

有两群鸭子，其中一群特别会下蛋，每天每只可以下一只大大的蛋；而另外一群则非常懒，两天或三天才下一只普通大的蛋。有一天，一只懒鸭子来到了勤奋鸭子群中，这里的一切让它非常惊奇，懒鸭子受到震撼和鼓舞，于是它也变得越来越勤快了。又有一天，一只勤快的鸭子散步时不小心走进了懒鸭子群中。这里的鸭子懒懒散散，时间久了，勤快的鸭子也渐渐地习惯了。

☞良好的工作场所对个人的发展、组织的发展有什么意义？

学会做事 LEARNING TO DO

☞在全社会倡导良好的工作场所有什么重要意义？

学会做事 LEARNING TO DO

良好的工作场所，有利于维护人的尊严，保障员工的合法权益；良好的工作场所是员工施展才华的舞台，能促进其业务成长和事业成功；良好的工作场所可以激发活力，提高生产能力，有利于公司业绩增长和效率提高；良好的工作场所有利于推进社会生活中的民主与法制，加快构建和谐社会的步伐。

三、倡导良好的工作场所：我们共同担当

结合自己所在的组织，如班级，或者车间，开发一组《关于良好工作场所的评价指标》。

☞第一步：开发一级项目。把工作场所涉及的评价项目分解为几个大的方面，可以参照下述分类，也可以从不同的角度进行分类。

(1)工作环境方面：

(2)办公条件方面：

(3)工作制度方面：

(4)人际关系方面：

(5)权利保障方面：

(6)工资收入方面：

(7)发展前景方面：

(8)列出更多：

☞第二步：开发二级项目。把一级项目进行细分，枚举所包含的子项目。如：

工作环境方面：

居于城市还是乡村？交通是否便捷？空气是否清新？绿化状况如何？污染状况怎样？购物是否方便？

列出更多：

☞第三步：赋分。根据各项目的重要性，分别赋予一定的分值。

☞第四步：各小组交流，彼此吸收借鉴，并对自己的指标体系进行修正。

☞第五步：用表格的形式呈现出来。样式如下：

良好的工作场所评价指标

一级指标	二级指标	赋分
1. 工作环境方面	①居于城市还是乡村	2
	②交通是否便捷	3
	③空气是否清新	3
	④绿化状况如何	2
	⑤污染状况怎样	4
	⑥购物是否方便	1

☞用这个评价指标对自己所在的工作场所进行评价，打出分数，并将存在的问题列举出来。然后，小组讨论，并就如何解决上述问题提出自己的建议。

存在的问题	解决的办法

☞把探讨的成果整理下来，呈送所在组织的领导，并倡议大家为营造一个良好的工作场所而共同努力。

倡议书:为营造一个良好的工作场所而努力!

核心价值观一：

健康、人与自然和谐

健康是指身体、智力、情感、社会和精神的全面良好状态，与自然的和谐象征着人与自然的一种关系，人类作为环境的守护者在照顾自己健康的同时，应该保护地球上其他形式的生命。

尊重生命和自然：让我们对所有生命产生尊敬、敬畏和责任感，关照环境，培育一个安全健康的生活环境及工作环境。

全面健康和幸福：全面健康的目标是平衡和整合人的身体、情感、智力和精神四个维度的健康，创造一种人类的全面幸福。

平衡的生活方式：工作和生活其他方面的合理交替。比如，休闲和游戏、关爱自己的身体、与家人朋友在一起，以及满足精神需求。

关注安全和保障：自觉努力确保人身、财产和工作场所以及环境都得到保护，避免潜在的受伤、危险、损失。

模块4 我是链条上的一环

仰观宇宙，俯察内心，我们就会发现："自然体系并不像一部各幕缺少联系的坏剧本，恰恰相反，自然是异常严整而和谐的，犹如一条精心锻制的链条，环环相扣，有条不紊。"（亚里士多德）在无机界，有各种美丽的金属和非金属，交相辉映；在植物界，有各种各样的草木花卉，争奇斗艳；在动物界，有数不尽的珍禽异兽，情趣盎然；而人类，更是拥有着复杂而生动的社会和人生；人之上，还有高缀于太空中的永恒的星体，它们光亮明洁、参差错落，向世间投下闪烁的形影。面对神奇而美妙的自然界，我们只有深怀感念，虔诚地仰视，默默地谛听，并垂下自己高昂的头颅。

一、尊重生命，感恩自然

在这条环环相扣的链条中，有一个环节异常神奇而精彩，那就是生命。它们以蛋白质的形式出现，或孕育在形态各异的动物中，或寄寓在姹紫嫣红的百花里。它们通过新陈代谢不断与周围环境进行物质交换，以保持个体生命的存在，同时又借助自然环境实现种群的扩大与繁衍。它们是神奇的，轻易不肯撩开神秘的面纱；它们是智慧的，其巧妙的生存本领让我们啧啧称奇；它们也是和谐的，各自以独特的方式存在并进化着，相互依赖，彼此帮扶，让我们的生活异彩纷呈，充满温馨。

案例4-1 《伊米花的震撼》 在非洲茫茫的戈壁滩上，生长着一种神奇的小花，它们六年才能绽放一次，绽放过后很快就会凋零，其瞬间的美艳让人们赞叹不已，人们亲切地称它"伊米"。

一般来说，能在非洲戈壁滩这种干旱而且恶劣的环境中生存的植物，它们的根系都是非常庞大而发达的，只有这样，它们才能在地下从四面八方吸取养料和水分。但是，伊米花却与它们不一样。伊米花的根系不发达，它只有一条主根。

它不能去四面八方寻找养料和水分，所以它只有尽力把根伸向大地的深处。为了开花，它需要足够的养料和水分，而这需要它准备五年的时间。

第六年，它终于开花了。它的花瓣分为四瓣，颜色各不相同，有红、黄、白、蓝四种，非常美丽。可是，令人遗憾的是，这种美丽只存在两天，两天后，随着花朵的凋落，整棵植株也会静静地死去。

伊米花准备了六年，才开一次花，而且在开过花之后，便失去了生命。伊米花虽然生命短暂，却把生命的光彩绽放得淋漓尽致。

为什么依米花会在生命的最后时刻开出花来呢？植物专家们还没有解开这个谜。

☞ 当你读到这段文字时，你对生命有何感想？

学会做事 LEARNING TO DO

☞ 你在日常生活中碰到过哪些给你震撼的生命现象？

学会做事 LEARNING TO DO

案例 4-2 《为动物“守寡”的植物》 印度洋的岛国毛里求斯，曾经是渡渡鸟和卡法利亚树的天堂。然而，不幸突然发生了。带着步枪和猎犬的欧洲殖民者蜂拥而至，开始了肆意捕杀。长此以往，美丽的毛里求斯岛上再也找不到渡渡鸟的影子，更令人匪夷所思的是，自从渡渡鸟灭绝以后，卡法利亚树也逐渐难觅踪影。

这让许多人感到费解。直到 1981 年，美国生态学家坦普尔来到毛里求斯，这时，毛里求斯的卡法利亚树只剩下 13 棵。由于当时恰好是渡渡鸟灭绝 300 周

年，细心的坦普尔测量了卡法利亚树，发现仅存的13棵树全都超过了300岁，这就意味着渡渡鸟灭亡后不再有卡法利亚树新生。也就是说，渡渡鸟灭绝之日，也正是卡法利亚树绝育之时。

是什么力量让卡法利亚树对渡渡鸟如此情有独钟呢？坦普尔通过细致研究终于发现，渡渡鸟一直是以卡法利亚树的果实为食物。卡法利亚树种有一层坚硬的壳，坚硬到它本身都无法冲出这层障碍。渡渡鸟把这些果实吃到肚里以后，经过胃中碎石般的消磨，树种的那层壳被磨薄，再排出体外，就能顺利发芽、生长，所以，要想生育，就必须借助渡渡鸟。

尽管故事不那么浪漫，却发人深省。我们不禁要问：当我们拿着饭店的菜谱盯着野味栏疯狂点菜的时候，当我们手握电锯奔赴森林的时候，我们有没有想到，自然界还有另外的生物也将为它们"守寡"呢？

☞想一想，渡渡鸟和卡法利亚树的相依为命，带给我们怎样的思考？写一篇不超过100字的短文，说一说动物、植物与人是如何相互依存的？

学会做事 LEARNING TO DO

二、环境与人

当生命进化到高级阶段，有一种动物脱颖而出，他们学会了直立行走，学会了制作工具，他们拥有更高级的智慧、更细腻的情感、更广阔的胸怀，他们被称为"万物之灵长"，这就是人。

纵观人类的发展历程，我们不难发现，人类的发展史也是一部人与自然、人与社会的关系演变史。从最初的刀耕火种到今天的机械化作业，从最初的自给自足到今天的专业化协作，在人们征服自然改造自然的能力不断提高的同时，对自身赖以生存的环境的破坏也在不断地增加。对自然的过度索取已经演变成一场场疯狂的劫难，让大自然难以承受。草原沙化、淡水短缺、冰川融化、森林消失，我们所面临的环境已经岌岌可危，严酷的事实让我们不得不反思：人与自然、人与社会该怎样和谐相处？

任何一个系统都必须具有环境适应性。系统适应外部环境,其功能会不断增强;系统不适应外部环境,其功能会不断弱化。人作为一个复杂的系统,他所面临的周边环境无非有两个:一个是自然,一个是社会。如何把握好人与自然、人与社会的关系,是人类生存与可持续发展的关键所在。

1. 人是自然链条中的一环

案例 4-3 《牛玉琴的故事》 牛玉琴,陕西省靖边县东坑镇金鸡沙村村民,不用过多的思考,只要看一下这一长串的地名,你就会知道,她生活在一个怎样恶劣的环境中。

由于临近毛乌素沙漠,每年春天,狂风卷着流沙都会光顾她居住的村落,届时,他们看不见一寸蓝天,吃不上一顿干净饭菜,刚刚平整好的土地一夜间就被流动的沙丘吞噬了。有很多村民实在无法忍受流沙的侵犯,携妻将儿含泪迁往他乡。可牛玉琴不走,她实在割舍不下这片生她养她的热土。

1985 年,看着流沙越过长城长驱直下,整个村子即将被沙魔吞噬,牛玉琴吹响了向沙漠进军的第一声号角,她主动请缨并以家庭联产承包的形式在毛乌素沙漠的南部沙区植树种草。在痛失丈夫的情况下,她克服常人难以想象的困难,毅然带领家人与毛乌素沙漠进行矢志不渝的斗争。近 20 年来,牛玉琴共承包治理荒沙 11 万亩,植树 1800 万棵,她硬是凭着"就是憋死骡子累死马,也要让万亩荒沙绿起来"的精神,将风沙逼退 10 公里,并且开发出一片农耕地,实现了粮食的自给。如今,在牛玉琴的荒沙治理区,林草覆盖率已经达到百分之四十,流沙基本固定,荒漠开始变成绿洲,而她的事迹也被联合国计划署树为环境治理的典范,并拍成电视片向世界各地推广。

牛玉琴先后荣获全国"三八"绿化奖章、全国妇女"三八"红旗手、全国"十大女杰"、全国劳动模范等 20 多个荣誉称号,并被联合国粮农组织授予"世界优秀林农奖"。

☞ 联合国给予牛玉琴如此高的评价,说明了什么? 你从她的故事中感悟到了什么?

学会做事 LEARNING TO DO

人类的自然环境是指环绕在我们周围的各种自然因素的总和。人类和一切生物都生活在地球的表层，这个有生物生存的地球表层叫做生物圈。生物圈的范围包括了约11公里厚度的地壳和约15公里以下的大气层。在这个范围内有空气、水、土壤和岩石，为生命活动提供了必要的物质条件。

人类的一切活动都离不开由大气圈、水圈、岩石圈和生物圈所共同组成的物质世界——自然界。过去，在人定胜天的错误思想指导下，我们把自然界看作我们的对立面，当成我们改造的对象，把战胜自然、改造自然并不断提高物质资料的获取能力当成人类进步的标志，于是向自然不断地索取便成了天经地义的行动。其实，人作为自然链条上的一环，他与自然的关系不是主仆关系，而是伙伴关系，人的主观能动性不仅表现在征服自然上，更重要的是表现在主动顺应自然上，以人为本并不意味着人的一切需要都是合理的，我们主张满足人的合理需要，但我们不鼓励贪婪。

案例4-4 《哭泣的胡杨》 在辽阔而雄浑的鄂尔多斯高原上，有一个美丽的地方——额济纳，那里生长着一种神奇的树种，生而千年不死，死而千年不倒，倒而千年不朽，这就是胡杨。三百年前，这些胡杨曾是这片土地的主人，三百年后，它却成了这里绿色生命消失的最后见证者。

在距离额济纳旗旗政府所在地——达来呼布镇西南28公里处有一片荒漠洼地，那里曾经是一片水草丰美的地方，湛蓝的湖水，青青的草场。每到秋天，胡杨树那金灿灿的叶子会把草原渲染成一片金黄，遗憾的是，这样的美景已经成为美丽的过往。

额济纳的降水量本来就不多，主要依靠这些胡杨林来涵养水源，但是，随着人口增加、过度放牧和无节制的乱砍滥伐，这里脆弱的生态很快失去保护。土地荒芜，水源改道，当这些胡杨耗尽体内最后一滴水后集体死去，昔日的繁茂，一夜间演变成痛彻心扉的荒芜。如今，当你再次来到这里，看到的将是另外一种景象，裸露的沙丘上，一株株死去的胡杨迎风肃立，它们或仰天长啸、或怒目圆睁、或旁逸斜出、或慷慨赴死。举目四望，悄然无声的洼地里，处处写满了苍凉。一树树断干残枝，似乎在诉说着胡杨们对美好过去的无限眷恋与告别尘世的不尽忧伤，奇形怪状的造型更像是一首没有主题、凄凉无助的挽歌，与时隐时现的羌笛含悲混响。

人类啊，面对这片曾经美丽的土地，我们该说些什么呢！

☞说一说：是什么原因导致胡杨林的消失？面对胡杨的诉说，你作何感想？

学会做事 LEARNING TO DO

☞想一想：你记忆中的周边环境与现在有何不同？运用你掌握的环保知识分析其原因。

学会做事 LEARNING TO DO

2. 人是社会链条中的一环

☞小游戏：《找座位》 有一个方法，可以让你在不借助任何物件的情况下安稳地坐下，大家集思广益，找出这种方法，并说出这种方法对你有什么启示。

学会做事 LEARNING TO DO

英国17世纪著名诗人约翰·堂德曾经说过："任何人都不是一座岛屿，而是广袤大陆的一部分，任何人的快乐也是你的快乐，任何人的痛苦也是你的痛苦，所以不要问丧钟为谁而敲响，它就为你而鸣。"

人类作为一种群居动物，个体与个体之间必然要产生各种各样的利益关系，这种利益关系的总和便构成人与环境关系的另一个侧面——社会环境。只要你生活在这个世界上，你就无法摆脱社会环境对你的影响。人与社会之间的关系是个体与群体的关系，也是小我与大我的关系。在这种相互依存的关系中，每个人都接受着别人带给我们的服务，同时我们也为别人提供着服务，正像一根环环

相扣的链条,我们每个人都只是链条上的一个环节。我很重要,因为我的存在而让别人受益。人人都很重要,因为只有一个个名不见经传的小我的努力,才使得我们的社会异常美好而温馨。

案例 4-5 《拉住我的手,贴近你的心》 公元 2008 年 5 月 12 日,一场人类历史上罕见的自然灾害降临到汶川人的头上,一场强度达到 8 级的地震一瞬间改变了这里的一切:工厂倒塌,房屋倾颓,前一刻还充盈着孩子们琅琅读书声的校园转瞬间变成一片死寂,8 万多鲜活的生命与亲人阴阳两隔。那一刻,江河不流,长风不语;那一刻,万众噙泪,举国同悲。

但是,天灾无情人有情。那一刻,共和国的总理赶来了,冒着余震的危险,亲临抗震第一线。他带来了政府的关怀,也带来了民众的心声:只要有百分之一的希望,我们就要百分之百地努力。"不放弃任何一个生命"便成了我们这个时代最强劲的誓言。

那一刻,子弟兵赶来了,带着满身的汗渍,跋山涉水,用最快的速度赶到救灾现场。没有救灾工具,他们就徒手挖掘废墟,没有充足的食物,他们便三餐并作两餐,凭着这种硬骨头精神,废墟下一个个生命的奇迹诞生了。

那一刻,志愿者赶来了,有年富力强的中年人,有朝气蓬勃的青年,也有稚气未脱的学生娃;他们中有工人,有农民,有学富五车的知识分子,也有德高望重的艺术家。正是这些平时素不相干的人,在灾民们最需要帮助的时候,伸出援助的手,有了他们,谁还会相信"他人就是地狱"这个虚假的命题呢?

那一刻,国际救援队赶来了,他们带着先进的仪器设备、精湛的技艺和一颗普世的情怀,积极投身到抗灾救灾工作中。有他们在,灾民不孤单,四川不孤单,中国不孤单,人类不孤单。

当然,我们更忘不了世界上那些捐钱捐物却没有留下自己名字的普通民众。一顶帐篷就是一方美丽的天空,一根蜡烛就是一束燃烧的希望,一件普通的背心就是世界上最贴心的温暖啊!

在这场空前的历史灾难面前,我们人类表现出强烈的同情心和高尚的道德情操。我们没有理由不好好地活着,因为有一个事实无法否认,人类的良心还在,爱心还在,温暖还在。

☞ 请回想一下汶川地震中那些感人的事迹,它们给了你怎样的震撼?

学会做事 LEARNING TO DO

三、我是最重的一环

作为自然体系的一个重要组成部分，我们每天都在接受着大自然的馈赠。空气、阳光、水以及所有这些让我们赖以存活的物质要素，是它们给予我们生命，并让我们的生命得以延续。同时，作为社会体系的重要一员，我们又分属于不同的人群，扮演着不同的社会角色，我们的一举一动无一不受到社会规则的制约，我们的一举手、一投足也同样会对社会构成或大或小的影响。面对浩瀚的宇宙和纷纭复杂的社会，我们是渺小的，可是，当我们肩负起历史的责任，用我们的行动去改造自然、服务社会的时候，我们何尝不是链条中最重要的一环呢？

☞ 运用头脑风暴法谈一谈，你是如何认识自然的？我们每天都与自然界进行怎样的物质交换？

学会做事 LEARNING TO DO

☞ 运用列举法，找出你分属于哪些不同的社会组织？你在这些组织中，分别扮演什么样的角色？

学会做事 LEARNING TO DO

☞ 你是如何认识群体与个人的关系的？每个组织成员是如何影响你的？

你是如何影响别人的？

学会做事 LEARNING TO DO

四、做链条的守护者

1. 认清形势，增强环保意识

有人说：环保，那是环保局的事，与我有什么相干？还有人说：我个人的力量实在卑微，面对这个全世界都在关注的大课题，我实在是无能为力。那么，请从你身边的小事做起。

如果你无法阻止乱砍滥伐，请节约使用你手里的每一张纸。

如果你无法阻止乱捕乱杀，请节制你那张暴殄天物的嘴。

如果你无法阻止地下水的过分开采，请看住你的水龙头。

如果你无法阻止铺天盖地的白色垃圾，请带上你的布袋上街。

如果你无法阻止别人吞云吐雾，请熄灭你手中的烟头……

☞ 想一想，你身边还有哪些事情涉及环保？你该怎么做？

身边的环境问题	你是如何做的	你应当怎么做

2. 从我做起，强化责任意识

环保的问题很大，因为它关系到我们人类的生存与发展；环保的问题也很小，因为它就在我们身边，和我们的日常生活息息相关。面对日益恶化的生存环境，如果你一时还不知怎么做，那么，他们的故事或许对你有所启迪。

案例 4-6 《马永顺的故事》 在我国 20 世纪 50 年代，出了个著名的伐木英雄，他一年的工作量是别人的几倍，并因此而受到国家领导人的多次接见，他就是黑龙江省铁力林业局伐木工人马永顺。

在马老几十年的伐木生涯中，没有人知道他究竟伐掉了多少棵树，只知道在他忘我的工作中，我们的青山变秃了，树木变矮了，河水变得更浑浊了，鸟叫声再也没有以前悦耳了。

面对着不断恶化的生存环境，马老坐不住了，深深的自责一直搅扰着他的心，于是他开始行动，在他伐过木的山坡上，我们便时常看到一位老人，肩上扛着镐头，手里提着树苗，日夜奋战在植树造林的工作中。他不但自己植树，还动员自己的后代一同植树，在"马家军"的带领下，铁力林业局已掀起了群众性营造劳模林、青年林、少年林以及自费造林的热潮。

如今林业局的山又开始变绿了，河水开始变清了，多年不见的鸟儿又飞回来了。遗憾的是，我们的造林英雄却于 2000 年 2 月 10 日长眠于地下。

"青山常在，永续利用"，马老的一生都在实践着周总理的这一教导，他虽然离去了，但他的"生命不息、植树不止"的新愚公精神却薪火不断，代代相传。

☞感悟：马永顺的事迹说明了什么？为什么说他既是伐木英雄，又是造林英雄？

学会做事 LEARNING TO DO

3. 乐于奉献，唤醒关爱意识

日常生活中，经常有人感叹人与人关系的复杂和难以相处，那是因为他们没有真正把握人与人关系的本质。一首歌的歌词里曾经提到：人字的结构就是相

互支撑。只要生活中我们能够做到:少一点埋怨,多一些理解;少一点空想,多一些实干;少一点虚伪,多一些真诚;少一点计较,多一些协作;少一点私欲,多一些公德;少一点观望,多一些奉献。我们的人际关系一定会更加美好。

☞ 列举影响人际关系正常发展的一些关键因素,并说出你对改善人际关系有哪些积极的建议?

学会做事 LEARNING TO DO

☞ 协调员带领大家学唱《世界很小,是个家庭》(词:冯晓刚　曲:雷蕾)。

接受我的关怀,期待你的笑容,人字的结构就是相互支撑。
走进我的视野,从此不再陌生,人类的面孔就是爱的表情。
告诉你一个发现,你和我都会感动,世界很小是个家庭。

4. 环境建设,有你有我

劳动者诺言	环保层面	人际关系层面
1. 在家庭中		
2. 在工作与学习场所		
3. 在社区中		

模块5　获得整体健康

蒲柏这位伟大的诗人对健康有着自己独到的见解——理智的全部乐趣，官能的所有快感，皆寓于健康、清静和生活富裕之中。但是健康唯独和节制并存；而清静，呵，美德的所在，你无需异物作伴。富兰克林·亚当斯(Franklin P. Adams)对健康是这样理解的：健康是这样一个东西，它使你感到现在是一年中最好的时光。

一、身体健康与整体健康

1. 健康是什么

案例5-1　《食道癌的故事》　我国河南林县是世界上癌症发病率最高的地区之一。据调查，当地居民最喜欢食腌3个月以上的菜，及食用腌菜和玉米粉做的馒头。然而并不是每个居民都得癌，而是为了某件事特别生气或者特别不高兴后，喉咙才开始不舒服，后来慢慢发展成食道癌症。

上面的故事告诉我们：饮食是人的命脉，不科学的饮食习惯是疾病之源，不良情绪和心理是健康的致命杀手。美国一家很有影响和名气的综合性医院，在对来门诊的患者随机研究后得出以下结论：65%的发病原因与社会逆境有关，诸如事业失败、婚姻破裂、蒙受屈辱、职务下降、经济困难、人际关系紧张等等。一位英国医生在调查了250名癌症患者后发现，其中的156名在发病前曾受过重大精神打击。

世界卫生组织1946年成立时，在其宪章中对健康的含义作了一个科学界定：健康是一种在身体上、心理上和社会适应方面的完好状态，而不仅仅是没有疾病和虚弱的状态。健康绝不仅仅是没有疾病，还包括我们生活的质量和我们

对自身、对生活的美好感受。

2. 整体健康的七个维度

整体健康或幸福是一种身心的、社会的、情感的和精神的全面良好的状态。在这种状态下，人的各个方面都处于最佳状态而且相互之间非常和谐。

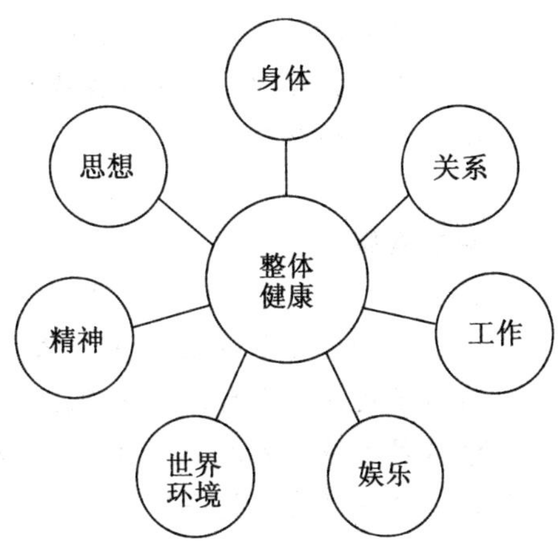

整体健康的实现，依赖于身体、思想、精神、关系、工作、娱乐和世界环境这七个方面。这七个方面是互相联系、互相影响、互相依存的。好的身体是整体健康的基本条件，身体是本，本固而枝繁，枝繁则叶茂。没有好的身体自然就不会有矍烁的精神、向上的心态，就谈不上愉快的工作和娱乐，谈不上与朋友、家人以及社会的正常交往，五光十色、异彩纷呈的物质生活、精神生活、职业生活、社会生活也就会远离而去，甚至与之无缘。健康的思想和良好的精神状态是人们全部生活的灵魂，美好的心灵会使人以欣赏的态度看待一切，以一颗君子之心度量处理各种社会关系，疾病、伤害、艰难甚至不公在这里显得是那么渺小，那么微不足道。这样的人总能坦然地看待一切，积极地面对一切，身心的不健康、亚健康与他们相距甚远。列宁说过：不会休息，就不会工作。因为不会休息和娱乐，就不能调节好身心，就没有健康的体魄、愉悦的精神，一个整日疲于奔命的人，是谈不上整体健康的。

二、我的健康扫描

在人类社会高速发展的今天，我们应该怎样认识健康、如何评价健康、怎样维护健康呢？

☞下面是一个七维度健康自测表，请参与者据表所列为自己打分。

《七维度健康自测表》

1＝强烈地不同意；2＝不同意；3＝同意；4＝强烈地同意

身体健康

①一星期有许多天,我做操 30 分钟或以上。 1 2 3 4

②我吃多种食物,从不挑食。 1 2 3 4

③我睡眠时间适当(每个夜晚 7～8 小时)。 1 2 3 4

④我参加推荐的定期身体健康检查。 1 2 3 4

⑤我远离烟草产品。 1 2 3 4

得分:________

环境健康

①我总是按照要求安全处理废弃物。 1 2 3 4

②当我见到安全隐患时,马上着手解决。 1 2 3 4

③我节约使用原料以保护资源。 1 2 3 4

④我尽力减少使用、重复使用、循环使用资源。 1 2 3 4

⑤我将废弃物分类丢弃。 1 2 3 4

得分:________

精神健康

①对生活的恩赐我心存欢喜。 1 2 3 4

②我每天都腾出时间祈祷、沉思或做自己的事。 1 2 3 4

③我的价值导向与我对爱、真理和正义的理解是和谐一致的。 1 2 3 4

④我是与我信仰相同的、充满关系的社区中的一员,我们举行有意义的各种仪式和庆祝活动。 1 2 3 4

⑤我的决定和行动与我认为最重要的价值和信念是一致的。 1 2 3 4

得分:________

头脑/个性健康

①我培养自己的正面感受,如爱、信赖、关心和希望。 1 2 3 4

②我相信自己的个人价值。 1 2 3 4

③我喜欢看书和杂志。 1 2 3 4

④我能表达自己的感受,并能与周围人真诚讨论我的问题。 1 2 3 4

⑤我喜欢学习新事物并对新体验持开放态度。 1 2 3 4

得分:________

职业健康

①我的工作使我能够发挥自己的多种才能和技术,并且从中得到乐趣。 1 2 3 4

②我能够计划出一个可执行的工作量。 1 2 3 4

③我的事业与我自身的价值和目标一致。 1 2 3 4

④我可以在工作截止期限前完成任务。 1 2 3 4

⑤我爱我的工作，而且觉得我的工作富有挑战性，给人带来满足感。 1 2 3 4

得分：__________

关系健康

①我安排时间与家人和朋友在一起。 1 2 3 4

②我有关系亲密、相处有意义的同性和异性朋友。 1 2 3 4

③我对自己所在的团体/组织感到满意。 1 2 3 4

④我与他人的关系是积极和有益的。 1 2 3 4

⑤我与不同的人打交道，探究文化、背景和信念的多样性。 1 2 3 4

得分：__________

游戏/休闲健康

①我从工作中抽出时间，放松自己，度过美好时光。 1 2 3 4

②我喜欢朋友和家人一起分享有趣的事件和笑话。 1 2 3 4

③我有时为自己所犯的错误和做的蠢事自我解嘲。 1 2 3 4

④无论是一个人还是和朋友在一起，我都喜欢做有趣的事情。 1 2 3 4

⑤当我感到无聊或气氛紧张时，我会用幽默打圆场。 1 2 3 4

得分：__________

☞ 你生活中的哪一方面健康程度特别高或者特别低？请分别写在下面：

学会做事 LEARNING TO DO

____

____

____

____

三、走向整体健康

人的一生包含了生活的两个侧面，即职业生活和日常生活，两者之间有一个平衡点，这个平衡点的把握和维持是使我们走向整体健康的有效途径。而很多时候，来自各方面的压力让我们不得不过多地顾及职业工作而忽略了日常生活。正是这样的忽略，使得我们丢掉了整体健康中的某一部分或某几部分，让自己的健康每况愈下。

1. 个人健康反思

请结合健康自评结果对自己的健康状况评价进行反思。

☞ 你参加的哪些活动，对健康和整体健康有好处？有哪些障碍使自己不能达到这一方面的最佳健康状态？请分别写出2～3项。

学会做事 LEARNING TO DO

☞ 你的情感关系是否允许你达到最佳的健康状态？请对以下项目进行反思，如果不像你期待的那么和谐，请分析一下原因。

与家人、与同事、与同学、与朋友、与上司、与下属

学会做事 LEARNING TO DO

☞ 你是否能够用有意义的方式表达内心感受？有以下内心感受时，你通常是怎么表达的？请分别写出来与大家交流。

爱、快乐、悲伤、忧愁、愤怒、害怕

学会做事 LEARNING TO DO

☞ 请写出阻碍自己达到最佳健康状态的具体因素，并制定能使自己达到最佳健康状态的积极、有效措施。

学会做事 LEARNING TO DO

2. 立刻行动

请试着按下面的方法去做：

健康四大基石 世界卫生组织《维多利亚宣言》 傅国平

按时工作。学会照顾自己，自己不照顾自己没人照顾你。我们不是机器，除了工作我们还要休息和生活。偶尔加班问题不大，但一定要不断地提醒自己，生活比工作更重要。过多的加班会影响身体健康，一旦失去身体健康，整体健康的基础便不复存在。

按时作息。这是一个健康生活的基础。培养好生物钟可以让睡眠质量更高，醒着的时候更有精神。这样你就不会因为身体原因而诱发毫无意义的情绪紧张。

放慢节奏。有意识地慢点走，慢点开车，慢点说话，关注一下周围发生的事情。尝试一下放松的感觉，那也是一件令人惬意的事情。你不需要跑着生活。

克制物欲。如果克制住去买那些你并不需要的东西的欲望，可能就没有这么大的工作压力了。那些你觉得买来就会改变生活的东西，在拥有后往往并不能填补你的空虚。和周围的人攀比不能给你带来满足和快乐。明确到底什么是自己真正需要的。

愉悦心情。情绪管理的精髓就是“不要让别人决定你的行为”——一个善于管理情绪的人会将快乐的钥匙握在自己手里，能将快乐和幸福带给他人。在繁忙的工作中，遇到不顺心的事情，我们的情绪更容易受外界因素的左右，所以工作越忙越应该记住“控制局面，而不是被局面控制”。对于不良情绪，除了自我调节和消化外，我们还应该给它找个宣泄的出口，让它尽快释放出来，正所谓“堵不如疏”。

不勉强自己。高效率地工作、飞快的生活节奏，好像周围的人都在向你鼓吹、赞美和渲染这种生活方式。如果这不是你想要的，没必要随波逐流。坚信自己是一个有自己感受和需求的人，不需要屈就那些不符合自己价值观的东西。

创造属于自己的文化氛围。经常和你喜欢的人在一起，告别电视机和沙发，和朋友一起读读书，参加公益活动或者去远足。享受忙碌后的清闲，修整自己紧张了长时间的神经，哪怕是些许的时间，也应该珍惜。

认识到你有责任让大家一起走向健康。不要让别人的坏习惯影响你。如果周围的人都抽烟，不代表你也要这么做。如果周围的人都吃垃圾食品，不代表你也要这么做。如果周围的人都不锻炼身体，不代表你也要这么做。只有你关心你自己。坚持自己的正确做法，最终会影响到你周围的人，大家就可以共同走向健康。

做些有意义的事情。做一些志愿者工作，比如和老人聊天。发现自己的能力，发挥自己的长处。从中体验个人的能力所在、价值所在，在帮助别人的时候享受体验自身价值的愉悦。

转变对工作的态度。一般来说，我们对工作感到厌烦，其实并不是工作变得无趣了，而是因为我们放大了它的缺点，忽视了它的优点。有时让我们快乐的并不是事物本身，而是我们对事物的看法。我们对待工作的态度将很大程度上决定我们是否快乐。心若改变，心态就会变。心态改变，工作的心情就会变！如果我们认为是在为自己工作，就能在工作中不断提升自己的能力和价值，不断成长，那么我们还能没有工作积极性吗？

建立良好的人际关系。与周围人友好相处会给你带来很多快乐。你会从他们那里汲取有益于健康的各种养分。友善地对待别人的错误或失误，从吸取教训的立场出发，去分析造成错误的原因，而不是为了满足自己对所谓尊严的需要去指责和嘲讽，对周围的任何人宽容一些、耐心一些是建立良好人际关系的基础，而良好的人际关系是通往整体健康的康庄大道。

模块6　创建平衡的生活方式

世界是五光十色的，人们的生活方式也应是异彩纷呈、多种多样：职业生活、家庭生活、社会生活、精神生活、休闲娱乐、身心健康……多样化的、平衡的生活方式，能使人生丰满充实，给人以愉悦、美满和幸福感，是实现整体健康，使人生更有意义的前提。一个会生活的人，总能经常检视个人的生活方式，不断调整需要改变的生活领域，在多样的生活方式中实现平衡，在平衡的生活方式中寻求和实现健康和幸福。

一、生活需要平衡

当今时代，巨大的社会压力使我们多数人生活在忙碌和奔波中，我们努力拼搏希望达到领先的工作要求，以致忽略了花些时间享受生活的其他方面。当有一天蓦然回首，却发现在生活的一两方面我们消耗了太多时间和精力，而其他方面舍弃得太多太多，甚至会感到，过去所做的其实有许多是我们不需要的，是事与愿违的，真正需要的，却在忙碌中流失了。

——为了家庭生活的美满和幸福，不少人每天勤劳地工作，艰苦地去争取更多的经济回报，却忽略了陪伴家人，失去了许多天伦之乐，有的甚至失去了本应美满的家庭。

——为了虚荣的权力、地位、职位，不少人殚精竭虑、废寝忘食、夜以继日地拼搏，但忽略了健康，忽略了友谊，甚至失去了朋友、爱情和信任。

——为了潇洒人生、自由快意，不少人率性而为，散漫懈怠，却忽略了职责，忘却了义务和责任，最终失去了工作，甚至失去了自由。

——为了"惜时如金"，业余爱好被看成不务正业，休闲旅游被视为奢侈消费，失去了丰富多彩的精神生活。于是，工作变得枯燥乏味，生活变得灰暗单调，失去了意义。

一项调查表明，在工作日中，24.90%的受访者表示“每天都能有属于自己的一小段时间”，22.86%的受访者表示“虽然不忙，但也没有什么自己的时间”，另有20%的受访者表示非常繁忙，根本没有自己的时间。面对工作的压力，做不完的事情是否会带回家做？回答“工作不应该影响家庭生活”、“工作第一，肯定会带回家里继续做”、“干脆加班，不想带回家里做”的基本上各占1/3。关于生活意义，41.63%的受访者感觉当前的工作和生活“两点一线，非常枯燥”，24.49%的受访者表示“生活主要围绕工作进行”，只有7.76%和6.12%的受访者感觉“很有意义、丰富多彩”以及“工作和家庭都兼顾得很好”。

多么可怕的数字啊，在高效率、快节奏的鞭策下，生活方式的不平衡正在蚕食着我们的幸福，吞噬着我们的健康，不仅仅尚奔波在事业征途中的人们躁动不安，事业有成、富而多金者同样与抑郁无聊相伴。

平衡应该是我们这个世界以及我们每一个具体生命的支点，平衡的生活方式能给人以幸福和健康！

你的生活没有平衡，你就会失去活力；

你的家庭没有平衡，你就会失去幸福；

你的工作没有平衡，你就会失去洞察力；

你自己没有了平衡，你就会忘记你是谁；

你的健康失去平衡，你将失去一切。

记住吧：工作和生活是一枚硬币的两面，互为补充，互为因果。只有生活幸福和安宁的人，才能保持持续的工作热情，使得事业有成，家庭和睦，形成良性循环。

二、你的生活平衡吗

平衡的生活方式主要是指人们的职业生活、家庭生活、社会生活、精神生活以及健康、娱乐活动等各方面处在合理协调状态。

☞ 绘制你的“时间饼”：请分割“圆圈甲”，并形成一个时间分配的饼图，饼图每一部分的面积取决于你在今天以前各方面生活实际花费的时间，内容有：

与工作有关的活动时间；

社会活动时间（学校、社会工作、和朋友同学在一起）；

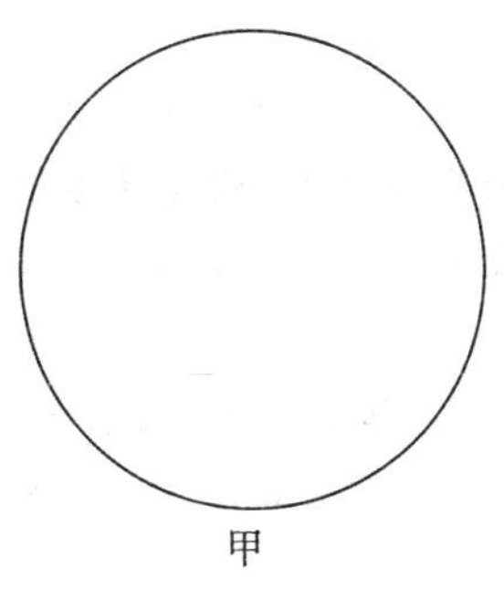
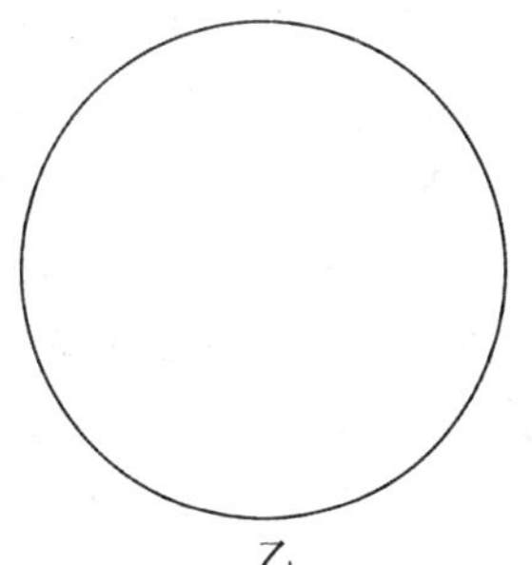

甲　　　　　　　　乙

健身运动时间；

睡眠时间；

休闲活动时间(业余爱好、娱乐)；

精神活动时间(阅读、写作、思想)；

家庭活动时间(与家人在一起，与家人通电话等)。

《复旦青年》提供的一份数据显示，复旦有44%的本科生养成了熬夜的习惯，大三的学生在凌晨两点以后睡觉的比例高达14%。只有2.8%的学生起床后感觉“精神充沛”，38%的学生感觉“比较疲惫”。

☞请分割圆圈乙，根据自己期望的各种生活所用时间形成一个新饼图。

☞完成两个饼图后，与周围同伴交流下列问题：

(1)关于你以前的生活方式，第一个时间饼说明了什么？

(2)第一个饼图中哪一类活动花费的时间最多，哪一类最少？

(3)第二个饼图与第一个饼图有何不同？说明了什么？

三、学做生活与工作的主人

生活是需要平衡的，也是需要管理的。只有有效做好生活管理，才能在工作和生活面前游刃有余，而不是筋疲力尽和焦头烂额。要使我们的生活方式走向平衡，就要学会确定自己生活的优先领域；善于时间管理，赢取更多属于自己的时间；还要掌握好工作、生活节奏，有效地利用时间。

1. 确定优先生活领域

案例6-1 《苏珊的生活》 玛丽和苏珊是莫逆之交，都已年过四十，事业有成。但有一点不同，玛丽的时间似乎永远都不够用。苏珊有三个孩子，工作之余喜欢打高尔夫球。玛丽问苏珊怎么有时间去打高尔夫球。

苏珊笑了:“我们两个一天时间都是24小时啊。我过去也像你一样,每天很早就来到办公室,晚上很晚才离开。我疲惫地回到家,还要强迫自己给孩子讲睡前故事。后来我的老公给我一张卡片,上面写道:今天所做的是你最重要的,你要享有今天,因为你将永远不会再拥有今天。

“我呆住了,对我来说什么是最重要的?工作很重要,孩子更重要,而时间最重要。那天我按时下班回家,我的孩子和丈夫非常高兴,晚上给孩子讲睡前故事,不再是例行公事。”

玛丽问苏珊留在办公室的工作是否会影响第二天的工作。

苏珊说:“你必须列出每天要做的每一件事,最终圈定影响最大的三项。每天都这样做,不久你就会发现你有了更多精力,你的工作效率更高,因为你已经做到了工作与生活的平衡。”

玛丽笑着对她的朋友说:“你已经说服了我。明天我做的第一件事将是拿一张纸列清单。也许这个周末,我会和你一起去打高尔夫球。”

案例6-2 《为了女儿》 两年前,魏琳只有九岁的女儿检查出胃病。而她自己和丈夫都是公司高管,每天早出晚归,加班加点,家中常常是“灶冷锅灰”。拿着女儿的检验单,魏琳备感心痛和内疚。为了照顾女儿,她毅然辞去原来的工作,到一家中型民营企业做行政部经理,月薪2000多元,只是她过去的1/4。但她每天“朝八晚五”,周末可以双休,陪伴女儿的时间多了,和先生的关系越来越好。“起初薪水的落差令我有很大失落感,但有工作,也有生活,内心的满足感前所未有。”魏琳对记者说。

☞小故事给了我们什么启示?面对未来,你如何在学习、工作、生活中寻找平衡点,确定你的平衡生活方式?

学会做事 LEARNING TO DO

掌握平衡生活方法的人,知道如何确定自己优先的生活领域和非优先生活领域,也就明确了生活的目标,明确了在什么地方有权使用自己一生的时间,在什么地方无权滥用时间。即使在工作紧张的情况下,也知道该怎样调节自己的生活节奏和工作状态,怎么体味生活中的情调和趣味,保持一种从容和风度。

2. 赢取属于自己的更多时间

创建平衡生活方式还需要通过科学的时间管理，赢得更多属于自己的时间。我们可以借助于时间管理学所提供的下一图式，来认识做事与生活是如何统一起来的。

在日常生活中，人们要做的事可按如下形式分类：

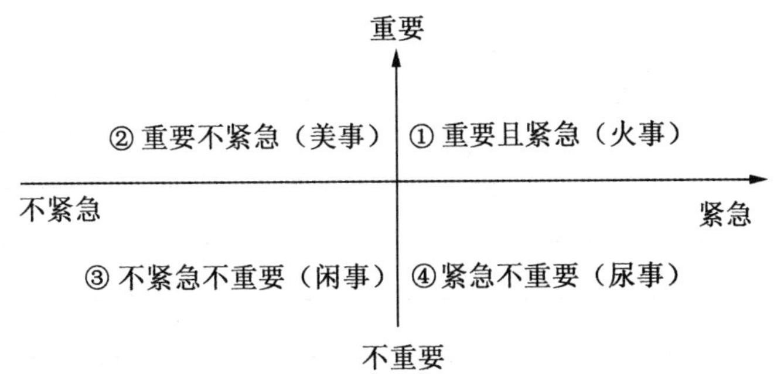

第一象限是重要又紧急的事，如救火，人命关天，不得不放下手中所有的事，第一时间冲向现场，谓“火事”。

第二象限是重要但不紧急的事，如约会，一个完善的计划项目，谓“美事”。

第三象限是既不重要，也不紧急的事，如打牌聊天，谓“闲事”。

第四象限是不重要但紧急的事，如别人开会你尿急，谓“尿事”。

可以看出，第二象限中的美事是令人羡慕的，如果我们把要做的事务按图分类，然后使生活中①③④类事逐渐变少，②类事日渐增多，就会发现属于自己的时间变得越来越多。

3. 掌握工作节奏，有效利用时间

在生活中，有不少人往往把大部分时间用来办急事，一天下来四处救火，总是感觉危机四伏、身心俱疲。该考虑的事没顾上考虑，应早办的事拖了下来，要事变成了急事，急事拖成了火事。从而，工作没了节奏，生活中的“尿事”成无奈，“美事”顾不上，“闲事”没工夫。因此，掌握好工作节奏，有效利用时间，及时、圆满地完成所负工作任务，对于平衡个人生活，意义非凡。

组织化是对有限的时间做最有效利用、提高工作节奏的最便捷方法。

(1)计划法。做好年、月、周、日工作计划，尤其是短期周计划、日计划对于提高日常工作效率，改善工作节奏的作用不可忽视。

(2)归类法。学会任务分类，相同性质的事同时处理，一次完成，这样可以集中精力，提高速度。

(3)早课法。“一日之计在于晨”，每日起床后为头脑做暖身运动，计划一下当天应做的事，就像常人每天要洗脸，和尚每早要念经一样，可以使人一进工作现场，就进入工作状态。

☞下面是一份“本日待办单”，你有兴趣使用吗？建议结合早课法坚持试用一周，然后与同学交流体会。

本日待办单

时间	年　月　日		
今天应做的事	急事	要事	闲事
没完成的事务说明			
小结			

☞在现实的工作学习生活中，可能有许多提高时间利用效率、改善工作节奏的方法，请你找出几种，并记录下来与大家分享。

学会做事 LEARNING TO DO

四、快乐地工作，幸福地生活

1. 丰富你的生活

生活是丰富多彩但又必须是平衡的。人生是暂短的，生活是琐碎的，幸福应该

是有意义并有目的的生活。改变你的生活方式,改变你待人处事的态度,改变你想要改变的东西。这将给你带来的工作上的轻松和生活上的愉悦,感到一种平衡之美。

平衡的生活方式有利于人们在做好工作的同时,兼顾自己的健康和家人的生活,以促进身体、心智和精神的全面成长。

生活如此丰富多彩——我可以思念故乡,拨通电话,与老爸老妈聊聊天。

生活如此丰富多彩——周末常常带着家人出游。

生活如此丰富多彩——天天努力工作,下班健身,回家后香甜入睡。

生活如此丰富多彩——在周末安排自己的私人时间,做自己喜欢的事(我喜欢看电视、电影、小说;我喜欢运动、慢跑、骑车、打篮球、游泳;喜欢练习瑜伽的舒畅感觉;喜欢练习形体,让我很有自信)。选几样来丰富生活。

2. 完善你的生活

☞ 根据下表测试一下在哪些生活领域你觉得满意,哪些不满意。

从8个方面给你的生活满意度评分,评分范围从1～10,1代表很不满意,10代表很满意。将各项满意点用线连起来,所包围的区域就是你的满意区,其他的则是你的不满意区。

满意度		工作	家庭	休闲	心理	朋友	精神	健康	社区
非常满意	10								
	9								
	8								
	7								
中等满意	6								
	5								
	4								
	3								
	2								
很不满意	1								

☞ 想一想,你生活中有没有不平衡的因素?这些因素对你产生了什么影响?

学会做事 LEARNING TO DO

☞ 面对未来，你如何在学习、工作、生活中寻找平衡点，确定你的优先生活领域？

学会做事 LEARNING TO DO

☞ 针对“问题区域”制定出个人生活质量改善计划。

学会做事 LEARNING TO DO

模块7 安全防护

每天，当第一缕霞光染红天际的时候，劳动的乐曲便奏响在生活的每一个角落。纵横交错的公路上，车水马龙；鳞次栉比的厂房里，机声隆隆；挥汗如雨的工地上，林立的楼房拔节攀长；四通八达的互联网上，快捷的信息目不暇接……高节奏、现代化的生活让人们追求无限、神往无限。可你是否想到，当你行色匆匆于路上时，当你加班加点于车间时，当你打开书本求思于课堂时，当你庆贺欢聚举杯于餐桌时……意外事故就像魔鬼一样不期而至。一个小数点，可以让你懊悔不已；一个瞌睡，可以让你捶胸顿足；一个烟头，可以毁掉百万顷森林；一个错误指令，可以葬送无数人的健康和生命……人们在畅饮着劳动带来的美酒时，又在品尝着自己酿造的灾难和悲伤。

生命是宝贵的，宝贵的生命只有在安全中才能永葆鲜活；安全是必需的，必需的安全只有在意识和责任中才能确保万无一失。多一分防范，就会少一些损失；多一分谨慎，就会少一些失误。让我们背起安全的行囊，享受生活的阳光。

一、安全第一：危险和事故就在身边

有一种说法，尤其是生活在发达国家的一些人士认为，我们似乎生活在一个“安全”的世界里。因为科学技术的突飞猛进，现代医学可以治愈绝大多数疾病，可以通过基因技术延长人类寿命，甚至连艾滋病的治疗也已见到了曙光，而且越来越健全的社会保障制度，可以保证各阶层，不同性别、职业人士都能享受到现代医学和科学技术的保护。

但我们必须要清醒地认识到，完全的保障是不存在的。天灾人祸从来也没

有停止过对人类的伤害和袭击。

镜头1 《人在路上走，祸从天上来》 1993年9月的一场风灾至今令北京人刻骨铭心。当时北京出现了7～8级大风，仅4个城区就有40多处广告牌及高楼悬挂物被刮倒，北京站前广告牌倒塌，死亡1人，伤15人，截肢12人。从9日零时到当晚6时，全市接火警25起，出动消防车多辆，直接经济损失1.5亿元。

镜头2 《缆车失灵坠山下》 1999年10月3日，广西一家旅行社组织的旅客35人，拥挤在由马岭河峡谷谷底通往山顶的仅五六平方米的缆车上。到达山顶平台刚刚停车的一瞬间，缆车突然下滑。工作人员立即跑进操纵室按上行键，但按键失灵，缆车缓慢滑行30多米后，便箭一般向山下坠去，一声巨响后，重重地撞在了水泥地面上，所有旅客无一生还。

镜头3 《日本地铁毒气事件》 1995年3月20日上午8时10分，日本东京地铁三条线路的5节车厢同时发生“沙林”神经性毒气泄漏事件，造成12人死亡，5000人受伤，14人终身残疾。事后查明，是日本奥姆真理教信徒注入“沙林”混合液的11个特制尼龙袋，放在车厢内，在上班高峰时间捅破。事件发生后全世界为之震惊。

煤气爆炸导致楼房
倒塌50余人死亡

森林火灾导致193人死亡
226人受伤

游客五台山遇车祸
3死10余人伤

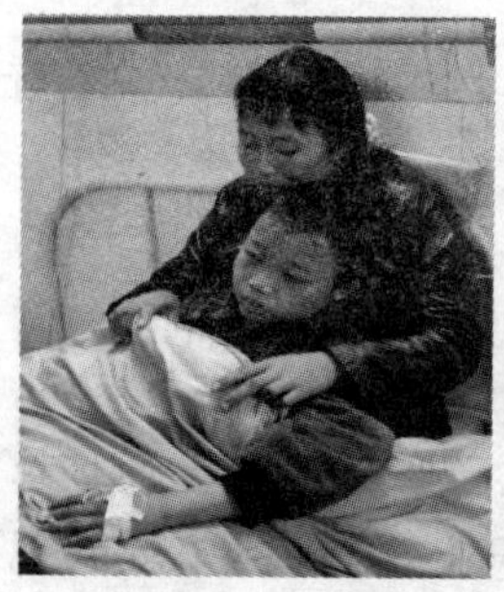

某中学踩踏事故导
致6人死亡30余人受伤

新疆友谊馆大火导致
325人死亡130人受伤

列车脱轨导致
72人死亡416人受伤

不可抗力的灾难、人为的伤害、意外的事故，就像一只只蛰伏于黑暗角落里的猛兽，随时会向我们扑来，一个个鲜活的生命会因此而停止，无数个幸福的家庭因此而破碎。财产被吞噬，设备遭破坏，环境被涂炭，健康受威胁。一幕幕触目惊心的惨剧告诉我们：安全是相对的，不安全是绝对的，安全防护不容懈怠，警钟长鸣、常备不懈是抵御灾难和不测的最佳防线。

二、安全防护：幸福人生的基本保障

安全意识、安全制度、安全措施以及个人平时学到的知识、所具有的良好素质和行为习惯、灾难袭来时的表现，很大程度上决定着受伤害、受损失的程度。因此，安全防护作为一种价值观，所赞赏的是行动，是在实践中对意外事故的有效预防和规避、在灾难发生时的科学自救。安全防护是人生实践的一个重要课题。

1. 未雨绸缪，预防为主

古有明训："居安思危，思则有备，有备无患"，"不防一万，就防万一"。安全无小事，安全问题无论是对政府、对组织还是对个人，都是头等大事，而确保安全的最好办法只有一个——树立安全意识，做好安全防范。漫不经心、疏忽大意、侥幸心理都是要以人财物的牺牲为代价的。

案例7-1 《未雨绸缪的叶志平》 5·12汶川大地震中，四川绵阳安县桑枣中学全校2000多名师生，无一人伤亡，被人们称为"奇迹"。奇迹的创造者，就是名不见经传的桑枣中学校长——叶志平。

叶志平担任校长后，就为始建于20世纪80年代中期的实验教学危楼担心。为此，他连续三年对这栋楼维修加固。第一次，他找正规建筑公司，拆除了与实验楼相连的一个质量很差的厕所楼，在安全处重新建起了厕所。第二次，他将楼板间的缝隙重新灌注了混凝土，使楼板的承受力大大提高。第三次，他对这栋楼动了大手术。将整栋楼的22根承重柱子，按正规的标准要求，从37厘米直径的三七柱，重新浇灌水泥，加粗为50厘米以上的五零柱。之后他亲自动手测量，每根柱子直径整整加粗了15厘米，直至将这栋有16个教室的实验楼修好加固。

叶校长明白，仅教学楼修建结实还不够，紧急情况下的有序疏散至关重要，因此，每学期他都要在全校组织一次紧急疏散的演习，规定好每个班固定的疏散路线、疏散到操场上固定的位置，就连每个班在教室里怎么疏散都作了规定，对老师的站位也有要求。正因平时的演练，在地震发生时，全校师生以1分36秒的时间全部撤离到操场上。

“责任高于一切，成就源于付出”，就是叶志平校长的人生理念。

案例7-2 《永远走不出的“安全门”》 1994年12月8日，新疆维吾尔自治区教委“两基”评估验收团到克拉玛依市检查工作，市教委组织中小学生在友谊馆为验收团举行汇报演出，参加活动的人共796人。

演出期间，舞台上方光柱灯烤燃附近纱幕，引起大火，约一分钟后电线短路，灯光熄灭，馆内一片混乱。馆厅内各种易燃材料燃烧后产生大量有毒有害气体，致使众人被烧或窒息，伤亡极为惨重。共死亡325人，其中学生288人，其余人员37人，受伤130人。

据调查，演出时该馆领导将馆内仅有的两名电工派出，竟由无电工操作证的人员代电工值班。演出当天，通向馆外的安全门只打开一扇，馆内值班人员擅离职守，未能及时打开安全通道，致使馆内人员发生拥挤、踩踏。

☞ 议一议：实验楼初建时用资19万，而叶校长加固时竟用了54万，当初很多人认为不值，你怎么看？比较两个案例，你从中悟出了什么吗？

学会做事 LEARNING TO DO

2. 随机应变，规避自救

大多数安全事件是可以避免的，尤其是我们日常生活、工作过程中的意外事故，只要强化安全意识，稍加留神都能解决。比如，遵守交通规则、严守操作规程、戴上安全帽、不酒后驾车、不暴食暴饮……有些风险规避则是需要知识与技能的，有了足够的安全知识和技能的积累，灾难和事故来临时，就能随机应变，临危不乱，逢凶化吉。

案例7-3 《大火中的幸存者》 2000年12月25日20时许，洛阳东都歌舞厅发生火灾，造成309人死亡，7人受伤，直接财产损失275.3万元。事后经调查了解，其中有两名幸存者情急之下跑进厕所，紧闭厕所门，堵住浓烟侵入，后得救。有4名幸存者发现着火后，迅速躲进一KTV包房，并拉掉墙上的空调管子，通过管子孔洞使室外空气进入，得以生存。

案例7-4 《盲目避震酿悲剧》 1976年7月28日凌晨3时42分，当时有

30多人正在唐山钢厂食堂就餐，突然发生7.8级地震，有20多人在混乱中拥向平时只能通过一人的狭窄门口，结果大多数人没有跑出，被门口塌下的水泥板当场砸死，而一位老同志没有跑，他很冷静地蹲在饭桌下，反而安然无恙。

三、安全防护：不容懈怠的人生课题

我们日常生活中每一起意外事故的发生，都是多种原因相互作用的结果，看似偶然，其实都有其必然原因：与知识技能相关的愚昧无知；与价值观维度相关的忽视（对安全问题不重视）；与态度相关的粗心大意。

1. 无视安全是祸首

安全意识是人们在生活和生产活动中对安全现实的认识，即对可能伤害自己或他人的客观事物的警觉和戒备的心理状态。安全第一，是对生命的尊重，是对社会、对工作、对家庭、对自己负责。无视安全或者心存侥幸则是大多数意外事故的罪魁祸首。

案例7-5 《一个密封圈酿成的大祸》 1986年1月28日上午，美国航天飞机“挑战者”号从肯尼迪航天中心的发射架上升空，73秒钟后突然爆炸，7名机组人员全部遇难。爆炸的原因是右侧火箭推进器的O形封环存在问题。由于航天飞机发射时气温过低，寒冷的天气对火箭垫圈产生影响，失效的封环使炽热的气体点燃了外部燃料罐中的燃料，导致航天飞机爆炸。发射前工程师警告不要在冷天发射，由于发射已被推迟了5次，所以警告未能引起重视。

☞议一议：导致事故发生的直接原因和主要原因各是什么？这是一起什么性质的事故？工程师的警告为什么没有引起有关人员的重视？

学会做事 LEARNING TO DO

2. 粗心大意酿悲剧

频频发生在道路上、工作场所和家庭中的意外事故，有不少是由于粗心大意酿成的，侥幸心理、不良习惯、争强好胜、急功近利……凡此种种编织了一个又一个不该发生的事故，导演了一幕幕令人痛心疾首的悲剧。常言道："宁走十步远，不走一步险"，"小心行得万年船"，这么直白重要、这么简单易懂的人生真理，为什么总有人抛之于脑后呢？发人深省啊！

案例 7-6 《一条安全带让他丢了命》 1981 年 11 月 20 日，某电厂施工现场，吊装班铆焊组长宋某来到锅炉房吊装墙板，当吊车启动，吊笼与阻碍物经过三次擦碰后升到 21 米时，一端钢丝绳由于少一个卡口而脱落，使吊笼一端下垂，将宋某从吊笼内甩出，头碰击 10 米平台后坠落至地，抢救无效死亡。据调查，宋某事先没有征得吊笼所在小组人员同意就擅自使用吊笼，使用前既没有认真检查吊笼也未系安全带就让提升，而且吊车司机和指挥人员都不是专职人员。

> 安全忠告：事故出于麻痹，安全源于警惕；1%的疏忽可能导致100%的损失。

☞ 认真阅读案例，然后归纳出：

事故发生的现场	引发事故的环节	事故的主要原因
事故的性质	造成的损失	得到的教训

3. 愚昧无知诲不及

有不少事故和悲剧的发生不是因为态度的不重视，也不是粗心大意，而是无知的结果，明明感觉到悲剧将要发生，但却因防护知识不足、规避自救技能欠缺而无能为力。奉凶化吉、转危为安、化险为夷成了身处险境时的迫切愿望，但又只能望而兴叹，后悔不及。

案例 7-7 《韩国大邱地铁火灾的启示》 2003 年 2 月 18 日，韩国大邱市地铁中央路站发生火灾，造成 135 人死亡，137 人受伤，318 人失踪。火灾是由精神病人放火所致。最先着火的是一组 6 节车厢，载有旅客 400 人。4 分钟后，从起火列车相反方向驶来的另一组 6 节列车驶进车站，载有旅客约 400 人。后进站

的列车驾驶员因害怕有毒气进入车厢而没有及时打开车门疏散旅客，等想打开时，电已切断，全体旅客被关在车厢内。有一些车厢内的旅客找到了应急装置，用手动方式打开车门，得以生还，但是许多车厢门一直未能打开。第一组车的车厢是开着的，所以旅客可以及时跑出，但第二组车的车门却是紧封的，大多数死者是第二组车上的旅客。

大邱地铁火灾表明：地铁一旦着火，其自身的防火和控制系统对于人员疏散起着重要作用。在此情况下，个人是否具有消防安全知识非常重要。在这次火灾中，有人能够利用应急装置，手动打开车门，而更多的人恐怕连应急装置在哪儿也不知道。有的人虽然从车厢中出来了，但没有上到地面就被烟气熏倒，如果这些人能够采用正确的方法，比如，用湿毛巾或衣袖捂口鼻，低姿势迅速穿越烟气区，也许会有又一条鲜活的生命获救。

☞结合以上案例，想想为什么有的人在不测发生时顺利脱险，有的人则永远失去了生命？把导致不同结果的原因列在下面：

学会做事 LEARNING TO DO

四、让灾难远离我们

灾难和事故总是血淋淋的，它给予我们的教训是痛心的，经验则是宝贵的。这经验就是一句话：做好安全防护。积极防范、主动规避和科学自救是远离灾难、永葆幸福的不二法门。

你想一生幸福，远离灾难吗？请评价一下你的安全意识吧！

你想逢凶化吉，遇难呈祥吗？请检视一下你的安全知识和技能吧！

你想家庭美满，幸福安康吗？请教育兄弟姐妹、妻子儿女遵守安全规则吧！

你想你的朋友、同事和你一样平安一生吗？请向他们宣传安全知识，教会他们一些安全技能吧！

1. 警钟长鸣，架起人生红绿灯

安全意识是人生路上的红绿灯。有了它，你就会警钟长鸣、毫不懈怠，在安全问题上循规蹈矩，在人生路上进退有度、幸福安康。

☞ 你的安全防范意识如何，有意外防范的准备吗？请自测：

测 试 项 目	经常(8分)	偶尔(4分)	从不(1分)
家电线路和燃气管道是否检查			
雷雨天是否拔掉家用电器电源			
骑、乘车时是否戴安全帽或系安全带			
出行时是否遵守交通规则			
雷雨天是否在树下或电线杆下避雨			
进入公共场所是否先查看安全通道			
在实验或实习前是否检查用具或设备			
是否留意各种安全知识和技能			
我的安全防范意识	很强	一般	较差
说明：总分在60分以上为很强；30分以上为一般；30分以下为较差。			

☞ 小组交流、讨论：结合自身以往发生的意外，你认为哪种原因是最主要的(忽视、粗心大意、愚昧无知)？为什么？在选择这一原因时，你忽略了什么？为什么？

学会做事 LEARNING TO DO

2. 学而不厌，打造幸福“安全带”

安全知识和技能是一条现实有效的安全带。如果没有安全知识和技能做保障，你就不知道如何规避风险，不测发生后就无力自救，安全防范更无从谈起。

☞ 自我测评：我的安全知识和技能如何？

防范内容	应具备的知识和技能	熟练程度 熟练 一般 不太熟 不懂 （10分）（7分）（4分）（1分）

☞ 对照测评表找出欠缺的知识和技能，定出学习提高措施。

学会做事 LEARNING TO DO

☞ 通过媒体查找安全知识，制成安全卡片，与同伴交流。

学会做事 LEARNING TO DO

3. 诲人不倦，撑起安全保护伞

安全防护，人人有责。只有全体社会成员共同担起安全责任，生活的天空才是晴朗的，个人安全才是有效的。无论是从自身安全，还是从他人和社会安全角度，人们都有教育他人做好安全防护的义务，都有向他人宣传安全知识、介绍安全经验、传授安全技能的责任，哪怕这种“好为人师”是令人反感的。

☞ 你想在安全宣传上尽一份力吗？如果想，请行动起来！

(1)在班级组织一次安全知识竞赛活动。

(2)在学校组织一次安全知识文艺活动。

(3)走进社区、街道，发放安全知识宣传单。

模块8 安全地工作

清晨，当我们开启车门奔赴工作岗位的时候，家人总是不忘叮嘱一句："注意安全啊！"黄昏，当我们醉意朦胧地奔向家门的时候，总能看到老母亲在静静地等待，多皱的额头下是一双惊恐不安的眼睛；入夜，当白昼的喧嚣渐渐退去，一星火光，一声响动，总不免让我们披衣而起，直到确认平安无事，才敢沉沉睡去。我们的爱，就体现在这一声声的叮嘱中，体现在这关切国的目光中，体现在平安无事的企盼中。

一、发生在工作中的健康与安全问题

人人都渴望幸福，人人都渴望安宁，但幸福并不会像阳光一样均匀地洒在每个人的身上。在追求幸福的旅途中，我们总会遇到一些路障，疾病、衰老、意外伤害等，它们无时无刻不在我们周围徘徊。它们或者潜伏在你行进的道路上，或者隐藏在你工作场所的某个角落里，企图在我们精神麻痹的时候，给我们致命的一击。在众多影响我们幸福的因素中，工作责任事故就是最大的一个，也是最凶残的一个。

1. 骇人听闻的数字

根据国际劳工组织的报告，目前全世界就业总人数为27亿人，全世界每年发生工伤死亡人数为120万人。其中，有接近1/4的人是由于工作在暴露危险物质的场所引发的使人丧失劳动能力的职业病而死亡的，诸如癌症、心血管病、呼吸疾病和神经系统紊乱等。

国家安全生产监督管理局透露：中国目前每年工伤事故死亡约13万多人，伤残70余万人，职业病危害70多万人，造成的直接经济损失约1500亿元人民币，占中国GDP总量的2.5%左右。

据国家疾病控制中心职业病与中毒控制所首席专家李德鸿研究员测算，全国每年尘肺病造成的直接经济损失达80亿元，间接损失达300亿至400亿元；全球过半尘肺病患者在中国，每年新增尘肺病患者约1万。

另据有关部门不完全统计：我国每年因触电死亡约8000人，我国火灾年平均损失近200亿元，并有2300多民众伤亡；每年食物中毒死亡数万人；每年过劳死人数达60万人；每年因大气污染死亡38.5万人。

透过这些触目惊心的数字我们发现，导致死亡与伤残的事故，多数发生在工作场所和劳动的过程中。劳动本是世界上最神圣的事情，现在却带给我们如此灰暗的记忆。个中原因，难道不值得我们深深地思索吗？

2. 触目惊心的镜头

如果这些数字还不能引起你的警觉，不能带给你灵魂的震撼，那么，请你关注下面这些镜头。

镜头1 2008年9月8日，山西省临汾市襄汾县新塔矿业有限公司尾矿库溃坝，约19万立方米尾沙下泄，吞没了下游的新塔矿业公司办公楼、宿舍区和集贸市场等。截至10月5日，实际遇难人数已达271人，33人受伤，多人下落不明。

镜头2 2008年9月20日23时许，广东深圳舞王俱乐部因烟火表演引发大火，10米狭窄过道造成数百人在逃生时发生惨剧，43人死亡，88人受伤，其中51人需要住院治疗。

镜头3 辽宁铁岭市清河特殊钢有限公司发生钢水包整体脱落事故，共造成32人死亡，2人轻伤。该事故发生在2007年4月18日7时45分左右，装有30吨钢水的钢包在吊运下落至就位处2～3米时，突然滑落，钢水洒出，冲进离车间仅5米远的一间房屋，造成在屋内交接班的32人

全部死亡，2名操作工受伤。

镜头4 2006年7月28号上午8点45分左右，江苏省盐城氟源化工有限公司氯化车间的氯化反应器突然发生爆炸，造成两个车间厂房全部倒塌。这起爆炸事故共造成22人死亡，29人住院接受治疗，其中5人重伤。

如果我们仔细探究事故发生的原因，就会发现：绝大多数事故都是人为因素造成的，安全意识淡漠、安全制度不健全和个别职工麻痹大意已经成为安全生产的三大杀手。

☞ 看到这些触目惊心的数字和镜头，你有何感想？以小组为单位交流各自看法。

学会做事 LEARNING TO DO

☞ 结合自己亲身经历，说一说，安全工作与幸福生活是一种什么样的关系？

学会做事 LEARNING TO DO

二、工作中健康与安全问题探讨

1. 分类探讨

(1)职业病

什么是职业病？2001年颁布的《中华人民共和国职业病防治法》中规定，职业病是指企业、事业单位和个体经济组织的劳动者在职业活动中，因接触粉尘、放射性物质和其他有毒、有害物质等因素而引起的疾病。

根据《职业病防治法》的规定，卫生部会同劳动和社会保障部发布了《职业病目录》。这一目录规定的职业病有尘肺、职业性放射性疾病、职业中毒等10类

115 种疾病。职业病是由于职业活动而产生的疾病，但并不是所有在工作中得的病都是职业病。职业病必须是列在《职业病目录》中，有明确的职业相关关系，按照职业病诊断标准，由法定职业病诊断机构明确诊断的疾病。

案例 8-1 《少女亮丽人生因中毒而晦暗》 在某省职防院病房住着一群女孩，她们来自同一家工厂，同一个车间，同一条生产线，对未来都曾有同样美好的设想。但她们的人生因职业中毒而改写。当记者见到黎英（化名）时，她正在病房的阳台上艰难地晾衣服，她的手指到现在还不能完全伸展开来。黎英说，刚进院时，她躺在床上翻身得人帮忙，吃饭得人喂，手根本抓不住筷子。对自己无端患上“怪病”，黎英很无奈，她说到这里治病已经一年多了，还有 4 位工友住在隔壁病房，她们和自己一样都是正乙烷中毒。

这群女孩在工厂干的活是给鞋面涂胶水。她们纷纷说，前年在工厂做了两三个月后，手脚就变得没劲，连走路的力气都没有，最后卧床不起。当时根本不知道是中毒了，还以为是风湿引起手脚麻痹。黎英当年春节自动离厂，回家养病。后来幸亏另外几个工友检查出是职业中毒，才通知她回来检查。她们几个人的医疗费已接近 40 万元，费用由鞋厂负担。

卫生部的相关负责人指出：我国的职业病形势十分严峻，对职业病的防治与快速发展的经济水平极不适应，职业病已经成为重大的公共卫生和社会问题。目前，我国有毒有害企业超过 1600 万家，受到职业病危害的人数超过 2 亿。

在全国报告的各类职业病中，尘肺病占到 80%，其他急慢性中毒约占 20%。据统计，20 世纪 50 年代以来，我国累计报告尘肺病例 58 万多人，这个数字相当于世界其他国家尘肺病人的总和。其中已经有 14 万多人死亡，现有患者 44 万多人。但专家同时指出，由于现在厂矿企业劳动者的体检率低，报告不全，因此估计实际发病要比报告的例数多 10 倍，尘肺病实际发生的病例数不少于 100 万人。

(2)工伤

工伤是指因工作过程中或者与工作有关的突发事故导致的伤害，或者因工作环境和条件长时间侵害职工健康造成的伤病，它不同于一般伤害的最根本特征，就在于它是与工作有关。

按照我国《工伤保险条例》第十四条的规定，工伤主要有以下类型：

①在工作时间和工作场所内，因工作原因受到事故伤害的；

②工作时间前后在工作场所内，从事与工作有关的预备性或者收尾性工作受到事故伤害的；

③在工作时间和工作场所内，因履行工作职责受到暴力等意外伤害的；

④患职业病的；

⑤因工外出期间，由于工作原因受到伤害或者发生事故下落不明的；

⑥在上下班途中，受到机动车事故伤害的；

⑦法律、行政法规规定应当认定为工伤的其他情形。

案例 8-2 《裁断车切断美女手掌》 2007 年 4 月 14 日 2 时 30 分，银川市的雍明霞正在银川佳通轮胎有限公司 3 车间裁断车前干活，突然发现裁断机在裁帘布大卷时，帘布夹到了裁刀槽缝里，裁断车自动停车。就在雍明霞伸出右手拽拉帘布时，裁切橡胶帘布的高速裁刀突然启动，将她右手半个手掌完全切透，只剩食指根部与手掌相连。班组长等人立即将她送到自治区人民医院。经诊断，她的右手只剩一根肌腱完好，手术后她住院一个半月，共花去医疗费用 1.8 万余元。

据不完全统计，中国有 50 多万个厂矿存在不同程度的职业危害，实际接触粉尘、毒物和噪声等职业危害的职工超过 2500 万人。我国也正在积极扩大工伤保险的参保范围和人数，让更多的人在遭受工伤伤害的时候不再遭受心灵的创伤。据人力资源和社会保障部工伤保险司司长陈刚介绍，近年工伤保险基金收入稳步增长。2007 年，全国工伤保险基金收支规模达到 250 亿，比 2003 年 65 亿的收支规模增长了 3.8 倍，基金保障能力大大提高。截至 2007 年底，全国参加工伤保险人数达到 12173 万人，参保人数已成为仅次于养老保险和医疗保险的第三大社会保险险种。全国享受工伤保险待遇人数也达到 96 万人。

2. 原因探讨

(1)制度薄弱

安全制度、操作规程是工作安全的基本保证。一些企业为了降低劳动生产成本，不认真履行职责，严重忽视安全生产管理，给员工、企业乃至社会带来严重的安全隐患。

案例 8-3 《违章生产、冒险作业导致 5 死 3 伤》 1988 年 9 月 5 日，某县鞭炮厂违章生产，冒险作业，导致黑火药与塑料袋摩擦形成高温发生爆炸，造成死亡 5 人、重伤 3 人、直接经济损失 8.9 万余元的严重后果。其直接原因是工人违章所致，但工厂违反烟花爆竹安全管理办法，未按操作规程办事才是事故的根本原因。

1988 年 3 月，叶某就任厂长后，只讲经济效益，忽视安全生产，一个 90 多人的鞭炮厂，竟然没有一名安全生产管理人员，安全工作处于无人过问的状况。1988 年 4 月中旬，叶某聘请两名无证作业人员为本厂生产“快引”鞭炮，签订了承包合同后，就对安全生产撒手不管。5 月下旬，县安全办和公安局联合检查时发现：该厂出产的鞭炮氯酸钾含量高达 50%；每次和药达 20 公斤，超过规定标

准6倍多;无证技术人员指导作业,各种工序无操作规程,制引车间没有与其他工序分开;氯酸钾仓库未单独设立;库内存放大量纸张、鞭炮等;这些都是事故隐患。检查组通知停产整顿,落实安全措施。但叶某对此置若罔闻,继续违章生产,冒险作业。6月6日,县安全办再次通知该厂停产整顿,叶某仍拒不执行。1988年9月5日16时许,制作黑火药的工人潘某和向某一起,在制引车间,违章用瓦钵将小瓷缸中的黑火药掏出装进塑料袋中,因摩擦形成高温,导致黑火药爆炸。

(2)防护不利

在一些高危行业或者高危岗位,适当的防护措施是保证劳动者免受伤害的必要保障。一旦放松警惕,在工作时间不带防护,发生事故后往往会造成不可估量的损失。

案例8-4 《卸硝酸未穿防护服两工人被灼伤》 某公司两名正在装卸硝酸的工人因操作不当导致硝酸泄漏,由于他们在操作时并没有按照要求穿防护服,导致被灼伤。

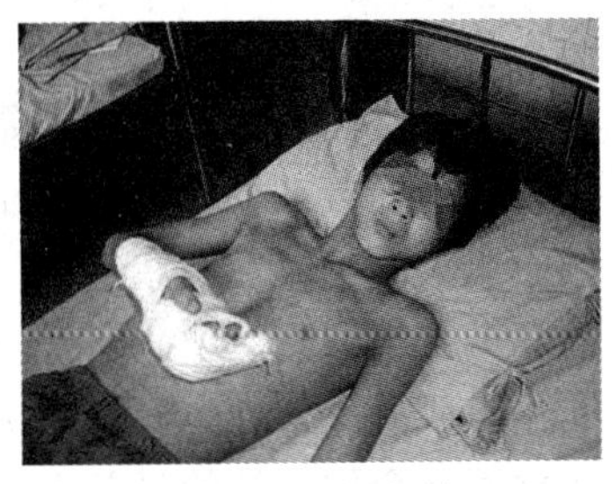

据了解,当时这辆槽车装有近5吨的硝酸,硝酸泄漏后工人及时关闭了管道,没有造成更大的危害。另据了解,工人在操作时并没有按照规范操作,未配备任何防护措施,以致两人都被灼伤。据有关人士说,像这样的事故,如果穿上劳防用品、戴上防护罩的话,哪怕是溅到劳防用品上,也不会造成这么严重的后果。

(3)环境不良

有些行业和工作岗位本身可能容易就给从业人员带来伤害。就现有的科技水平来说,也存在着一些行业很难保证从业人员不受事故的伤害,如:航海业、危险品运输业、航空业、消防业以及一些专门制造有害物质的行业和企业等。

(4)安全意识不强

操作人员的安全意识不强,也是造成事故的重要原因。一些原本不该发生的事故,在粗心大意之中将会悄悄降临,给当事人和他人带来灾难性的后果。

案例8-5 《哭泣的松花江》 2005年11月13日,吉林石化双苯厂硝基苯精馏塔发生爆炸,造成5人死亡,1人失踪,60多人受伤,直接经济损失6908万元,并引发松花江水污染。

爆炸事故的直接原因是,由于P-102塔发生堵塞,循环不畅,操作人员在处理时违反操作规程,在停止粗硝基苯进料后,未关闭预热器蒸气阀门,导致预热器内物料气化;恢复生产时,再次违反操作规程,先打开了预热器蒸气阀门加热,后启动粗硝基苯进料泵进料，引起进入预热器的物料突沸并发生剧烈振动，从而导致硝基苯精馏塔发生爆炸。爆炸后，由于未能及时关闭排水口致使泄漏出来的有害物料随着消防水一同流入松花江，使江水受到严重污染。

☞根据你掌握的安全知识，分析以上事故的直接原因。

学会做事 LEARNING TO DO

3. 责任探讨

(1)政府要有所作为

无论是国际劳工组织还是各国政府都对安全生产、安全工作给予了充分的重视。国际劳工组织早在1944年发布的宣言中提出："要充分保护所有职业领域中工人的生命和健康。"为了实现这一宗旨，降低工作场所死、伤、病的发生率，国际劳工组织建立了《关于安全健康与环境安全工作全球计划》，目标是建立对工作事故的后果、影响范围、影响程度的全球意识，促进各国根据国际劳动标准建立面向全体人员的最基本的劳动保护。

案例8-6 《新加坡制定2007年工作场所安全健康国家战略》 新加坡新的工作场所安全健康框架于2005年3月开始制定，2006年3月1日又推出了《工作场所安全健康法》，这使新加坡的工作场所安全健康工作进入了新的发展时期。

为了在工作场所安全健康标准方面取得不断改进，新加坡正在工作场所安全健康方面采取一种国家级、有战略性和长远的方法。这个战略方法描绘了一个远景："为每个人创造安全和健康的工作场所；使新加坡成为在工作场所安全和健康方面具有良好实践声誉的国家。"最终达到的目标是：工作死亡和伤害率下降，工作场所安全健康成为企业管理工作不可分割的一部分，新加坡成为工作场所安全健康方面表现优秀的国家。为了实现这些目标，新加坡政府制定了以下四个方面的战略：

①培养管理工作场所安全和健康的能力。例如，为企业构建一种资格制度，培养工作场所安全健康专业人才，培养风险管理方面的能力，储备具有良好资质的工作场所安全健康培训的提供者。

②实施有效的法规标准框架。制定目标性的战略实施计划，修订法规。

③促进工作场所安全健康的权益，认可最佳实践方法。实施工作场所安全

健康认可准则，实施以企业为主导的工作场所安全健康计划，将工作场所安全健康信息传达给更多的受众，及时传播工作场所安全健康的信息。

④与地区和国际建立稳固的合作关系。提高工作场所安全健康顾问委员会的能力，成立国际咨询专家小组，对工作场所安全健康的发展战略和标准进行测评。

这是新加坡工作场所安全健康咨询委员会和人力资源部共同制定的第一个工作场所安全健康国家战略。新加坡希望通过实施该战略，到2015年前，将与工作相关的死亡事故降到0.25‰。（来源：新加坡人力资源部网站）

案例8-7 《山东省依法依纪严肃处理“8·17”溃水淹井事故责任人员》2007年8月17日，山东华源矿业有限公司发生溃水淹井事故，造成172人死亡。新泰市名公煤矿同时被淹，造成9人死亡。按照国务院的要求，山东省政府组成调查组，对这起事故灾难进行了认真调查。经调查认定引发事故灾难的主要原因是突降暴雨、山洪暴发、河水猛涨、河岸决口、洪水淹井。但也暴露出有关地方政府、部门和企业在应对极端天气造成的严重自然灾害、防范生产安全事故等方面存在的突出问题。山东省有关方面按照“四不放过”的原则，依法依纪对26名责任人员追究责任。其中，对山东华源矿业有限公司董事长和名公煤矿矿长等6名责任人移交司法机关追究刑事责任；对20名有关责任人分别给予党纪、政纪处分和行政处罚。在受到党纪政纪处分的人员中，有地（厅）级干部3人，县（处）级干部5人。（新华网济南2月4日电）

☞结合以上案例议一议各级政府在安全生产、安全工作上应做些什么？

学会做事 LEARNING TO DO

安全生产、安全工作关乎每一个行业、每一个人的切身利益，既是经济问题，也是社会问题。如果把握不好，往往会牵一发而动全身，造成群众利益受害、企业发展受阻、政府形象受损三方皆输的不良局面，甚至会引发社会动荡。

当前，我国正处于安全生产事故的易发期、高发期。非典、禽流感、矿难、食品安全、交通安全、施工安全……安全可谓无所不在，渗透在每个人的日常生活中。面对这种复杂形势，各级政府如何有效地控制事故发生，使广大劳动者都能安全、体面地工作，营造一个安全社会呢？

加强安全生产工作，关键是要全面落实“安全第一、预防为主、综合治理”的方针，做到思想认识上警钟长鸣、制度保证上严密有效、技术支撑上坚强有力、监督检查上严格细致、事故处理上严肃认真。

一是要坚决落实安全生产责任制，完善安全生产管理的体制机制，严格执行安全生产的各项规章制度，确保政府承担起安全生产监管主体的职责，确保企业承担起安全生产责任主体的职责，确保安全生产监管部门承担起安全生产监管的职责，把安全生产的各项要求落到实处。

二是要加强安全生产法制建设，加紧完善安全生产法律法规体系，加快建立安全生产法治秩序，加大安全监管监察执法力度，增强政府、企业和全社会的安全生产法治观念，认真查处安全事故，严肃追究有关责任人员的责任。

三是要抓好重点行业安全生产专项整治，坚决纠正违反安全生产的行为，切实消除安全隐患。

四是要加大安全生产的治本力度，加大政府和企业对安全生产的投入，建立重特大安全事故监测预警系统，加快安全生产科技进步，加强安全生产培训教育，大力建设安全文化，形成有利于安全发展的经济增长方式，为安全发展打下坚实基础。

(2)组织要有所作为

案例8-8 《济南奥体中心体育馆火灾事故》 据《济南时报》报道，2008年11月11日11时左右，2009年第11届全运会场馆——山东省会济南奥体中心正在施工的一个体育馆顶部发生火灾。这是在2008年7月份济南奥体中心在建球类体育馆因切割作业发生火灾后，在建场馆再一次发生火灾。火灾发生后，济南市政府立即成立事故调查组，经现场勘验和调查，初步认定火灾原因为：施工人员在屋面天沟防水工程施工时，使用汽油喷灯热熔防水卷材，高温火焰引燃可燃物。

据介绍，工程总承包单位未认真履行安全生产主体责任，安全意识淡薄，安全生产制度法规严重不落实。监理单位未尽到法定监理责任，监理人员责任心不强，未按照巡视、平行、旁站方式对重点部位施工实施监理。这是一起典型的施工人员违章、监理人员失职、施工单位管理不到位造成的责任事故。经检察机关批准，在“11·11”济南奥体中心体育馆火灾事故中，施工人员杜某等10人因涉嫌重大责任事故罪被逮捕。

血的教训告诉我们，大量安全事故的发生都与组织安全意识淡漠有关，由于对事故发生抱有侥幸心理，不少单位尤其是一些小型私人企业，缺乏必要的安全制度与措施作保障，当灾难来临的时候又缺乏必要的应急预案，给人们的生命财产造成巨大的损失。为此，组织管理层必须把握以下原则：

首先，要形成以人为本的安全理念。为什么说“安全是天，安全是地，安全第一”？因为人的生命只有一次，人命关天，所以安全才是“天”；人的健康事关家庭

幸福、社会稳定，所以安全才能成为“地”；安全生产不仅关系员工生命与健康，还影响企业的存续，是生产经营稳定的关键，所以安全才成为“第一”。因此，一个组织如果真正坚持了“以人为本”，把员工的生命安全和身体健康放在了第一位，自然就会在生产经营行为上把安全放在第一位，就会把构建安全健康的工作场所视为不可推卸的责任来列入议事日程。相反，把经济利益放在人的安全之上，就会急功近利，甚至为富不仁。

其次，要坚持制度与措施并重。把制度建设当成头等大事常抓不懈，岗位责任制度建设和应急预案的建设必须明确，做到事事有人管，责任有人担。同时要不惜投入必要的人力物力做好安全防护，要有符合安全工作要求的防护设施，如防火设施、通风措施、急救设备、化学标识、防护服装、警示标志与信号、操作规程与指令等，为安全生产打造一条不朽的安全带。

第三，要坚持宣传与督导并行。不惜苦口婆心大力做好宣传工作。安全工作要年年讲、月月讲、天天讲，让安全意识深入到每个员工的内心。同时，还要做好安全督导工作，让安全检查成为一项常规，并通过检查将事故的隐患消灭在萌芽之中。

☞ 结合你自己或者亲人、朋友的工作场所，谈谈在这些具体工作单位中必须具备的安全防护设施。

学会做事 LEARNING TO DO

(3)个人要有所作为

大量事实告诉我们，安全事故的发生与个人责任人的忽视与愚昧息息相关。由于忽视，对安全隐患视而不见；由于愚昧，违章操作断送安全。为此，我们在强化组织责任的同时，还必须对个人提出如下要求：

第一，要对不安全、不健康的工作说“不”。工作中的安全与健康问题不只是政府、组织的事，而首先是劳动者自己的事。为了自己的健康和安全，在劳动关系中处于弱势地位的个人应当敢于对不健康、不安全的工作说“不”。我们都知道小化工、小煤窑的安全条件极差，工作环境恶劣、危险性高，但为什么还有不少人愿意受雇？这里固然有受雇者们为了生活的许多无奈，但又何尝不是对黑老板们的纵容呢？

第二，要学会维护自己的合法权利。必须看到，每一件工作都存在一定程度的危险，我们不能因怕危险而拒绝工作，有许多危险性高的工作也必须有人做。问题是个人在从事这些工作时，能不能、敢不敢维护自己的权利，如没有必要的防护设备你是不是向组织提出改善的要求？工作条件与环境太差时是不是会向政府管理部门举报？在问题长期得不到解决时有没有勇气炒老板的“鱿鱼”……

第三，要立足岗位，熟悉标准。国际劳工组织为了确保劳工人身财产安全，制定了“安全、健康与环境”全球计划和“工作场所健康、安全和幸福友好”的国际标准。各国劳工组织和行业协会基于健康方面的考量也制定了一系列的行业准则。所有这些都应当成为我们每个员工应知应会的必备知识，让安全、健康不再因愚昧而轻易地远离我们。

第四，要善于学习，规范操作。在众多工伤事故中，发生在机械、化工和建筑领域的安全事故一直稳居前三位。机械化工领域由于工艺复杂，对员工的操作技能和环境要求都比较高；建筑领域虽然工序相对简单，但由于多数处于高空作业，危险也很大。不管是机械、化工领域，还是建筑和其他领域，规范操作始终是我们一贯的要求。为了达到规范操作的目的，职工要不断地加强自我学习，并通过学习熟悉新工艺、掌握新标准，开创自己平安健康的人生之路。

☞ 你认为个人在安全地工作问题上还能做些什么？

学会做事 LEARNING TO DO

三、营造健康、安全的工作环境

世界上有一种最重的东西，它不是高楼巨塔，也不是河流山川，它就是看不见也摸不着的责任。安全问题说到底是个责任问题，如果职场中的每一人都能立足于自己的岗位，承担起自己应尽的责任与义务，工作场所中责任事故发生的几率就会大大减少。

安全工作无小事，因为安全工作涉及个人生命健康和国家财产的保全，更涉及社会环境的维护与改善。因此，营造健康安全的工作环境具有重要意义。

首先，营造健康、安全的工作环境是对个体生命尊严的尊重。不管贫穷还是富有，每个生命体都是有尊严的，善待自己的生命既是人格尊严的一种自觉维护，也是对个人幸福的一种强有力的保障。马斯洛在需求层次论中，把生理需求

与安全需求放到人类需求的最底层，就是为了告诉我们：如果人的生命不能给予保障，社交、尊重以及自我实现都将成为一句空话。

其次，营造健康、安全的工作环境是对亿万家庭幸福负责。家庭是社会的细胞，家庭幸福与社会和谐从某种角度上讲是一种从属关系。造成家庭不幸的原因很多，但因为意外事故造成妻离子散始终是家庭悲剧最直接也是最主要的原因之一。“高高兴兴上班去，平平安安回家来”不仅是每个母亲的殷切希望，也是所有亲人的最大企盼。

再次，营造健康、安全的工作环境是对财产与信誉的保全。透过大量案例我们可以看到，每一次责任事故都会给国家和集体造成巨大的经济损失。一场大火可以将企业几十年的家底在顷刻间化为乌有，一次安全事故也可以使一个闻名遐迩的品牌一夜间名誉扫地，可见，安全生产有多么重要！

最后，营造健康、安全的工作环境是对社会环境的保护与改善。人类所面临的环境本来就十分的脆弱，随着人类对自然的不断开发，环境问题显得越来越重要，如何保护环境已经成为人类共同面对的课题。责任事故对生态的影响是多方面的，一个小小的烟头可以焚毁一片森林，一艘泄露的油船可以污染一片海域，一罐有毒气体的排放可以遮蔽一方蔚蓝的天空……大量事实告诉我们，对自然环境的摧残，三分来自天灾，七分来自人祸。

四、安全地工作：贵在行动

中国有句成语叫“居安思危”，大意是说当我们处于安全的境地时要时刻想着危险的发生。我们每个人都生活于既定的生活空间，如果你仔细观察就会发现，这个世界上没有一个地方是绝对安全的，所以不管你是学生还是企业员工，培养安全意识对你对我同样非常重要。

☞ 回答下列问题，并根据回答的结果给自己的安全意识作出简单的评价。

(1)火警电话和急救电话各是什么？

(2)如果一旦出现火灾，你能保证在第一时间顺利打开灭火器吗？

(3)你的朋友或家人违反交通规则，你会上前阻止吗？

(4)你能准确识别公共场合尤其是公路上的警示符号吗？

(5)当你离开车间的时候，你是否把你使用过的工具摆放整齐？

(6)红、黄、橙、蓝分别代表不同安全等级，你知道它们的具体含义吗？

(7)初次使用家用电器的时候，你仔细阅读说明书吗？

(8)在没有车辆通过的情况下，你依然遵循“红灯停、绿灯行”的规则吗？

(9)你每天都会听取关于天气和空气质量的预报吗？

(10)进入车间或建筑工地，在没人要求的情况下你会主动戴上安全帽、穿上工作服吗？

工作安全问题是一个理论性与实践性都很强的问题，它存在于生产生活的各个层面，具有全面性，因此需要我们处处讲安全；工作安全问题像影子一样伴随我们生产生活的全过程，具有全程性，因此需要我们时时讲安全；工作安全问题与我们每个人的利益息息相关，具有全员性，因此需要我们人人讲安全。要时刻把安全问题挂在嘴上、记在心上、落实到行动上。

☞对你工作、学习以及生活的地方来一次全方位的检查，并将检查结果填到如下的表格内。

地　点	隐患一	隐患二	隐患三	……
工作场地				
实习车间				
教　室				
宿　舍				
……				

☞如果你是一名学生，请和你的同学们一起，集思广益，拟订好班级“安全公约”或“安全守则”并把它张贴在教室的墙上。

安全公约

应当如何：

不当如何：

签名　　日期

核心价值观二：

真理与智慧

真理和智慧是智力开发的最终目标。热爱真理表现在对真理的不懈追求。智慧是识别和理解我们生活中最深层次意义和价值的能力，并且以此作为行动准则。

正直：来源于一个人总是保持一致的能力，言行一致，价值观和行为一致，并且坚持诚实的品行。

系统思维：当我们做计划、解决问题时，要能够考虑到在一个整合的系统中，各种事情之间相互关系的广泛联想能力。

明智和良知：依据准确的信息，并按照个人对不同处境和内心判断，分辨出对与错的能力。

顿悟和理解：能看到事物内在的本质，看到问题的重要性和精髓，并且理解事物间相互联系的能力。

模块9　让正直成为一种生活方式

在人的诸多品行中，有一种品行熠熠发光，它是人类美好品德的母本，它是人类精神生活的向往。没有它，再显赫的地位也会遭人唾弃；有了它，再卑微的生命也会无上荣光。它引领人们从失败走向成功，它鼓舞人们从懦弱走向坚强。它比黄金更可贵，比钻石更坚硬，它的名字叫"正直"。

一、正直，为人之本

古往今来，关于道德修养的文章可谓汗牛充栋，尽管人们生活的地域有所不同，为人处世的方法也是千差万别，但是，对于正直的赞美与认同却表现出高度的一致。无论你是黑人还是白人，无论你是高高在上的国王还是无权无势的平头百姓，人们可以允许你平庸，但人们不会原谅你的狡诈和虚伪。可见，正直与高尚不仅是中华民族最崇尚的传统美德，也是世界上任何一个民族心灵生活的追求与向往。千百年来，人们用最美好的语言去歌颂它，用毕生的行动去践行它，目的只有一个，那就是让我们的社会多一些清纯，让我们的心灵多一份澄明。千百年来，人们也总是把最美好的词汇毫不吝惜地奖赏给那些正直无私的人，把那些心地纯洁、行为高尚的人称为正人君子；相反，将那些营私舞弊、文过饰非、偷懒耍滑、阿谀奉承、阳奉阴违的人称为无耻小人。由此可见，正直与否已经成为衡量人格高下的基准。"踏踏实实做事，堂堂正正做人"不仅是个体的座右铭，还是全人类所有有良知的人的共同行为准则和道德诉求。

案例9-1　《一个自揭家丑的企业》　一次，美国亨利公司食品加工工业公司总经理亨利·霍金士先生突然从化验单上发现，他们生产的食品配方中起保鲜作用的添加剂有毒，虽然量不大，但长期食用对人身体有害。如果把这一消息

公布出去，定会引起同行们的强烈反对，但是，亨利公司的管理者不想以任何欺骗的手段来赢得顾客。于是，他们毅然向社会公布：食品中的防腐剂有毒，对身体有害。

不出所料，亨利公司的这一举动，掀起了一场轩然大波，尤其是那些从事食品加工的老板们，他们联合起来，指责亨利公司别有用心，打击别人、抬高自己，并且一起抵制亨利公司的产品，亨利公司滑向破产倒闭的边缘。

这场争论整整持续了四年，霍金士先生在濒临倾家荡产之时，名声却家喻户晓，并且得到了政府的支持，公司的产品也成了人们放心购买的热门货。

四年过去了，亨利公司又恢复了元气，规模扩大了两倍，霍金士先生也一举登上了美国食品加工行业第一把金交椅。

☞亨利公司起死回生的秘诀是什么？你怎样看待亨利公司“自曝家丑”的行为？

学会做事 LEARNING TO DO

☞如果你是亨利公司的老板，你会采取同样的行为吗？

学会做事 LEARNING TO DO

案例 9-2 《两只红皮鞋》 多年前，一位中国朋友到美国旅游。在逛百货商场的时候，突然看到进口处有一堆鞋子，上面标着“超级特价，只付一折即可穿回”的提示牌。她反复挑选，突然瞥见一双漂亮的红鞋，拿起来一看，简直不敢相信，原价 70 美元的鞋子，只要 7 美元。她试了试，觉得皮软质轻，实在是完美无瑕，她有些大喜过望。

她把鞋捧在胸前，然后赶快招呼服务小姐。工作人员笑眯眯地走过来："您好，您喜欢这双鞋？正好配您的红外套！""谢谢。"紧接着那位服务小姐又说："既然您这么中意，而且打算买了，我一定要跟您沟通一下，把真实的情况告诉您，请到旁边坐。"她领着这位中国朋友来到僻静处坐下。

她开始解释："非常抱歉！我们必须让你明白，它真的不是一双鞋，而是相同品质、相同尺寸、相同款式的两只鞋，您仔细比较一下，虽然颜色几乎一样，但还是有一些色差，我们也不知道是否以前卖鞋时，销售员或顾客弄错了，各拿一只，剩下的左右两只正好凑成一双。我们不能欺骗顾客，如果您现在知道了而放弃，您可以再选别的鞋子。"这段真挚的话语，让她非常感动，于是果断地把鞋子买下。

时过几年，那双鞋仍是她的最爱，每当有人夸赞那双鞋颜色漂亮时，这位中国朋友都会不厌其烦地诉说一遍这个动人的故事。

☞ 读了这个故事，你有什么感想？即将踏上工作岗位的你，将怎样对待顾客？

学会做事 LEARNING TO DO

理解

二、正直的基本内涵

说起正直，人们首先想到的一定是公正的品行与坦率的性格。不错，公正与坦率的确是正直的核心内涵，但这还不够。其实，正直不但是一种品行，还是一种能力。作为一种品行，它要求人们言行一致，表里如一；作为一种能力，它还是人们为达成一定的目的而采取的正确手段。在我国先秦诸子百家的著作中，对正直这一道德范畴都曾有过精彩的阐释，比如孔子就曾经说过："其身正，不令而行；其身不正，虽令不从。"他主张用统治者完美的道德品行来引领人们的日常生活和政治生活，在这里，正直就不仅仅是人们的一种修养，它也是统治者施行仁政的一种能力。"政者，正也。子帅以正，孰敢不正？"就是这种能力的最好阐释。

☞ 列举你所知道的所有与正直有关的词汇，并将它们写在下面。

学会做事 LEARNING TO DO

1. 正直的基本内涵

首先,正直是一种高尚的道德追求,是人们立身处世的先决条件,也是个人通向幸福彼岸的桥梁。人们拥有正直的品行,就可以取信他人,就可以不断地去拓展个人的生存空间,以实现人与人的真诚交往。同时一个正直的人,也必然是一个心底无私的人,他在为人处世的过程中严格按照自己的良心去行动。心底无私天地宽,心灵的宁静不正是幸福最关键的构成要素吗?

其次,正直意味着敢于追求真理,敢于和荒谬以及一切歪风邪气作斗争。与正直相对应的是虚伪和文过饰非,在日常生活中,言行相违、表里不一,把一己之私利作为取舍的唯一标准。这样的人格与正直相去甚远,他们可以在某时某地取得局部的成功,但是就其整个人生来说他们必然会一事无成。

再次,正直意味着拥有高度的名誉感,并时刻检讨自己的行为以提高自己的名誉度。这里需要指出的是,名誉和声誉是两个容易混淆的概念:声誉是指人的知名度,它有正面和负面之分;而名誉是一种好的名声,只有正面意义,没有负面意义。人们为了提高自己的知名度,可以进行恶意的炒作,但他获得的不是好评如潮而是臭名远扬;而名誉是靠自己的一言一行不断积累起来的好名声,它以行动作依托,而不是作秀式的沽名钓誉。

最后,正直意味着深深的内省,意味着自觉自愿的服从。正直的人一定是一个有良知的人,也是一个严格按照自己道德标准行事的人。没有谁能迫使你按高标准要求自己,也没有谁能强迫你献身,同样,没有谁能勉强你服从自己的良知。然而,不管怎样,一个正直的人,他会不断检讨自己的行为,他会主动远离庸俗,见贤思齐。如果稍有疏忽,做出有背自己良心的事情,他也会深深地内疚,并不惜用自己的生命去纠正自己的错误。

案例 9-3 《他为什么自杀》 1993 年,苏丹全国爆发饥荒,饿殍遍野,惨不忍睹。有一个叫凯文·卡特的西方摄影记者,在苏丹游历。一个极其偶然的时刻,在一片荒郊野外,他看见一只兀鹰站在一堵破墙边,目不转睛地盯着一个骨瘦如柴的女孩。就在兀鹰扑向女孩的一刹那,艺术的灵感在他心头一闪,他抓住这个千载难逢的机会,按下快门,拍下了一张极为传神的特写照片。很快,这张照片在西方国家的众多媒体广为传播,它以不同寻常的艺术视角向世人展示了

大饥荒给苏丹人民带来的灾难和绝望。这幅摄影作品荣获了1993年度摄影方面的众多国际大奖,凯文·卡特也因此在摄影界声名鹊起。

但时隔不久,便传来了年仅33岁的凯文·卡特在自己的寓所中自杀身亡的消息。人们深感震惊和不解:一个有着美好前途的摄影记者怎么会亲手结束自己的生命呢?后来,人们从他的遗书里知道,他死于良心的谴责。原来,凯文·卡特认为他的荣誉是用作品中的小女孩的生命换来的,他本该救助那位可怜无助的小女孩,但他只顾捕捉摄影的最佳时机,却让那可怜的小女孩成了兀鹰的口中食。虽然他获得了梦寐以求的成功和荣誉,但却无法摆脱良心的谴责和煎熬。

☞凯文·卡特走了,他的死带给我们什么样的启示?想一想:在自己以往的生活中,有没有做过让自己寝食难安的事情?请勇敢地说出来。

学会做事 LEARNING TO DO

____

____

____

____

2. 正直的意义

在一次报告会上,一个学者高声问在座的学生:这个世界最缺什么?出乎学者意料的是,学生们众口一词地回答:道德。这个故事也许有些夸张,但我们不可把它当成一个黑色幽默,它也反映了一个事实,那就是人们对道德修为尤其是对正直人格的担忧与企盼。

在美国社会中,那些前途远大的人所面临的竞争是严峻的。一年接着一年,实业家们苦心研究年轻人在学校里的成绩,审查他们的申请,为寻找符合他们意愿的理想人才不惜绞尽脑汁。然而,他们实际上寻求的是什么呢?大脑?精力?实际能力?肯定,这一切都是需要的。但这些只能使一个人获得某种程度的成功,如果他要攀上高峰,担当起指挥决策的重任,那么还必须加上一条因素,有了它,一个人的能量可以发挥出双倍、三倍的效力。这一奇迹般的品格就是:正直。

无独有偶,在我国劳动力市场上,企业家们也不约而同地把目光投射到年轻学子的道德品行上,在经历了学历取向、能力取向、素质取向后,人们把道德觉悟作为人才录用的一个标准。他们认为:人的知识不如人的智力,人的智力不如人

的素质，人的素质不如人的觉悟，也就是人的道德情操。在众多优美的品行中，他们把正直看得比什么都重要，于是这些企业家们便挖空心思设计出一套套眼花缭乱的测试题，试图通过这些测试题能够发现人的美好品质。这种由知识到觉悟的变迁，与其说是一种进步，不如说是一种回归。

案例 9-4 《百度成功的秘密》 2000 年，一家刚刚创办的网络公司突然迎来一个大客户，年轻的经理亲自接见了他。只见这个客户手里拿着策划书，用探询的口气问年轻的经理："请问，这个项目要多久才能完成？"年轻的经理脱口而出："六个月。"此时，客户露出非常为难的表情："四个月能完成吗？我可以多给你提百分之五十的报酬。"经理不假思索地摇摇头："对不起，我们做不到。"

在场的人都在想：完了，到嘴的一块肥肉就要泡汤了。可是，当人们还没有回味过来的时候，突然听见客户哈哈大笑起来，一边在合同书上签字，一边对经理说："对于你的诚实，我感到非常的满意，你是一个诚实而稳重的人，我相信，在你的领导下，产品的质量一定会有保证的。"

原来，在当时的技术条件下，四个月完成这个项目是根本不可能的，年轻的经理并不是不在乎这张订单，而是一颗正直的心在提醒他：我们不能欺骗顾客。

两年后，该公司经理一跃成为"中国十大创业新锐"。一年后，又荣获"IT 十大风云人物"称号。在短短的三年时间里，他把一个小小的网络公司变成了全球最大的中文搜索引擎公司。

直到今天，人们对他诚实的信誉依然津津乐道，他叫李彦宏，而他领导下的企业更是为人们所熟知，它的名字叫百度。

☞百度成功的秘密，带给你什么样的启示？即将进入创业领域的你，该如何对待你的客户？

学会做事 LEARNING TO DO

在一个文明的社会里，人人都渴望和谐共存，但是，没有一颗正直的心，你将寸步难行；在一个竞争的社会里，人人都渴望成功，但是，没有一颗正直的心，你将一事无成；在一个纷纭复杂的社会里，人人都渴望拥有幸福心灵的宁静与身体

的安康，但是，没有一颗正直的心，你的幸福就只能是纸上谈兵。

三、我正直吗

☞ 在下面的表格内，以正直和良知作为评判的标准，对自己日常生活工作中所碰到的道德问题作出判断。

生活现象	道德评判	评价依据
比如：考试作弊	不可取	有违诚信原则

☞ 结合上面的表格和自己日常工作、学习中的表现，给自己的正直程度打分，并以小组为单位分享各自打分定值的理由。

学会做事 LEARNING TO DO

案例 9-5 《一个学生的经历》 大学毕业后，小 A 到一家公司应聘会计，笔试通过后，接着便是面试。当小 A 走进面试考场时，坐在中间的一位主考官热情地向他走了过来，并握住他的手说："年轻人，还记得我吗？"小 A 上下打量了一下这位主动跟他打招呼的主考官，记忆中好像并没有印象，于是他摇了摇头。"就是那个下雨天，我的车子陷在泥水里，进退不得，是你帮我把车子推出了泥坑。当时我正要感谢你，可你一下子就不见了。今天好了，我们又见面了。"主考官对小 A 说着。这时，另一位主考官走了过来，向他介绍说："这就是我们的总经理。"

小 A 想：我并没有在雨中帮人推车呵，这位总经理一定认错人了。继而又想：如果顺着杆子往上爬，说我就是那个在雨中帮他推车的人，总经理一定会报答我，让我顺利地通过考试，从而轻易地谋得一个体面的职位。

☞ 议一议：如果你是小 A，面对这样的境况，你会作出怎样的选择？并说出你的理由。

学会做事 LEARNING TO DO

☞ 辩一辩：在求职的道路上，一颗正直的心与一张高分成绩单，哪个更重要？

学会做事 LEARNING TO DO

四、让正直引领我们的生活

在我们生活的这个世界上，我敢肯定：没有人愿意生活在虚伪和狡诈里。正是对正直与高尚的美好向往，才让人类有了明确的目标与企盼。我们渴望正直，因为正直会受到人们的拥戴；我们渴望坦诚，因为坦诚能带给我们宁静与充实；我们渴望高尚，因为高尚我们将受到别人的赞美。如果幸福意味着身体的安康和心灵的宁静，那么，请在你纯洁的心灵上深深地刻上两个字——正直，让正直内化成一种力量，伴你走过复杂而美好的一生。

1. 立志做一个正直的人

为了心灵的宁静、家人的福祉和社会的进步，让我们郑重地承诺：做一个正直的人，做一个高尚的人，做一个脱离低级趣味的人。让我们树立起坚固的道德防线，并时刻以此来检讨自己的一言一行，让良知成为我们理想人格的主宰，堂

堂正正做人，踏踏实实做事。

☞ 根据你对正直的理解与认识，撰写或引用一段简短的话语，表明你对正直的追求与向往，并以座右铭的形式张贴在你工作或学习的主要场所。

学会做事 LEARNING TO DO

____

____

____

____

2. 制定一份详细的道德修为计划

为了不断提高自己的道德水准，向古代圣贤学习，向身边正直善良的普通人学习。明确什么是道德行为，什么是不道德行为，并进一步内化成为处世的行为准则，积善成德，见贤思齐。

3. 从小事做起，从现在做起

☞ 制作一张活页表，把你在不同场合应当做的和不应当做的写出来。

地　点	认为应当做的	认为不应当做的
在家中		
在学习		
在工作中		

模块10　解决复杂问题

在当代，各种复杂矛盾和问题层出不穷。可以说，每前进一步，每做成一件事情，往往都要面临着这些问题和矛盾。复杂矛盾和问题之所以复杂，就缘于它往往如一团乱麻，错综交织，毫无头绪，使人无从下手。但是，世间万事万物，纵使再复杂、再无序，终有规律可循。在这个时候就需要有敏锐的洞察力，发现事物的本质，找到问题的要害，准确判断事态发展的趋势和危害。然后剥蚕抽丝，顺藤摸瓜，一举攻克难关。汉朝人桓谭在《新论》中说得好："举网以纲，千目皆张；振裘持领，万毛自整。"抓住主要矛盾，紧扣事物本质，前景就会豁然开朗，办法也会不请自到。

一、我在系统中

1. 系统的整体性、关联性和有序性

系统是由相互联系、相互依赖、相互制约、相互作用的事物和过程组成的，是具有整体功能和综合行为的统一体。它有以下特点：

整体性：系统是有组织的和被组织化的全体。

关联性：系统是有联系的要素和过程的集合。

有序性：系统是许多要素保持有机的秩序，向同一目的行动的过程。

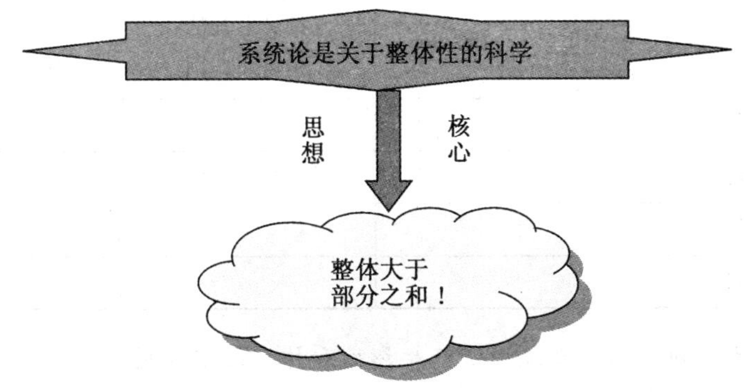

2. 系统的复杂性、层次性

由系统的整体性、关联性和有序性所决定，任何一个系统都有一定的复杂关系和多层次性。一个小小的家庭中，尚且存在父母、子女、夫妻、兄弟、亲朋之间的感情、财产、习惯等各种各样的复杂关系，在社会生活中事物系统的复杂性就更可想而知。比如人类登月梦想的实现，就是一个由42万人、120所大学实验室参与，耗资240亿美元的高科技系统，在这个大系统下又有众多的分系统，如飞船系统、通讯系统和测试系统等等。这些分系统下面又包含无数小系统。我国的三峡工程建设则是从1993年开始施工准备，历经10年，涉及防洪、发电、航运、移民安置、生态环境、国防安全、区域经济发展等各个方面的复杂工程系统。

在现实生活中，每一个人都生活在各种不同的系统之中，都是所处系统中某一层次或者某一环节上的一个要素。这就要求人们在做人处事上要有整体观念、系统观念，在处理问题、解决问题时要学会系统思维，善于从所处的特定系统的整体出发，对事物进行系统分析，从整体把握系统的功能，才能发挥个人作用，实现自身价值与理想。

3. 我的"社会"系统

世界上的一切事物都不是孤立的，都处在一个互相联系、互相依赖、互相制约、互相作用的系统之中。不同的社会有一个不同的社会组织系统，不同的组织有不同的结构与运行管理系统，不同的个人也有各自生存发展的生活系统。离开了系统与整体，作为个体或者要素，就失去存在的基本条件和理由。

☞ 请参与者通过下面的"社会"系统分析表，对本人所属的几个"社会"系统进行分析。然后，回答问题：

我所处的系统	系统构成要素	我对系统的影响和作用	系统对我的影响和作用
家庭系统			
组织系统			
社会系统			
其他系统			

(1)你注意到自己在系统中所产生影响和作用的广度吗?

(2)你在系统中的位置如何?重要?不重要?

(3)你对自己过去在系统中发挥作用感觉如何?满意?不满意?

(4)你愿意改善你对系统的作用和影响吗?改善哪些方面?

学会做事 LEARNING TO DO

二、解决问题的态度与方法

1. 观念决定一切:价值观的价值所在

价值观是指一个人对周围的客观事物(包括人、事、物)的意义、重要性的总评价和总看法。它是一种内心尺度,支配着人对问题的观察理解,决定人们处理问题的态度和方法,支配着人的自我了解、自我定向、自我设计等,也为人自认为正当的行为提供充足的理由。概言之,观念决定态度,态度决定行为,行为决定结果,结果决定命运。

案例 10-1 《大爱无声铸师魂》 2008 年 5 月 12 日,是我们永远不会忘记的日子,是四川汶川震区人民最黑暗的日子,也是四川省德阳市东汽中学谭千秋老师最光芒四射的日子。当人们在教学楼坍塌的废墟中搬走压在他身上最后一块水泥板时,所有抢险人员都被震撼、落泪。只见他弓着身子,张开双臂紧紧地趴在课桌上,咬着牙,拼命地撑住课桌,而他血肉模糊的身下蜷伏着四个幸存的

学生。他如同一只护卫小鸡的母鸡,用自己的双翅保住了自己四个学生的生命,而他张开守护翅膀的身躯定格为永恒……

为了四个学生的生命,谭千秋义无反顾地献出了自己的生命。他用自己的英雄壮举,诠释了什么是为人之师;他那在突发灾难来临时的瞬间造型,塑造了一座在人们心中永不倒塌的丰碑!

5 月 16 日,他的妻子张关蓉怀抱一岁半的小女儿,带着丈夫的骨灰和遗物回到故乡湖南。三湘大地对英雄家属给予了最尊贵、最崇高的礼遇。省委书记张春贤深情地称赞谭千秋是个伟大的英雄,伟大的人民教师,大义无畏,精神千秋;谭千秋的母校——湖南大学约两万名学生手捧烛光,夹道相迎;在黄花机场,100 多辆出租车自发为他送行;祁东县家乡父老跑了几十公里路到县城迎接……湖大马列主义学院的一名同学在校园网上发表感言:“我们会永远记住你张开双臂的姿势。流完这滴泪,我决定不再哭了。因为,从这一秒开始,我要像你一样,做一个勇敢的、恪尽职守的、大爱无声的人!像你一样,在危险面前绝不颤抖。”

谭千秋回家了!回到了他魂牵梦萦的故乡祁东县步云桥镇,回到了他牵挂了多年的家中。乡亲们列队静候,场面庄严肃穆,花圈雪白,哀乐低回,乡亲们神情肃穆,泪流满面,声音哽咽,高举着“大爱千秋浩气长存”、“千秋永远活在我们心中”、“英雄谭千秋永垂不朽”等白底黑字条幅,迎接他们的好儿子。一些中学生拿着自己折的千纸鹤,站立在英雄回家必经的路旁,为英雄默默祈祷。

护送英雄遗物的车辆远远地驶来,乡亲们放起了鞭炮。这段平时只需 10 分钟的路程,整整走了半个小时。

案例 10-2 《地动山摇时的另一种选择》 也是在 5 月 12 日那一天,也是那场惨绝人寰的大地震,也是一位正在给学生上课的中学老师(姑且称他为 F 老师)。F 老师在地震到来那一刻的第一反应是逃命,而且是自己逃命,甚至连对学生喊一声“地震了,快跑!”都没顾上,就从教学楼飞快地窜到了安全地带,他活下来了。用他自己的话说:“我知道自己只是本能反应而已,危机意识很强的我,每次有危险我的反应都比较快,也逃得比较快!”所幸的是他上课的教学楼没有坍塌,他的学生都幸运地跑了出来。事后他在网上发文对只顾自己逃跑进行了解释:“我是一个追求自由和公正的人,却不是先人后己勇于牺牲自我的人!在这种生死抉择的瞬间,只有为了我的女儿我才可能考虑牺牲自我,其他的人,哪

怕是我的母亲，在这种情况下我也不会管的。因为成年人我抱不动，间不容发之际逃出一个是一个，如果过于危险，我跟你们一起死亡没有意义；如果没有危险，我不管你们，你们也没有危险，何况你们是十七八岁的人了！”

F老师的帖子一出，引来了社会各界一片哗然，大有引发一场大讨论之势。对他的行为赞成者甚少，谴责者居多。为此，他被母校的老师引为耻辱，被所任职的学校解聘。

☞想一想，在同一职业、同一时刻，两位老师为什么作出了两种截然不同的选择？他们的行为是在什么样的人生信条和职业价值观支配下做出的？请以关键词的方式填在下表中，进行对比。

谭千秋老师	F老师
1. 2. 3. 4. 5.	1. 2. 3. 4. 5.

我的短评：

2. 方法关系成败：系统分析法是解决复杂问题的基础

价值观决定人的行为方向和目的，是正确的行为与目的的必要条件，但不是充分条件。有了正确方向，还需有正确方法，才能实现令人满意的结果。所以，目的端正＋方法有效＝满意的结果。

尤其在处理一些复杂问题时，方法的选择更是意义非同一般。系统论认为，系统观察与分析方法为研究现代复杂问题提供了有效的思维方式，是解决复杂问题的一个基本方法。它与信息论、控制论等科学一起，为人类的思维开拓了新思路，作为现代科学的新潮流、促进着各门科学的发展。学会系统观察与分析是弄清一件事情来龙去脉的重要基础。系统观察就是通过感觉器官对事情的方方面面，作由浅

入深的调查了解。系统分析就是要在观察的基础上对事物进行思考、综合，把握事物各方面的联系，从而对事情的特点、原理等有彻底了解。

重视事物运动发展的系统性，坚持系统观察与系统分析，对于解决复杂问题有重要意义：

(1)有助于全面了解和认识问题，对问题的原因、影响因素及其相互联系与制约关系，形成比较深刻的认识。

(2)有助于在问题发生的众多原因和影响因素中抓住重点，发现主要矛盾和矛盾的主要方面。

(3)有助于在解决问题的多种途径、方法中进行有效选择，最有效地解决问题。

系统观察与思考，要把握以下基本要点：

(1)要目的明确：带着问题的观察容易引起兴趣，思考也最见成效。因为这些问题使观察目标明确，大脑活动也积极，容易做到一边观察，一边分析，一边记忆。问题一旦得到解决，会引起愉快的情绪，更有助于对观察结果的理解。

(2)要注意顺序：要根据事物发展与问题出现的因果关系确定观察与思考顺序，可以避免片面性或忽略一些重要环节，使思考更有逻辑性。

(3)要具有耐心：不少事情很难一眼就能看透、看全。白菜籽发芽要三天，孵小鸡要21天，如果只观察两天，看看没有动静就不耐烦，就无法得到观察结果。

(4)要做到细心：走马观花式的观察只能看到事物的皮毛、问题的枝节和过程的片断，从而影响对问题分析的系统性、全面性。

☞ 活动：《为自己画像》 如果你有绘画才能，请你为自己设计一幅既形似又神似的漫画；如果你没有绘画才能，请用一段精美的文字来描述你的外形和气质。

学会做事 LEARNING TO DO

____

____

____

____

3. 方法决定成败：简单制胜法是解决复杂问题的捷径

有不少问题看似非常简单，但解决起来并不简单；有很多事情的确十分复杂，但解决的方法未必一定复杂。解决后一种问题是有捷径可走的，这就是：简单制胜。

案例10-3 《上访老户》 辽宁阜新朱家洼子屯朱艳辉一家曾经是远近知

名的上访老户。劝阻老朱停止上访，似乎比登天还难。阜新县的一位领导干部独辟新径，改劝阻为帮扶。他们帮助朱家建成了羊舍、猪舍，协调扶贫部门安排5000元买了10只小尾寒羊种羊，还帮助朱家粉刷住房，让整个家焕然一新。三年多来，朱家的生活水平渐渐走到了全村的前头，朱艳辉不但当上了村里的片长，还递交了入党申请书。当地干部们最后算了一笔账：从1991年起，用于对朱家的上访接回和处理的费用高达30多万元，如今只花了2万多元帮扶，就使朱家的生产生活条件得到充分改善，走上了致富道路。

案例10-4 《袋鼠的篱笆》 某国家捐赠了两只袋鼠给新西兰的一个动物园。为了好好哺育繁殖更多的袋鼠，园方咨询了动物专家，然后耗资兴建了一个既舒适又宽敞的围场。同时，园方筑了一个1米高的篱笆，以免袋鼠跳出去逃走。奇怪的是，第二天早上，动物管理员发现两只袋鼠在围场外吃着青草。刚开始，园方以为是篱笆不够牢固，但是他们围绕着篱笆找了一圈，也没看见有别的出口。后来他们又认为篱笆的高度过低，所以将篱笆加高了0.5米，心想这下没问题了吧。但是，第三天早上又看见袋鼠们在围场外悠闲地吃草。管理员十分纳闷，只好再建议园方将篱笆增到2米。但让管理员吃惊的是，第四天早上，袋鼠仍旧跑到篱笆外去了。

园方百思不得其解。这时，隔壁围场的长颈鹿忍不住问其中一只袋鼠："你猜他们明天还会把篱笆加高多少？"袋鼠笑着回答说："这很难说，如果他们还是忘记关上篱笆门的话！"

☞从以上两个案例中你悟到了些什么？请用最简练的评语记录下来。

学会做事 LEARNING TO DO

三、解决复杂问题的训练

☞任务一：《节约用水》 当前水资源短缺，节水问题已成为世界面临的一个重要问题，你能想出一些办法，使我们在日常生活中既能节约用水又不影响正常生活吗？请把你的办法写下来，并与大家分享。

学会做事 LEARNING TO DO

☞ 任务二:《胸徽的烦恼》 曾几何时,胸前别上一枚校徽、厂徽或某一组织的标志是一种荣耀、自豪,而现在却成了一种束缚、一种烦恼,甚至有时会引起个人与组织间的矛盾。你有解决这一问题的妙法与方案吗?

学会做事 LEARNING TO DO

☞ 任务三:《职业信条的思考》 你相信“观念决定一切”这一命题吗?如果相信,请归纳一下你的职业信条,填入下表:

我的职业信条	我认为在所有系统中都适用的信条
1. 2. 3. 4. 5.	1. 2. 3. 4. 5.

☞ 任务四:《我的习惯性方法》 你赞成“方法关系成败”这一结论吗。你在现实的学习与生活中,有过因方法偏差而影响结果的教训吗?请与大家分享一下吧。

学会做事 LEARNING TO DO

模块11 道德启蒙

人往高处走，水往低处流，这是自然的法则。雁过留声，人过留名，这是封建社会士大夫们的生活准则。现代的青年，长在新社会，踏着青春的旋律，走进了新时代，就应该有理想、有道德、有文化、有纪律，凭着坚强的意志，踏实的实践，才能达到理想的彼岸。

一、善恶是非，与人评说

道德就是人们对自身行为在社会关系中的"应当"与"不应当"的自觉意识，是人们相互关系的一种特殊规范体系。

> 道德评价是指社会生活中人们按照一定社会或阶级的道德原则和规范对他人或自己的行为进行的善恶褒贬活动。

在社会生活中，人们依照一定社会或阶级的道德标准对自己和他人的行为进行的善恶判断和评论，表明褒贬态度。对真善美给以赞扬、褒奖，对假恶丑予以批评、谴责，进而帮助人们明确自己承担的道德责任。它可以对人的行为做出善恶判断，判明这些行为是否符合一定的道德原则和规范，通过社会舆论和内心信念，形成一种巨大的精神力量，弃恶扬善，以调整人与人之间以及个人与社会之间的关系。

案例11-1 《海因兹盗药》 欧洲有个妇女身患一种特殊的癌症，生命垂危。医生认为，有一种药也许能够救她。这种药是本城一名药剂师最近发明的一种镭化剂。该药造价昂贵，药剂师还以10倍于成本的价格出售，一小剂药索价2000美元。这位妇女的丈夫叫海因兹，他向每个相识的人借钱，但只能筹到大约1000美元，只是药价的一半。海因兹告诉药剂师他的妻子快要死了，并且请求药剂师便宜一点把药卖给他，或允许他以后再付钱。可是，这位药剂师说：

“不行，我发明这种药，要靠它来赚钱。”海因兹绝望了，想闯进那人的药店，为妻子偷药。

☞ 海因兹应该偷药吗？为什么？

学会做事 LEARNING TO DO

☞ 偷药是违法的，海因兹在道德上有错吗？为什么？

学会做事 LEARNING TO DO

☞ 为什么人们一般都应该尽其所能避免犯法，不论什么情况下都应该如此？

学会做事 LEARNING TO DO

案例 11-2 《一个白领丽人的苦恼》 在和一些会计专业的白领丽人交谈时，经常听到她们有这样的抱怨：

我们有时要为某些奸猾的老板做黑账，使得他们偷逃国家税款。明明知道他们是违法的，但自己又没有什么办法遏制，想起来很气愤。

可事情从来都不是自己想象的那样简单。就个人而言，知道是违法行为，有一定的风险，真的不想干下去了。就集体而言，是为公司职工的利益而做；有时是为了对付上级的不合理政策。

> 子曰：“君子喻于义，小人喻于利。”
> ——《论语》
>
> “生，亦我所欲也；义，亦我所欲也；二者不可得兼，舍生而取义者也。”
> ——《孟子》

这件事情，反正是挺复杂的，我有时也搞不明白，也就只好睁一只眼闭一只眼了。

☞ 你怎么看待义和利之间的关系？

学会做事 LEARNING TO DO

☞ 你在工作或者学习中亲身遇到过类似的道德议题吗？你怎样抉择的？考虑一下，记录在"道德启蒙"表中，以备以后自己作出正确选择。并与其他参与者分享答案。

道德启蒙(假如是我)

道德议题	立　场	正确还是错误	决定的依据

二、道德发展，积善成习

随着物质文明的快速发展，一部分人的精神家园却出现了失落与荒芜，种种恶德败行泛滥。人与人、人与社会之间诸如公平、公正、公道、诚信等信仰的匮乏与缺失，已开始在社会发展的各个层面上彰显出来，威胁着社会秩序的稳定、经济的繁荣、文化的健康发展和现代化的真正实现。因此，加强社会主义思想道德建设，树立"八荣八耻"的社会主义荣辱观，以德治国，构建社会主义和谐社会，是非常迫切和重要的事。正如意大利诗人但丁所说："人不能像走兽那样活着，人应该追求知识和美德。"

案例 11-3 《他为什么屡遭拒绝》 在德国，曾有一名留学生，毕业时成绩优秀，但在德国求职时却四处碰壁。后来，他又选了一家小公司求职，结果同样遭到了拒绝。他非常奇怪，后来严谨的德国人给这位留学生看了一份记录，在这份记录中记录着他乘坐公共汽车曾经被抓住过三次的逃票历史。

在德国，公共汽车上一般被查逃票的概率仅为万分之三，而这位留学生竟被抓过三次，这在十分讲究信誉的德国人看来，简直是不可饶恕的。可见，一个人失去了最起码的诚信就难以生存。

> 诚信，是一股清泉，它将洗去欺诈的肮脏，让世界的每一个角落都流淌着洁净。
>
> 知识是财富，诚信也是一种财富，拥有知识能使你变得充实，拥有诚信能使世界变得更美好！
>
> 诚信是做人之根本，立业之基。

☞ 议一议：在当今的信息化时代，知识经济的威力愈来愈大，人们渴求知识，但一部分人却信仰缺失，使人感到非常痛心。你认为，一个人的道德操守在未来的人生旅途中重要与否？

学会做事 LEARNING TO DO

不同的社会，不同的历史阶段，都会有着不同的道德要求。道德是随着社会的发展而发展，随着社会的进步而进步的。诚信是一个人道德发展的最高表现形式，是一个人事业成功的根本，所以做人必须讲究诚信。

道德意识的发展是道德认识、道德情感、道德意志共同作用、相互协调的建构和发展过程，我们可以把这个过程分为如下三个不同阶段：

> 古人仗剑，今人仰德。
>
> 以德服人，必能天马行空，畅行天下。

第一阶段：自发阶段。这是道德自我意识的萌芽阶段。在自发阶段，道德主体对道德规范及其规范所蕴涵的必然性，表现为无知或知之甚少的状态。这就决定了道德主体在进行道德选择时，要么是茫然不知所措，要么是凭自己情感的倾向性而不由自主地选择自己的行为，以自我为中心。同时，在道德的善恶评价上也缺乏独立的判断。因此，当道德自我意识尚处于自发状态时，道德主体是非常不自由的，处于道德“他律”阶段。

第二阶段：自觉阶段。这是道德自我意识的“知情冲突”阶段。在自觉阶段，由于道德主体通过不断自觉内省，从而对道德规范及其客观必然性有了较全面的认识，道德自我意识开始摆脱了自发和无知的状态。因此，道德自我意识在自觉阶段主要表现为意志的作用。也就是说，道德主体在认识和把握了道德规范的必然性根据以后，在道德实践中能凭意志勉力而行。而这种勉力而行的过程往往是以克服不合道德规范的欲望冲动而表现出来的。在这个阶段中，道德主体依然处在道德“他律”的阶段。

第三阶段：自由阶段。这是道德自我意识的“自律”阶段，是道德自我意识发展的最高阶段。在这里，道德主体不仅对道德规范的必然性有了正确的认识，而且无须或很少借助意志就能自愿地接受道德必然性的约束。道德规范作为一种“必然之则”，已转化为主体自身的“当然之责”了。由于道德主体不再把道德规范消极地视为异己的、外在的东西而强制自己遵循，而是自觉自愿地把道德规范转化为内心的一种信念。因而，道德主体凭着这种内心信念就能很自然地使自己的一言一行都合乎一定社会的道德规范。

☞想一想，根据上述道德意识阶段理论的划分，下列道德议题处在哪个阶段？

(1)我做事只是简单地基于自己满意和高兴。

(2)只要没有被抓住，我想干什么就干什么。

(3)我按照权威(如父母、学校、领导等)的教导去做。

(4)我依照法律办事。

(5)我做对自己最有利的事。

(6)我根据自己的判断，认为只要是正确的就去做。

(7)我按照自己的社会道德意识行事。

(8)我为我所关爱的世界做出关照的行动。

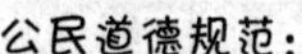

公民道德规范：

爱国守法

明礼诚信

团结友爱

勤俭自强

敬业奉献

特级教师魏书生把写日记叫做“道德长跑”。为什么呢？他认为那些春夏秋冬、年复一年地坚持长跑的人，都变得身体健康、强壮有力。一个人如果长期坚持不懈地写日记，就可以使人的心灵健康、强壮、开阔，使人的心灵求真、向善、爱美。

坚持写日记是这样，那么长期坚持关心同学、热爱班集体、尊敬老师父母、热爱祖国等也是这样。只要坚持下去做某一种好事，养成习惯，一定可以能够使积善成习，由量变到质变，最终使自己变成一个道德高尚的人。

三、道德决策，择善而从

当一个人的道德意识处于他律阶段时，在缺乏外在监督和自律修养的情况下，道德规范对人行为的约束力往往是软弱的、有限的，容易受到破坏。道德决策在实施的过程中，也常常是失败的，并会对社会产生危害。如：考场作弊、官场腐败、商场失信等。

由此，我们可以得到这样的结论：自发意识(阶段)支配的德行，无论其效果多

么有利于他人或社会，但却不能成为真正的"善"。自觉意识(阶段)支配下的道德行为便是一种"善"的行为，但这种"善"毕竟带着一点无可奈何的味道。自由意识(阶段)支配下的道德行为才是真正完整意义上的"善"。因此，增强人的自我监督能力，提高人的道德自律水平，是人们作出正确选择和决策的关键。

案例 11-4 《你的选择，将决定你的命运——小胜靠智，大胜靠德》 台湾亚都丽致饭店总裁严长寿先生，年轻时曾在美国运通公司旅游部门服务，负责协助采购一些办公用品。有一次，公司需要购买几部电动打字机，价格在新台币5万元左右。他们经过报价、比价之后，决定从一家贸易商那里采买。结果，那个贸易商在中标后，突然跑来找严长寿聊天。临走时，还塞给他一个鼓鼓的信封，里面装有8000元现金，相当于他当时四个月的工资。塞回扣、送红包的事情，其实常会发生在一些"利益关键人"的身上，可严长寿却不假思索地把这个事情告诉了总经理。之后，贸易商将订货送来，严长寿查看了一下，发现其中有部分瑕疵。于是，他要求对方更换货物。结果，这个贸易商通过另一个人传话给总经理说："贵公司有一个姓严的年轻人索取回扣，还故意刁难厂商。"总经理听后，大笑着说："这件事，我早就知道了，我已经把8000元现金转为员工的福利金了！"

☞ 试想，当初严长寿要是默默收下了回扣，后果将是怎么样的？他在处理红包问题上的选择或决策是处在道德意识发展的哪个阶段？为什么？

学会做事 LEARNING TO DO

道德的选择或决策，是道德行为的前奏，一般表现为道德动机的选择、道德目的的选择、道德手段的选择等。

1. 行为动机的选择

> 要使人成为真正有教养的人，必须具备三个品质：渊博的知识、思维的习惯和高尚的情操。知识不多就是愚昧；不习惯于思维，就是粗鲁或愚笨；没有高尚的情操，就是卑俗。
>
> ——(俄国)车尔尼雪夫斯基

任何行为都是有动机的。动机就是直接推动个体活动以达到一定目的的内部动力。动机是行为的开端，也是决定行为目的的重要因素。

动机与行为的关系不是一一对应的，而是一个行为可能来自多个不同的动机，动机的好坏对行为的善恶往往起着决定性的作用。比如，一个职业学校的学生努力学习，可能是为了免却父母的操心，可能是为了找到一份理想的工作打基础，也可能是为了赢得同学的尊重等。虽然动机不同，都能形成同样的行为，但其道德价值却有很大的不同。一般来讲，动机大致有以下三种情况：一是符合社会道德的动机；二是不符合社会道德的动机；三是具体的动机需要具体情况具体分析。

还有两种情况，即几种动机共同发生作用形成了某一种行为和同一动机可以产生不同的行为。

2. 行为目的的选择

动机是行为的原因，而目的则是人们预定通过行为所要达到的结果。目的是行为的灵魂，规定着行为的方向。目的比动机更重要。

目的，一是作为观念形态在人的头脑中生成或表现出来，从而能够起着指导行为的功能和作用；二是客观的关系在人们头脑中反映的结果。二者在本质上是主客体的统一。目的作为人的主观反映是可以选择的，只有经过选择，才能变为“我”的目的，才能支配着“我的”行为。

目的领域，是充满着矛盾和冲突的领域。不同的目的共存和对立，使得人们在选择目的时，格外谨慎。选择目的，既是选择活动自主性、自觉性的突出表现，也是道德行为的主要依据。

3. 行为手段的选择

目的必须通过手段来实现，因此，选择目的的同时也就选择了手段，手段是实现目的的方法、途径或方式。

目的一旦确定，手段的选择就显得极为重要。首先，正确地选择手段可以尽快实现目的。目的和手段必须一致。优异的成绩，只能通过努力的学习才能取得，别无他途。其次，选择手段可以强化道德选择的责任。只有通过手段选择之后，目的、动机才开始由观念形态向现实形态转化，从而才表现出一定的道德责任。第三，选择手段可以扩大人的自由。选择自由是人的一种能力，但这种能力不是天生的，而是经验的不断积累。

> 由恶德而来的快乐，在快乐之中仍能伤害我们；由美德而来的痛苦，在痛苦之中仍能安慰我们。
>
> ——哥尔顿

案例 11-5 《报关员》

时间：某年的秋天，上班期间。

地点：某海港城市，港口上。

人物：学生 A 毕业后，成了一名报关员。

事件：我国沿海某海港，是一个非常繁忙的港口，日吞吐量达到几百万吨，通关的手续十分复杂，报关员要亲自校验货柜，劳动量很大。学生 A 在这里是一名

普通的报关员。某些远洋公司为了快速通关，常常请一些报关员吃顿饭、送点红包之类的东西。学生A成为报关员后，从没有吃过客户一顿饭或接受过礼物。

案例11-6 《交通安全》

> 德可以分为两种：一种是智慧的德，另一种是行为的德。前者从学习中得来，后者是从实践中得来的。
>
> ——亚里士多德

场景一

时间：某年的夏天早晨。

地点：某县城十字路口。

事件：一个农民开着农用三轮车，经过十字路口。交通标志灯：红色。侧面，一辆中型卡车疾驰而来。两车相撞，车毁人亡。

场景二

时间：某年春天的上午。

地点：某县城十字路口。

事件：某职业学校的学生，中午放学后，骑着自行车来到了十字路口。交通标志灯：红色。他虽然很着急，但仍然将自行车停在了停车线之后。

☞结合以上案例或者情景，谈谈道德启蒙对人生的意义。

学会做事 LEARNING TO DO

四、躬身实践，持之以恒

道德行为是一个复杂的过程，它是主体与客体、主观与客观的统一。在这个过程中，包含的基本的环节有：动机与效果、目的与手段、理智与情欲、选择与责任、自由与必然等。道德行为就是这些环节的运动、整合的过程。

在道德行为的实践过程中，考虑问题既要全面，又要突出重点。当确定做某件有意义的事情后，在不违背道德和法律的前提下，就一定要坚持下去。坚持定能获得成功，哪怕是一辈子做好一件事。

☞议一议：最近，你所在的组织或者个人都做了哪些有益于他人、集体和国家利益的事情？

学会做事 LEARNING TO DO

花季容颜，帅气外观，终会随着岁月的逝去而失去光彩。渊博的知识、丰富的情感、坚强的意志和高尚的道德，才应是一个人毕生追求的目标。道德愈高尚，就愈能显示出他个人的光辉。

☞想一想，你在学习中遇到困难时是怎样做的？

学会做事 LEARNING TO DO

在科学和人生的道路上，不可能是一帆风顺的，总会遇到一些这样或那样的困难或曲折。要想成为一个人格高尚的人，就要不畏艰难地面对人生的坎坷，持之以恒地去躬身实践。

建议大家每天带着这样一个笔记本，它的名字叫《新一页》，记录我们每天的成长，监督我们的道德决定，提高我们的人格修养。

新一页

项目：
日期：　　　年　　月　　日
道德议题和两难局面：

事实：

作出的决定：

决定的依据：

正确还是错误：

替换的行动：

模块12　明智的人

我们不是佛祖，我们皆是凡人，如何参透这个纷繁复杂的世界呢？如何才能成为"明智的人"呢？老子给了我们答案：知人者智，自知者明——能够对他人有所了解的人，只能说他是聪明的人；能了解自己，才算得上"心如明镜"。我们要想参透世界，成为明智的人，必须先从认识自己开始。

一、洞察自己

明，是心灵之明；智，是自我之智，即所谓"明智者"也。智者，知人不知己，知外不知内；明者，知己知人，内外皆明。智是显意识，形成于后天，来源于外部世界，是对表面现象的理解和认识，具有局限性和主观片面性；明，是对世界本质的认识，具有无限性和客观全面性。欲求真知灼见，必返求于道。"知人者"，知于外；"自知者"，明于道。"知"即"洞察"，"洞察"被定义为"能看到并能清楚地理解事物的内在本质"。"明智的人"是既能洞察外界，更能深省自身的人。

案例12-1 《"38滴型焊接机"的产生》 有一位年轻人在美国某石油公司工作，他学历不高，也没有什么特别的技术，他的工作就是巡视并确认石油罐盖有没有自动焊接好。石油罐在输送带上移动至放置台上，焊接剂便自动滴落，沿着盖子回转一圈，作业就算结束。他每天好几百次地重复这种作业。后来他细心观察后发现：罐子每放置一次，焊接剂滴落39滴，焊接工作便告结束。于是，他就想：如果能少一两滴，是否就可以节省成本了呢？果然，经过研究产生的"38滴型焊接机"虽然只节省了一滴焊接剂，却给公司带来了每年5亿美元的利润。这个年轻人就是后来掌控全美石油业界95%实权的石油大王——约翰·洛克菲勒。

不管是“石油大王”，还是“微软之父”，他们对外部世界的非凡的洞察力帮助他们登上了事业的巅峰。综观人类世界，每一行业的顶尖人物之所以有超凡智慧，之所以比一般人掌控先机，具有非凡的洞察力是他们的共同点之一。

诚然，石油大王就一个，而我们绝大多数人都是世界几十亿人口中的普通一员。对外界有超强的洞察力实为可贵，但对自身的深省却更为难得。即便我们每个人不能都成为行业大王、产业之父，但只要洞悉自己的内心，找准方位，就都会成为我们人生路上独一无二的王者。你唯一能够永远拥有的是你自己，你是你自己真实面貌唯一的洞察者，只有对自己有清醒的认识，你才能拥有真正的智慧。我们常说“人贵有自知之明”，正是此意。只有正确分析自己身上的优缺点，才能真正认识自己，才能凭自己的能力为社会作出贡献，这样才可算作高明的人。

但是，我们往往向外看得太多，向内看得太少。让我们在纷繁复杂的大千世界中停下来，好好看看自己和自己的内心，洞悉自己需要什么、缺失了什么。只有洞察自己，洞悉自己的内心，我们才能不迷失自己，才能找准未来的方向。洞察自己是我们每个人通往幸福的一把最基本的钥匙。

二、提高洞察外界的能力

在探索如何提高洞察力这个问题之前，你需要首先了解自己的洞察力水平。请你在规定时间内回答以下的题目，做出最适合你的选择并计分。评分方式：每题答 A 记 2 分，答 B 记 1 分，答 C 记 0 分。各题得分相加，统计总分。

1. 一个人告诉你他生病了之前，你能从他的脸色中发觉他当时身体不舒服吗？

A. 通常能　　B. 有时能　　C. 不能

2. 你能否轻易地从新开张的大商场里找到你想购买的商品？

A. 通常能　　B. 有时能　　C. 不能

3. 你在考试中，是否发生过因没注意而漏做某道试题的事？

A. 从未发生　　B. 极少发生　　C. 多次发生

4. 你从别人的穿着猜测别人的个性和爱好吗？

A. 经常猜测　　B. 有时猜测　　C. 从不猜测

5. 平时，你注意从一个人的举止中观察他的心情和想法吗？

A. 是　　B. 有时　　C. 没有

6. 春天马路边的树刚刚吐出新芽时，你就发现了吗？

A. 是　　B. 有时　　C. 从未发现

7. 你能分辨出家人与邻居脚步声的不同吗？

A. 能　　B. 说不准　　C. 不能

8. 你是否经常从一个新相识的人身上发现一些与众不同的体貌特征？

A. 常常　　B. 有时　　C. 极少

9. 即使不听天气预报，你也能在下雨前觉察出天气将要变化吗？

A. 常常　　B. 有时　　C. 极少

10. 你能在几秒内看出电话号码 7414345 有什么规律吗？

A. 5 秒以内　　B. 5～10 秒　　C. 10 秒以上

11. 你注意到每个人的眼睛都不同吗？

A. 是　　B. 有时　　C. 从未注意

12. 你总是按某种顺序从书架上寻找你感兴趣的书吗？

A. 是的　　B. 有时　　C. 一般不

13. 你注意通过较长时间的观察发现自然界中事物变化的规律吗？

A. 是　　B. 有时　　C. 没有

14. 有人说你做事不用心吗？

A. 没有人说过　　B. 有个别人说过　　C. 好多人说过

15. 打牌时，你根据对方的表情揣测他的持牌情况吗？

A. 常常如此　　B. 有时如此　　C. 极少如此

16. 你按物体的空间顺序（如从远到近、从外到里）观察一个复杂事物吗？

A. 通常　　B. 有时　　C. 通常不

17. 你是否关心你的身边每天出现的一些新变化？

A. 是　　B. 有时　　C. 不

18. 你喜欢寻找自然界中的奥秘吗？

A. 是　　B. 说不清　　C. 不

19. 在做数学题时，你是否会看错或漏写题中的正负符号（加减符号）或字母？

A. 从未发生　　B. 极少发生　　C. 多次发生

20. 在路上与熟人相遇，常常是你先看到对方，还是对方先看到你？

A. 通常你先看到　　B. 不一定　　C. 通常对方先看到

21. 你喜欢拆卸钟表、玩具之类的东西吗？

A. 喜欢　　B. 说不清　　C. 不

22. 你注意看文中或书中所附的平面图、结构图或示意图吗?

A. 是　　B. 说不清　　C. 不

23. 看到一个不知名的新事物,你会试图给它起一个新名字吗?

A. 是　　B. 说不清　　C. 不

24. 你曾给同学、同事取绰号吗?

A. 是　　B. 说不清　　C. 不

25. 你走路时不注意看周围的环境吗?

A. 是　　B. 说不清　　C. 不

26. 写记叙文令你感到很困难吗?

A. 是　　B. 说不清　　C. 不

27. 你注重揣测别人做某件事的意图吗。

A. 是　　B. 说不清　　C. 不

28. 你发觉自己在选择朋友时常看错人吗?

A. 是　　B. 说不清　　C. 不是

29. 你能在几秒钟内找出本测验前面28个问题中的一个错别字吗?

A. 10秒以内　　B. 10～20秒　　C. 20秒以上

30. 看完这个问题后,你马上就能说出本测验30个问题中哪一个有错误的标点符号吗?

A. 马上就能　　B. 需要较长时间　　C. 无法找到

得分:你可以依据以下的分析评价自己的洞察力水平:

0～19分:你的洞察力不佳。生活中的一些重要线索常常被你忽视。你必须做个有心人,才能减少你这方面的损失。

20～40分:你的洞察力一般。

41～60分:你的洞察力发展状况良好。耳聪目明的你,在学习和工作中也会是一个聪明人,会找到一些别人没有发现的奥秘。

答案提示:第10题:电话号码的后6位数由三个连续奇数41、43、45构成。第29题:错字在第11题中,将眼睛的“睛”字误作“晴”。第30题:错误在第27题中,将问号“?”误作句号“。”

许多人希望自己能“眼观六路,耳听八方”,因为只有比别人更会“观察”、更会“听取”,才能取得更多的有效信息,从而才能更快地达到目标。那么,我们该如何练就敏锐的洞察外界的能力呢?

1. 注意细节,学会观察

以推销员为例,好的推销员也是好的观察家,他们善于观察顾客的细微之处，从而推测顾客的内心活动，以捕捉顾客的购买信息。优秀的推销员在工作中分析总结了顾客身体语言信息以供参考：

顾客瞳孔放大时，表示他被你的话所打动，已经在接受或考虑你的建议了。

顾客回答人的提问时，眼睛不敢正视你，甚至故意躲避你的目光，那表示他的回答是“言不由衷”或另有打算。

顾客双手插入口袋中，表示他可能正处于紧张或焦虑状态之中。另外，一个有把双手插入口袋之癖的人，通常是比较神经质的。

顾客不停地玩弄手上的小东西，说明他内心紧张不安或对你的话不感兴趣。

顾客交叉手臂，表示不赞同或拒绝你的意见。

顾客面带微笑，表示友善、快乐、幽默，也意味着道歉与求得谅解。

顾客用手敲头，表示正在思索、考虑；顾客用手摸后脑勺，表示思考或紧张。

顾客用手搔头，表示困惑或拿不定主意；顾客垂头，是表示惭愧或沉思。

顾客用手轻轻按着额头，是困惑或为难的表示。

顾客颚部往上突出，鼻孔朝着对方，表示藐视对方。

顾客紧闭双目，低头不语，并用手触摸鼻子，表示他对你的问题正处于犹豫不决的状态。

顾客用手抚摸下颚，表示在思考，心神不安。

顾客讲话时低头揉眼，说明他在撒谎或至少他的话不够真实。

顾客搔抓脖子，表示他犹豫不决或心存疑虑；若顾客边讲话边搔抓脖子，说明他对所讲的内容没有非常肯定的把握，不可轻信其言。

顾客不时看表，这是逐客令，说明他不想继续谈下去或有事要走。

顾客突然将身体转向门口方向，表示他希望早点结束会谈。

2. 善于倾听，换位思考

别人在说什么你肯定听到了。但是，你能通过他所说的，了解他所思、所盼、所厌恶的东西吗？我们每个人的眼睛所看到的，耳朵所听到的，都只是表面的东西。我们要通过观察、倾听，洞察其内在，才能真正有所收获，才有可能成为掌握先机的人，才有可能成为有智慧的人。

案例 12-2 吉尔斯是福特公司一名著名的汽车推销员。有一天下午，一名顾客西装革履、神采飞扬地走进店里。吉尔斯凭借自己以往的经验判断，这名顾客一定会买下车子。于是，他热情地接待了这个顾客，并为对方介绍不同型号的车子，还解说车子的性能。顾客听着吉尔斯的介绍，频频微笑点头。然后，两人一起向办公室走去，准备办理手续。

出乎意料的是，这位顾客在由展示厅到办公室不足3分钟的时间内，突然莫名其妙地发起脾气来，最后竟然拂袖离去。

为什么顾客突然变脸？吉尔斯百思不得其解。吉尔斯是那种在哪里跌倒就从哪里爬起来的主儿，这也是他业绩超人的重要原因之一。当晚，吉尔斯就按名片拨打了那位顾客的电话。

“您好，先生，实在不好意思，这么晚了还打扰您，不过我有一个问题只能向您请教。我看您今天本来是要买车的，可后来却生气不要了，您能不能告诉我，我哪儿做错了，好让我以后改进？”

“你说得对，我本来是要买车子的，而且连支票都开好了带在身上！可是，当我在走廊上提到买车子的原因时，你一点反应都没有。你知道吗？我女儿刚考上商学院，全家高兴极了，我买车子就是要送给她的！我说了无数遍女儿、女儿、女儿……可你却一直在说车子、车子、车子……”说完后，这位顾客挂断了电话。

吉尔斯这时才恍然大悟，原来错在自己没有真正关心客户，没有体会客户当时的心境，没有与客户分享他当时喜悦的心情。

三、做明智的人

1. 有“大智慧”

大智慧，即面对重大事物，能探究其内在规律，运用逻辑思维辨其因果，并能据此提出解决办法。而在生活中，有很多人把“小聪明”当作“大智慧”，其实不然。相反，有时候这些“小聪明”却恰恰证明了自己离“明智”越来越远。

案例 12-3 《杨修——聪明反为聪明误》 《三国演义》中的杨修，恐怕就是耍小聪明耍到极致了吧！见曹操在门上写一“活”字，便知其嫌门太宽，即叫工匠改窄。一次曹操在盒上写“一合酥”（古时是竖行书写），杨修便叫士兵分而食之。曹操问之，则答：“盒上不是明书‘一人一口酥’吗？岂敢违丞相令乎？”一日，夏侯惇讨口令，曹操正在吃鸡，便随口答道：“鸡肋。”杨修得令后，即叫士兵收拾行囊，准备归程。夏侯惇惊问其故，对曰：“以今夜口令，便知魏王不日将退兵也。鸡肋者，食之无肉，弃之可惜。今进不能胜，退恐人笑，在此无益，不如早归，来日魏王必班师矣。”终于激怒了奸诈多疑的曹操，扣之以“乱吾军心”之罪名而杀之。杨修终于“聪明反为聪明误，反害了卿卿性命”。岂不惜哉！他能算有“智慧”吗？非也，顶多也只能算一个锋芒毕露、喜欢卖弄一点雕虫小技的“小聪明”。

2. 敢于“糊涂”

日本著名作家渡边淳一在其书中提到了生活智慧的一个新元素:钝感力。“钝感力”直译为“迟钝的力量”,是年过七旬的渡边淳一的最新人生感悟。在他看来,“钝感力”作为一种为人处世的态度及人生智慧,更易在目前竞争激烈、节奏飞快、错综复杂的现代社会中生存,也更易取得成功,并同时求得自身内心的平衡及与他人和社会的和谐相处。对于如何处理好复杂多变的人际关系,如何来享受愉快而有意义的人生,渡边淳一给出一个答案,那就是拥有钝感力。他认为:“钝感虽然有时给人以迟钝、木讷的负面印象,但钝感力却是我们赢得美好生活的手段和智慧。”渡边淳一表示,“钝感力”和中国清代画家郑板桥倡导的“难得糊涂”有相通之处,“一个人如果对周围的人事太过在意,可能会迷失方向”。

3. 洞察自身,控制情绪,以积极的心态面向未来

于丹说过:“智慧最大的境界,在于自己心中通彻的透悟,而最终成就生命的欢欣。”她曾经讲过一个小故事:有一位哲学家,他每天都在思考人与世界的关系。有一次他要作一次大的主题演讲,但他很困扰,不知道怎样才能把两者的关系捋顺。在他准备演讲稿的时候,他几岁的小儿子在旁边不停地捣乱,他就随手从杂志里撕下一张世界地图的页面,并把这一页撕成很多片,然后对孩子说:“你现在去把这一页拼起来。”小孩子去了之后,他长舒一口气,以为这下能清净一会儿了。但是,很快他的儿子就拿着拼好的地图过来了,他大吃一惊,就问:“你怎么做到的?”他的儿子看着他笑着说:“因为地图的背面是一个人像,我觉得只要这个人拼对了,那么世界也就拼对了。”听了儿子的话,这个哲学家恍然大悟,他知道他第二天演讲的题目是什么了,那就是:一个人正确了,他的世界也就正确了。于丹在讲完这个故事后,总结说:“这种态度就是生活中最高的智慧。这种智慧发乎心灵,止乎生命。”

其实,洞察自身、做生活的智者,比洞察他人和世界要难得多。我们常常主动或被动地观察他人、思考世界,却很少能转回视线来审视自己。

核心价值观三：

爱与同情

爱是全人类应有的美德。包括爱自己和爱他人。爱是对他人行善而不图回报。同情是能够敏锐地体会到他人的需要和痛苦，并积极采取办法改善其状况。

自尊和自立：认识到自己是工作场所中最有价值的资源，相信自己有能力应对生活的各种需求和挑战。

同情、关心和分享：能够分担他人的思想和感受，能够换位思考，表达自己真诚的理解和深切的关心。

服务：指利用自己的天赋和技能特别是自己的能力去惠及他人，促使他人进步，而不仅是自身进步的动机。

伦理和道德意识：选择公正行为的秉性。

模块13　相信你自己

每个人来到世界上，都是为了成功。谁也不希望自己的一生像寄生虫一样窝窝囊囊地依靠别人生活，谁都希望自己活出自我的价值，自我的风采，保持自我的本色，在生命的管弦乐中演奏好自己的乐曲，实现自我的成功。因此，只有相信自己，依靠自己，才能撑起自己头顶的一片天，才可能获得比梦想更多的成就。

一、天生我材必有用

一个企业最重要的资源是什么？是资金？是厂房？是设备？是地理位置？都不是。企业最重要的资源只有一样，那就是人才，或者说是员工。没有人的劳动，将不会产生任何东西——无论是产品，还是利润。企业要发展、要做强，就必须把培养人才、集聚人才、激励人才创新创业作为重中之重。什么是人才？先知先觉者是人才，善于创新者是人才，能协调关系者是人才，敢于开拓进取者是人才，诚实劳动者是人才……人才无处不在，人才又淹没在这无所不在之中。

我们每个人都是人才，“天生我材必有用”，要相信自己，欣赏自己，对自己充满信心。

案例13-1　《评委的“圈套”》　小泽征二是世界著名的交响乐指挥家。在一次世界优秀指挥家大赛的决赛中，他按照评委会给的乐谱指挥演奏，敏锐地发现了不和谐的声音。起初，他以为是乐队演奏出了错误，就停下来重新演奏，但还是不对。他觉得是乐谱有问题。这时，在场的作曲家和评委会的权威人士坚持说乐谱绝对没有问题，是他错了。面对一大批音乐大师和权威人士，他思考再三，最后斩钉截铁地大声说：“不！一定是乐谱错了！”话音刚落，评委席上的评委们立即站起来，报以热烈的掌声，祝贺他大赛夺魁。

原来，这是评委们精心设计的“圈套”，以此来检验指挥家在发现乐谱错误并遭到权威人士“否定”的情况下，能否坚持自己的正确主张。前两位参加决赛的指挥家虽然也发现了错误，但终因随声附和权威们的意见而被淘汰。小泽征二却因充满自信而摘取了世界指挥家大赛的桂冠。

> 自信的人胆大，自信的人英勇，
> 自信的人坦诚，自信的人开朗，
> 自信的人乐观，自信的人豁达，
> 自信的人谦虚，自信的人热情，
> 自信的人无所畏惧，自信的人快乐，
> 自信的人容易接受自己的缺点，
> 自尊的人才会发现生活的美好，享受生活
> ……

自信是成功的产儿，没有成功，就不会自信。什么是成功呢？是不是只有名人、业绩显著者、学习优秀者才是成功的呢？应该说，在每个人的生活经历中都有成功的记录。例如，你第一次学会了做饭、第一次独立生活、第一次因进步受到老师的表扬、第一次在某项比赛中取得好名次等等。成功的生活经历，给我们带来无限的喜悦，是我们前进的动力，使我们更加自信。现在就让我们通过活动来回忆那幸福的成功时刻，重塑我们的自信吧！

☞ 活动：《成功的喜悦》

活动步骤：每个人找出自己成功的生活经历，在小组或在全班进行交流。

那一次，我成功了	
时　间	
目　标	
行　动	
结　果	
内心体验	

每当回忆起自己成功的生活经历，都会给我们带来喜悦，增强信心。但是任何一次成功都不是等来的，哪怕是一次微小的进步，也需要我们为之努力奋斗。我们要勇于面对自己的不足，积极行动，增强自己的实力。

二、自尊与自立:人生的脊梁

1. 悦纳自己:自尊

郜丽华从2岁开始就生活在无声的世界里。但是她并没有抱怨命运的不公,而是以一种积极、乐观的态度来笑对人生,并且用残缺创造出一种特殊的美丽。

案例 13-2 《欣赏自己》《庄子》中有这样一个故事:有个叫子舆的人,上天赋予他很多缺陷:驼背、隆肩、颈椎朝天。朋友问他:"你讨厌自己的样子吗?"他回答说:"不!我为什么要讨厌自己呢!假如上天使我的左臂变成一只公鸡,我就用它在清晨报晓;假如上天使我的右臂变成弹弓,我便用它打斑鸠烤了吃;假如上天使我的臂部变成车轮,而将我的精神变成马,我便乘着它周游世界。上天赋予我的一切,都可以充分使用,为什么要讨厌它呢?"

每个人身上都存在一些不足,但并非每个人都产生自卑。其中主要的原因就是面对不足时,你采取了什么样的态度。上述事例告诉我们:每个人都有自己的优点和缺点、长处与短处,应多看自己的优势和长处,不过分关注缺点。善于发挥优势与长处,大胆尝试,接受挑战,创造成功。

自尊是人格之本,是人对自身人格的肯定,是人的正常发展的需要,是人的重要内在价值。自尊不仅仅是外在仪表的修饰,更在于保持心灵的积极健康状态。自尊包括自己尊敬自己和得到他人的尊重,它首先表现为自我尊重和自我爱护,还包含要求他人、集体和社会对自己尊重的期望。自尊是一切个人美德的基础和源泉。

☞ 说一说:在你的生活经历中,觉得自己做的最值得令人尊重的事是什么?

学会做事 LEARNING TO DO

当建议被老师采纳的时候,我会觉得________________。

当期末考试取得好成绩或有很大进步时,我希望老师、父母__________。

当穿了一件漂亮的新衣服参加同学聚会的时候,我希望________________。

当给外地的游客指路,受到感谢与称赞的时候,我会觉得__________。

2. 依靠自己:自立

自立是不依赖他人、充分发挥自己的潜能、克服困难、依靠自己努力做事的精神品质。自尊必须自立,即通过努力使自己获得比较全面的发展。虽然人在天分上有高低之分,但发展与成功却主要依靠自身的努力和自强不息的精神。当人有了自尊,才能促使人自律、自立、自强。对于正处在人生发展关键时期的年轻人来说,养成自尊、自立的精神更是意义非凡。

案例 13-3 《十分钟"租借"》 在一个春寒料峭的夜晚,一位农村小伙子蜷缩着身子,郁闷地在路边坐着。这是他来到这座城市的第五天。城市的繁华并未给予他淘金的机会,相反,他已经用尽了不多的盘缠——换言之,他已经整整两天未进食了。

这时,一张钞票出现在他的眼前。"你饿吗?"是一旁擦皮鞋的女孩,把一元钱递了过来:"你去买点吃的吧!"于是,他伸出了手。

可是,那女孩却又抽回了拿钱的手。"你真的想要这施舍?"

施舍?年轻人愣住了。他看着女孩,突然醒悟:是啊!自己怎么能轻易地接受施舍呢?"谢谢!我不需要施舍,不要!"

女孩笑了,说:"可是,我看你确实需要帮助。既然你不肯接受施舍,那我就把这擦鞋的摊位借给你。十分钟,你就可以挣够一顿饭钱了……"这是一个诱人的建议!短暂沉默后,年轻人同意了。

果然,年轻人在十分钟内挣得了几元钱。年轻人当时不知,就是这十分钟的"租借",改变了他的一生。

> 自立歌
>
> 滴自己的汗,吃自己的饭,
> 自己的事自己干。
> 靠人靠天靠祖上,不算是好汉。
>
> ——陶行知

后来,年轻人和女孩一起摆摊擦鞋。日子一天天过去,他们结婚成家。再后来,他们开了一个皮鞋加工店,而且生意兴隆。最后,他们开了一家皮鞋厂……

现在,他已经是拥有千万资产的企业家了。只是每当提及当年的创业历史时,他都会说:"感谢我的妻子,是她当年十分钟的'租借',让我保持了尊严,才有了后来的成功。"

案例 13-4 《收废品的大学生》 重庆师范大学学生刘刚从卖废品赚生活

费起步，三年间，在坚持学业的同时建立起废品回收公司，除了赚取自己的学费外，他还为更多贫困生提供勤工助学的机会。

上面的故事虽没有动人的情节，却发人深省：人生在世，不论你处于多么困顿的境地，都要自强自立，有尊严地活着——有尊严才能自律进取，才能成功自立。

三、我有多重要

1. 测试你的自信心

☞ 请根据你一周内的情绪体验和活动填写下表：

问　　题	A	B	C	D
1. 我感到自己是一个有价值的人，至少与其他人在同一水平上				
2. 我感到自己有许多好的品质				
3. 归根到底，我倾向于认为自己是一个失败者				
4. 我能像大多数人一样能把事情做好				
5. 我感到自己值得骄傲的地方不多				
6. 我对自己持肯定态度				
7. 总的来说，我对自己是满意的				
8. 我希望能为自己赢得更多尊重				
9. 我确实时常感到毫无用处				

续表

10. 我常认为自己一无是处				

A:非常符合;B:符合;C:不符合;D:很不符合。

计分方式:1、2、4、6、7 题,答 A 记 4 分,答 B 记 3 分,答 C 记 2 分,答 D 记 1 分;
3、5、8、9、10 题,答 A 记 1 分,答 B 记 2 分,答 C 记 3 分,答 D 记 4 分。

得分:10～40 分。分值越高,表示自尊自信程度越高。如果你上述测验分值较低,那就意味着你存在一定的自卑感了。

2. 我很重要

人们常常从成就事业的角度,断定我们是否重要。但是,想想以前经历过的事情,你对他人的帮助,你给他人的关怀,你给他人带去的欢乐和宽慰!你在某些人心中的地位,他们给予你的爱!想想自己的理想抱负,自己将来可能会对社会作出的贡献,我们应该清楚自己为什么很重要。

☞ 游戏:《引导性深思》

第一步:在协调员引导下,由学生做。

让我们保持身心的平静,开始深思。感觉你吸入呼出的空气……吸气……呼气……让我们有节奏地呼吸,使自己全面放松。

感觉你的身体和任何紧张的体验……放松这些部分……让你的任何忧虑和关注都走开……只体验这里、这一刻。

在你的心中为自己画像……看一看你的想象中的自己……你看着自己,同时捕捉你是如何看待自己的……当你看着自己时,你看到了什么?你喜欢看到的自我吗?你看到的自我使你快乐吗?

让你的心去漫游,让那些与你交往密切的人在脑海中过电影,让你们在一起的情景在脑海中过电影……他们都是谁?你对他们重要吗?……你和他们在一起的时候,能给他们带来快乐吗?……你离开他们的时候,他们会难过吗?

再次看着自己……此时向自己宣布:从现在开始,我将相信我自己,我相信我有能力……我很优秀……没有人能够使我轻视自己……我是受人喜爱和尊重的。

从现在开始,我将提高我的责任感……我很重要,我是唯一的、不可替代的。

从现在开始,我要改变自己,我要改变环境……我不惧怕生活道路上的所有困难挑战,我很坚强,我是不可战胜的……我相信自己,我依靠自己,我是自己最好的朋友。

当你睁开双眼时候,请铭记你的宣言:要相信自己……要做自己最好的朋友。

第二步：参与者与小组成员交流分享深思的效果。

这次深思最打动你的是什么？回顾那些对你产生影响的人和事，你的感觉如何？

学会做事 LEARNING TO DO

第三步：请几位在前面自信心测试中，各组得分最高与最低的参与者谈谈感受。

因为我很重要，所以我应该很好地对待自己，好好爱护我的身体，好好发挥我的智慧，好好施展我的才能。因为，我不全是我自己的，我还属于我的父母、我的朋友、我的事业、我的未来。我们还要知道，只要我们时刻努力着，为光明奋斗着，我们就是无比重要地生活着。

四、做最好的自己

1. 看成绩，相信自己

回顾自己的成长经历，我们可以看到自己的确曾取得过成绩。比如，在体育比赛中，你拿到了第一名；在演唱会上，你得到了大家热烈的掌声；在课堂上面对老师的提问，你的回答得到了表扬……这一切似乎微不足道，却是令自己难忘和自豪的。请你把这些美好的瞬间一一记下来，仔细地想一想：这一切是如何取得的，其中的有利因素和不利因素分别有哪些？

过去的成功经历	其中不利的外在因素

2. 找优点，提升自己

面对学习、工作和生活中的成绩，剖析自我，你就会惊喜地发现自己拥有的优点竟这么多。你不妨把它一一列出来，记录下来，就会发现过去“我还行”，将来“我能行”。发挥并肯定自己的优点，就能找到自信，激发自己的潜能，走向成功，奠定自尊的基础。

☞ 活动一：《互相欣赏》

每一位参与者将一张白纸贴在后背上，请本小组的其他伙伴，每人为自己找一个优点（优秀的品质、技能、才能），并写在白纸上。然后取下来，看看伙伴们是如何评价你的。

☞ 活动二：《自我欣赏》

边欣赏歌曲《我真的很不错》，边思考自己有哪些优秀品质、技能和才能，并填入下列表格中。如果有困难，可以请你的同学或者朋友彼此相互找一找。

自 尊	自 立
我拥有的优秀品质	我可以依靠的技能和才能

☞ 活动三：《我真的很不错》

在协调员的带领下参与者一起表演下面一段快板：

我真的很不错。我真的很不错，
我真的、真的、真的、真的、真的很不错。
我的左边也不错，我的右边也不错，
我左边××（同伴名字）不错，我的右边××（同伴名字）不错，
我的左边××，我的右边××，大家都不错。

3. 挖潜能，超越自己

一个人就像一条船，要确定自己的目标，否则就只能随波逐流。目标对于一个人的作用和激励是巨大的。它可以唤醒人、调动人、激励人、塑造人。美国著名的华人成功学大师陈安之，每天早晚要将自己的目标各写10遍。他随身带着一本小册子，里面写着自己的目标，有时间就拿出来看看，以强化自己的潜在意

识。北京曾有个打工仔叫李云松，在王府井宾馆当行李员。当他替李嘉诚先生提行李时，就发誓要在10年后在王府井有汽车、楼房。他的同伴笑他头脑是否发昏。10年过去了，他真的实现了他的梦想，成了百万富翁，而嘲笑他的同事仍然是行李员。

☞游戏:《掌声响起来》

生命是在一分一秒中渐渐积累起来的，一分钟有多长？你一分钟能做什么？现在请你预计你一分钟能拍手多少次？并把估计的数字写在纸上。

(1)现在你以一颗平常心来做个一分钟拍手的游戏。计时开始，请你开始鼓掌。计时到一分钟，请你在拍手结束时记下拍手的数字。

(2)现在你以"我是最好的"引导自己，计时一分钟，再拍手并在结束时记下拍手的数字。

(3)你预计的次数是多少次，第一次拍手是多少次，第二次拍手是多少次？

(4)拍完之后看到你的数字有什么感受？

(5)结论:生活学习中，我们很多时候都低估了自己，其实人人都拥有潜能，我们每个人都可以做得更出色。

拓展阅读

我很重要(节选)

作者:毕淑敏

当我说出"我很重要"这句话的时候，颈项后面掠过一阵战栗……许多年来，没有人敢在光天化日之下表示自己"很重要"。我们从小受到的教育都是——"我不重要"。

……

我是由无数星辰日月、草木山川的精华汇聚而成的。只要计算一下我们一生吃进去多少谷物，饮下了多少清水，才凝聚成一具美轮美奂的躯体，我们一定会为那数字的庞大而惊讶……

回溯我们诞生的过程，两组生命基因的嵌合，更是充满了人所不能把握的偶然性。我们每一个个体，都是机遇的产物……我们还有权利和资格说我不重要吗？

对于我们的父母，我们永远是不可重复的孤本。无论他们有多少儿女，我们都是独特的一个。

假如我不存在了，他们就空留一份慈爱，在风中蛛丝般飘荡。

假如我生了病，他们的心就会皱缩成石块，无数次向上苍祈祷我的康复，甚至愿灾痛以十倍的烈度降临于他们自身，以换取我的平安。

我的每一滴成功，都如同经过放大镜，进入他们的瞳孔，摄入他们心底……面对这无法承载的亲情，我们还敢说我不重要吗？

俯对我们的孩童，我们是至高至尊的唯一。我们是他们最初的宇宙，我们是深不可测的海洋。假如我们隐去，孩子就永失淳厚无双的血缘之爱，天倾西北，地陷东南，万劫不复。盘子破裂可以粘起，童年碎了，永不复原……面对后代，我们有胆量说我不重要吗？

相交多年的密友，就如同沙漠中的古陶，摔碎一件就少一件，再也找不到一模一样的成品。面对这般友情，我们还好意思说我不重要吗？

我很重要。我对于我的工作我的事业，是不可或缺的主宰。我的独出心裁的创意，像鸽群一般在天空翱翔，只有我才捉得住它们的羽毛。我的设想像珍珠一般散落在海滩上，等待着我把它用金线串起。我的意志向前延伸，直到地平线消失的远方……没有人能替代我，就像我不能替代别人。我很重要。

是的，我很重要。我们每一个人都应该有勇气这样说。我们的地位可能很卑微，我们的身份可能很渺小，但这丝毫不意味着我们不重要。

重要并不是伟大的同义词，它是心灵对生命的允诺。

对于一株新生的树苗，每一片叶子都很重要。对于一个孕育中的胚胎，每一段染色体碎片都很重要。甚至驰骋寰宇的航天飞机，也可以因为一个油封橡皮圈的疏漏而凌空爆炸，你能说它不重要吗？

让我们昂起头，对着我们这颗美丽的星球上无数的生灵，响亮地宣布——我很重要。

模块 14　我分享,因为我关心

汶川大地震,数万生命瞬间消失,举国同悲;一方有难,八方支援,十三亿人心手相牵,演绎出人间大爱;2008——北京奥运,鸟巢击缶,举国欢腾,百年企盼,一朝梦圆;从 5 月到 8 月,整个世界都在凝视着中国,关注着中国,分享着中国的大悲与大喜。

人心本善,在我们的心中,都生长着同情与怜悯的种子,我们在亲人、朋友的关心和爱护下长大,又把关爱送给周围的每一个人。送人玫瑰,手留余香;关爱他人,快乐自己。分享,使我们在助人中享受到快乐,在奉献中体悟到价值。

我在关心他人的同时提升自己的爱心,我在关爱他人的同时享受心灵的愉悦。

一、我心本善:同情与关心

1. 我的情感体验

☞ 每个人都会经历很多的事情,都会有各种各样的情感体验。回想自己的经历并填写下表:

情感关键词	围绕情感关键词简述个人的经历	你当时的表现或感受
高兴		
痛苦		
愤怒		
失望		

续表

焦灼		
恐惧		
难堪		
震惊		

2. 学会感知他人

你懂得别人吗？你理解别人吗？观察图中人物，描述人物情感，感受他人的需要。

观察体会图中人物表情	 失去亲人	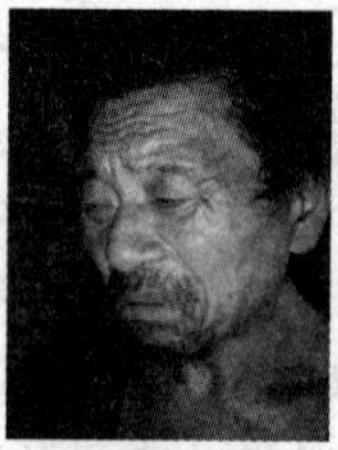 粮食绝收	 看到怪异
描述人物表情			
感受人物需求			
我能为他做点什么			

续表

观察体会图中人物表情	夺　冠	怎么会是她	亲人来电
描述人物表情			
感受人物需求			
我能为他做点什么			

通过前面的评价活动，我看到：

(1)我对自己情感的感受能力(　　)

A. 很强　　B. 较强　　C. 一般　　D. 较弱　　E. 很弱

(2)我对自己情感和需求的描述能力(　　)

A. 很强　　B. 较强　　C. 一般　　D. 较弱　　E. 很弱

(3)我对他人情感的感受能力(　　)

A. 很强　　B. 较强　　C. 一般　　D. 较弱　　E. 很弱

(4)我对他人需要的感受能力(　　)

A. 很强　　B. 较强　　C. 一般　　D. 较弱　　E. 很弱

3. 关心与被关心

☞ 生活中，我们总是在关心着一些人，也同时被一些人关心着。回顾自己的生活经历，完成下表：

我被关心的经历和感受	关心我的人	关心我的事	我的感受
我关心人的经历和感受	我关心的人	我关心的事	我的感受

☞ 你会持续地关注他人的处境吗？当别人需要帮助时，你会毫不犹豫地为其提供自己力所能及的帮助吗？

学会做事 LEARNING TO DO

二、人间暖色：同情与关心

1. 同情是众善之母

同情是能理解他人的处境、感受和观点，与他人分享情感内在品质和能力。同情人就是要欲人之所欲，急人之所急，与人同喜同悲。

同情是众善之母。同情是净化心灵的甘泉，深刻地影响着每个人的道德行为；同情是弱势群体的太阳，困境中的人们会从朋友的同情和关爱中重获信心和力量；同情是关爱他人的原始动力，是促进人际和谐、人脉顺达的品格基础。

案例 14-1 《地震救灾急速拉近中日民间情感》 5 月 15 日，日本派遣首支由 31 名专业救援队员组成的地震救援队启程赶赴中国。18 日，日本救援队员列队向四川地震遇难者遗体默哀的图片，久久停留在中国网站的显要位置上。而中国人道出的一句“日本，谢谢”，又让日本人感到有些意外。日本救援队成了

新中国成立后首支参与中国前线救灾的外国救援队，也成了这次灾难的参与者之一。一场灾难突然拉近了两个有着太多纠葛的近邻，也许同情能持续的时间是有限的，但这种拉近仍给两国关系带来了新的思路。

最初，日本人同情的表现，是出于他们感同身受的惨痛经历。日本是地震多发国，东京大地震，大阪、神户大地震，都给日本人留下了痛苦的记忆。日本人最能理解一次8级大地震，对当地的人民意味着什么。而这最初的同情在得到中国反馈后，变成了更坚定的支持。

（来源：华商网·陇南在线 2008-05-23）

同情建立在自我意识的基础上。我们对自己的感受越留意，就越善于读懂别人的感受；如果对自己的感受很困惑，也就很难识别别人的感受，当然也就谈不上同情与关心别人了。

案例14-2 《纽约商人》 一位纽约商人在大街上看见了一个衣衫褴褛的铅笔推销员，顿生一股怜悯之情。他把一元钱丢进了卖铅笔人的杯中，就走开了。但他忽然觉得这样做不妥，就连忙返回，从卖铅笔人那里取出了几支铅笔，并抱歉地解释说，自己忘记取笔了，希望不要介意。最后他说："你和我都是商人，你有东西要卖，而且上面有标价。"几个月过后，在一个社交场合，一位穿着整齐的推销商迎上这位纽约商人，并自我介绍说："你可能已经忘记了我，但我永远忘不了你，你就是那个重新给了我自尊的人。以前，我一直觉得自己只是一个推销铅笔的乞丐，直到你那天告诉我，我是一个商人为止。"

☞ 纽约商人给了钱以后为什么又觉得不妥呢？纽约商人如果给了钱以后直接走开，结果如何？

学会做事 LEARNING TO DO

____

____

____

____

2. 关心是立世之道

关心和同情是互相依存的。关心就是要对周围的人和事给予关注和爱，是关爱之心。关心别人才能了解别人的处境、理解别人的情感、发现别人的需要，从而引发同情。关心是同情的基础，一个对周围的人和事漠不关心的人，是不会对别人有同情心的，所以人们常把"冷漠"和"无情"联系在一起。同情可使关心得以深化和升华，富有同情心的人，一般是情感丰富而善良的人，他们往往会自觉不自觉地通过友好的表示、尊重的心态、慷慨的帮助等方式，表现出对别人的关心，把关爱之心化为善良的行为。

常怀关爱之心是为人处世、立足社会的基本道德要求，也是最起码的条件。

“人之初，性本善”，关心别人是人的本能，是人与人结成良好关系，形成利益共同体的纽带。从有史以来的原始群、部落到中世纪城邦，再到现代的国家以及各种各样的现代社会组织，从一个小小的家庭到一个复杂的社会，无一不是以内部不同个体间相互认可、理解和关心为根本。

关心别人是建立感情，赢得关心的桥梁。只有关心别人，才能得到别人的尊重和认可，才能产生感情，凝聚人气，得到别人更多的关心。从这个意义上说，关心别人就是对自己的关心，对自己的负责，不关心别人必然会被别人遗忘，而一个生活在被遗忘的角落里的人是失败的、可悲的。

三、送人玫瑰，手留余香

1. 分享是生活的艺术

分享是在关心他人的过程中收获助人之快乐、赢得他人的回馈的情感体验过程。分享的形式有很多，包括分享情感、分享观点、分享才能、分享时间、分享物质资源。

俞敏洪对分享有一个巧妙的比喻：你有 6 个苹果，你留下 1 个，把另外 5 个给别人吃。当你给别人吃的时候，你并不知道别人能还给你什么，但是你一定要给。因为别人吃了你的那个苹果以后，当他有了橘子，一定会给你一个，因为他记得你曾经给过他一个苹果。最后，你得到的水果总量可能不会增加，还是 6 个水果，但是你的生命的丰富性成倍增加，你看到了 6 种不同颜色的水果，吃到了 6 种不同的味道，更重要的是，你学会了在 6 个人之间进行人与人最重要的精神、思想、物质的交换。这种交换能力一旦确立，你在这个世界上就会不断得到别人的帮助。

培根说：“如果你把快乐告诉朋友，你将得到两个快乐；而如果你把忧愁向朋友倾吐，你将被分掉一半忧愁。”古人云：“独乐乐，与人乐乐，孰乐？与人乐乐。”分享是一种交往的礼仪，是一种健康的心态；分享是一种关爱的情怀，是一种奉献的精神；分享是一种生活的艺术，是一种生存的智慧。

案例 14-3 《“野菠萝菜”叶的启示》 一位养蜂的农民，每次收完蜂蜜后，

总是随手采摘几片“野菠萝菜”的叶子,蘸上蜂蜜,递给围观的孩子们,孩子们就愉快地吮吸着绿叶上的蜜汁。当他们要将吮吸干净的绿叶扔掉时,农民便笑着说:“把叶子扔到羊圈去吧。”孩子们不解,农人用慈祥的目光看着他们,说:“羊儿会从你们手中的叶子上品尝到甜蜜,会感激你们的。”以后孩子们就不用农人提醒了,有的孩子还故意多留一些蜜汁,让羊儿和他们一起品尝蜜汁的甜美。农民走了,一片片“野菠萝菜”叶子却成了孩子们心中抹不去的最亮丽的风景。那片片叶子,使人明白了一个深刻的道理:“不要忘记送给别人一片爱的叶子。分享是一种美丽的行为!”

☞你有过与人分享或者得到分享的经历吗?你当时的体验和感觉是怎样的?

学会做事 LEARNING TO DO

2. 学会关心

关心别人,与人分享看似简单,但要真正付诸行动并不那么容易。一个真正能够时常关心别人,能与别人分享的人,一定是品格高尚、修养深厚的人,也是一个深受爱戴、享受着众人关心的人。怎样才能成为这样的人呢?

一要心中常怀博爱之心。冷漠是关爱的敌人,同情和关心都是基于爱心。充满爱心的人,会把别人的苦难当作自己的苦难,会把别人的需要当作自己的需要,真诚地尊重和帮助周围的每一个人,并从中分享助人的快乐。

二要经常反观内心。认识自己是一项重要的能力,经常地反观自己,感受自己的内心感受和内心活动,并把它准确地表达出来,是一种很好的训练方法。

三要学会换位思考。站在不同的立场上,从不同的角度看问题,会有不同的感受,得出截然不同的结论。因此,要转换角色,把自己当成别人,把别人当成自己,设身处地为他人着想。

四要学会交流与沟通。耐心倾听他人的诉求,分享对方的观点,是对他人的关心;通过表达自己的感受,与人分享自己的悲喜荣辱,是对朋友的信任。通过交流、沟通彼此立场,协调各方利益,理解各自的需求,就能更好地与他人分享各项物质、精神和文化成果。

五要留心细节,善于观察。细节中隐藏着人的内心秘密,善于观察的人,能够洞察人的内心世界,更好地同情、关心别人。

☞想一想，要成为关心别人、能与人分享的人，还需要注意些什么？请以关键词的方式写在下面，并与同伴分享。

学会做事 LEARNING TO DO

☞活动：《默默关心》

规则：随机抽一张小纸片，纸片上有同伴的名字，抽到谁就要在未来的两周里对其给予关注、关心和关爱，但是不能让对方知道，也不能让别人知道。（抽到自己的名字无效，应另抽一张）

时间		自己的关爱行动	对方的反应
第一周	周一		
	周二		
	周三		
	周四		
	周五		
	周六		
	周日		
第二周	周一		
	周二		
	周三		
	周四		
	周五		
	周六		
	周日		
你在关心他人的过程中分享到了什么？			

模块 15　服务的价值

清晨，悦耳的铃声把我们从沉沉的睡梦中唤醒，是谁设计出如此守时的闹钟，让我们可以安心地睡觉，而又不误上班的行程？伸个懒腰，披衣而起，是谁为我们缝制出这时尚的短衫和飘逸的长裙？趿着拖鞋走进洗手间洗脸、刷牙，是谁为我们生产出了香皂、牙刷和牙膏，是谁把清水引入我们的家中？走进餐厅，面包、牛奶、煮熟的鸡蛋，还有香喷喷的肉丝面，这些美味的早餐都来自哪里？出自谁手？

我们一天的生活，即使足不出户，也离不开他人的服务，成百上千，甚至更多的人，以各种各样的形式，或直接或间接地为我们提供服务，我们也以自己的方式为他人、为社会提供服务。整个社会就是一个由服务联结起来的网络，我为人人，人人为我，人人都是服务员，行行都是服务业，环环都是服务链。

一、服务无处不在

服务无处不在。从小到大，我们一直在接受别人的服务，没有这些服务，我们的生活就会变得一团糟；人人都在自己的岗位上，通过自己的工作，为他人、为社会提供服务，正是这些服务，满足了彼此的需要，推动着社会的进步。

专业人员正在进行汽车护理

老师辅导学生

执法人员进行食品卫生检查

☞ 想一想:你平时都接受了哪些服务?

学会做事 LEARNING TO DO

☞ 说一说:哪些人是服务者? 哪些人是被服务者? 服务者与被服务者之间有没有固定的界限?

学会做事 LEARNING TO DO

二、服务是工作的目的

人类工作的目的是多种多样的,有人为了挣钱糊口,有人为了干一番事业,

还有人为了国家的崛起、民族的复兴。概括而言，工作是谋生的手段，是创造幸福、美好生活的前提；在工作中施展自己的能力和才华，实现自己的人生价值；为社会、为国家提供必要的、有用的物质和服务，为人民生活幸福和国家繁荣进步作出自己的贡献。

案例 15-1 《我为什么而工作》 某职业学校以《我为什么而工作?》为题对学生作了一次问卷调查，调查数据显示：有 94%的学生选择了“挣钱”，有 70%的学生选择了“让父母过上好日子”，有 75%的学生选择了“实现自己的人生理想”，有 55%的学生选择了“实现自己的人生价值”，有 46%的学生选择了“惠及他人和社会”。

☞ 从上述调查结果中，你能看出被调查者的主流想法是什么？还存在什么问题？

学会做事 LEARNING TO DO

☞ 小组讨论，共同探究：我们工作的目的是什么？把探究的结论填写在下表中：

	对自己的意义	对家庭的意义	对他人和社会的意义
物质层面			
精神层面			

☞ 辩一辩：有人说，工作就是为自己挣钱；有人说，工作就是为他人服务。你赞成哪一种观点？说出你的理由。

学会做事 LEARNING TO DO

工作的目的固然具有多样性,但归根结底,工作是为人服务的。个人与社会的联结方式就是为他人服务和接受他人服务,个人与社会之间的能量交换方式是付出与收获。因此,服务是人类工作的最终目的。只有在服务中才能满足他人和社会的需要,实现人生的价值;只有在服务中才能创造财富,推动社会的进步;只有在服务中才能让爱心永驻,让快乐长存,创建和谐融洽的社会。因此,我们找工作时应该想"我能为他人做点什么",自主创业时我们也应该想"我能为他人做点什么",这样的心态才是成功关键之所在。

三、优质的服务与优秀的服务者

案例 15-2 《99+1=0 的酒店服务理念》 (1)"零缺点"管理:即使 99 个方面的服务都做好了,但只要有一项没做好,服务的总体效果仍然是零。这就要求酒店严格管理,避免出现差错,使服务尽善尽美。

(2)"零起点"管理:把这 100 分当成"0",把完成一次优质服务当作又一个新的起点。客人满意地离开酒店之际,正是新的优质服务开始之时。"零起点"意味着对宾客的良好服务永无止境。

(3)"零突破"管理:酒店内部常规管理工作无论多么完美,都只能算是做好了 99 项,还有一项必需的工作是:发展创新。99+1=0 中的"1"的含义是无创新。酒店如果不能使客人感到常来常新,那么这个酒店总有一天会在激烈的市场竞争中被淘汰。酒店必须不断创新,开拓发展。

案例 15-3 《中国邮政史上的"绝唱"》

木里藏族自治县位于四川省西南部,紧连青藏高原,绝大部分是海拔 4000 米以上的高山。这里群山环抱,地广人稀,平均

每平方千米只有9个人。全县29个乡镇有28个乡镇不通公路，不通电话，以马驮人送为手段的邮路，是当地群众与外界保持联系的唯一途径。王顺友作为这个自治县马班邮路乡邮递员，一个人、一匹马、一条路，在大山里默默地行走了20年。这可谓是中国邮政史上的“绝唱”。

20年来，王顺友每月都有24到28天独自在邮路上度过，每年投递报纸8400多份、杂志330多份、函件840多份、包裹600多件，他从没延误过一个班期，从没有丢失过一份邮件，投递准确率达100%。时至今日，王顺友已经在深山里跋涉了53万里，相当于走了21趟长征。

案例15-4 《静悄悄的改变》 细心的小吴发现自己的书籍文具最近经常被人动，虽然没丢什么东西，但她还是觉得事情有些蹊跷，她决定揭开这个谜。下午放学后，她看到负责关窗锁门的小刚把全班的桌椅全部整理一遍，把凌乱的文具书籍全部码得整整齐齐，最后才把门窗关好。

第二天，她悄悄地留下来帮小刚做。两周后，大家都知道了这件事，班长代表全班同学向他们表示感谢，并倡议大家养成认真、仔细、爱干净、爱整齐的好习惯。

☞ 寻找上帝的感觉：我们都有接受别人服务的经历，回想一下你所遇到的最满意和最不满意的一次服务，并将你的感受填在下表中。

项　　目	我最满意的服务	我最不满意的服务
回忆当时的经历		
描述当时的心情		
归纳优质服务与劣质服务的标准 （每个人至少列出五条，小组交流，找出共同的东西并作出标记）	优质服务的标准： 1. 2. 3. 4. 5. 6. 7. 8. 9. 10	劣质服务的标准： 1. 2. 3. 4. 5. 6. 7. 8. 9. 10

☞ 我的服务经历:你有过为他人提供服务的经历吗?在这些经历中,你对哪一次最满意,描述一下当时的心情。

参加服务的项目	收　获	你认为该项服务活动是否有意义 (根本没意义 1 分～非常有意义 5 分)

☞ 我的服务意识:服务意识是服务人员发自内心地、积极主动地提供热情、周到、高质量的服务工作的欲望和意念。你的服务意识如何?以小组为单位,小组成员互相打分。

姓名	我的责任 (5 分)	意识较强 (4 分)	意识一般 (3 分)	意识薄弱 (2 分)	与我无关 (1 分)

☞ 对照评价结果,谈谈自己在服务意识上存在什么问题?如何加以改进?

☞ 我的服务技能:优质的服务离不开熟练的服务技能。请结合你从事的职

业对自己的服务技能进行测量。

我已具备的技能	技能的熟练程度评估 （很差 1～很熟练 10）	适合的服务领域
我将来准备从事的职业		
若从事这项职业，我还欠缺哪些服务技能		

四、做一个优秀的服务者

在本职工作中兢兢业业，恪尽职守，提供更多的优质产品和服务，是实现服务价值的主要途径；在家庭、在学校、在社会生活中，关爱他人，服务群众，是实现服务价值的有效形式。

> 有个人到了地狱，看到那里的众生在吃饭，他们都用二尺长的筷子夹饭菜给自己，但是人人都夹不到饭菜可以吃，所以个个挨饿，人人痛苦；不久，这个人又到了天堂，看到天堂的人们也在吃饭，他们所使用的也是二尺长的筷子，但是人人夹给其他人，结果个个饱足，人人幸福。天堂和地狱的差别，其实只在一念之间。

1. 走出利己主义藩篱，树立“人人为我，我为人人”的思想，增强服务意识。要想得到别人的服务，首先要从为别人服务开始。

☞ 收集一些知名企业的服务理念，谈谈你对这些服务理念的认识：

公　司	服务理念或口号

2. 学好专业知识，提高岗位技能，提高为人民服务的能力。

☞ 谈一谈自己在专业技能方面的提高计划：

学会做事 LEARNING TO DO

3. 积极实践，在服务中感悟服务的价值，在服务中体验服务的快乐，在服务中提升自己的境界。

☞ 服务形式多种多样，实践岗位无处不在，你近期有没有参加一项服务实践的计划？写出来，与他人分享。

学会做事 LEARNING TO DO

☞ 你正在从事或将要从事的职业是什么？________。在你的工作岗位上，你准备如何做一个优秀的服务员？

学会做事 LEARNING TO DO

☞除了在工作岗位上之外，在家庭、在学校、在社会生活的各个场合中，我们都在扮演着服务者的角色。在这些场合中，你打算怎样做一个优秀的服务员？

在家里	在学校	在社会生活中

拓展阅读

企业“5S”管理服务理念

“5S”是指“微笑（SMILE）、迅速（SPEED）、诚实（SINCERITY）、灵巧（SMART）、研究（STUDY）”五个词语的英文首字母的缩写。“5S”理念是最具代表性的服务文化创新，不仅具有人性化十足的时代特点，还具备相当的可操作性。

微笑：指适度的微笑。导购员要对顾客有体贴的心，才可能发出真正的微笑。微笑可以体现感谢的心与心灵上的宽容，笑容可以表现开朗、健康和体贴。

迅速：指动作迅速。它有两种意义：一种是物理上的速度，即工作时尽量快些，不要让顾客久等；二是演示上的速度，导购员诚意十足的动作与体贴的心会引起顾客满足感，使他们不觉得等待时间过长，以迅速的动作表现活力，不让顾客等待是服务好坏的重要衡量标准。

诚恳：导购员如果心存尽心尽力为顾客服务的诚意，顾客一定能体会得到。以真诚不虚伪的态度工作，是导购员的重要基本心态与为人处世的基本原则。

灵巧：指精明、整洁、利落。以干净利落的方式来接待顾客，以灵巧、敏捷、优雅的动作来包装商品，以灵活巧妙的工作态度来获得顾客信赖。

研究：要时刻学习和熟练掌握商品知识，研究顾客心理以及接待与应对的技巧。平日多努力研究顾客的购物心理、销售服务技巧，多学习商品专业知识，就不仅会在接待顾客的层面上有所提高，也必定会有更好的成绩。

模块 16　正确和公正的行为

一个品学兼优的小伙子放弃了学业，只身外出打工挣钱——他要为身患重病的母亲治病；一个刚刚脱贫的农民救助了 50 多位贫困学生，而自己积劳成疾，却无钱治——他把幸福的希望送给了孩子；一个吃百家饭长大的孤儿博士后，放弃了国外高薪的诱惑，毅然回到了自己的家乡——他要用自己的才华回报当年养育他的父老乡亲。

在人生的十字路口，我们必须学会选择。有时候选择是美丽的。

道德是人们心灵深处的航标，高尚的道德引导人们选择正确和公正的行为。选择的权利就在我们自己的手中。运用选择的力量，做自己命运的船长、灵魂的舵手。

一、心灵深处的航标

人生就是选择。小到公交车上让不让座，面对考试是作弊还是展现真实，盛怒之下是拔刀相向还是冷静处理；大到选择什么样的教育，应聘什么样的工作，危险降临时是救人还是自救。在人生的十字路口，向左转？向右转？一念之差，往往带来天壤之别。选择是开启人生命运之门的钥匙，谁学会了选择，谁就掌握了命运。

不同的人有不同的选择。即使置身相同的处境，面对相同的情况，不同的人所作出的选择往往也大相径庭。

案例 16-1　《危难之际方显现英雄本色》　2008 年 5 月 12 日，四川汶川发生强烈地震，波及绵竹。在地震中，东汽中学一栋教学楼顷刻坍塌。当时，谭千秋老师正在这栋教学楼的教室里上课。危急时刻，他用双臂将四名高二一班的学生紧紧地掩护在身下。13 日晚上，当人们从废墟中将他扒出来时，他的双臂

还张开着，趴在课桌上，手臂上伤痕累累，后脑勺被楼板砸得凹了下去，献出了年仅51岁的生命，而四名学生则在他的保护下成功获救。千秋老师用自己的行动诠释了“摘下我的翅膀，让它助你飞翔”的信念，诠释了一个伟大教师的默默无闻贡献的高尚品格！

谭千秋孝敬父母，关心弟弟妹妹，热心公益事业。他对学生非常关心，哪怕是操场上有一颗小石子，他都要捡开，怕学生玩耍的时候摔倒，被同事们称为“最疼爱学生的人”。他的老师湖南大学柳礼泉教授说：千秋的质朴、纯真、憨厚，还有他的那种感恩情怀，让我们丝毫不惊诧他那一刻的勇敢抉择。中南大学教授张功耀说：千秋一生不为名、不为利、不苟且、不阿谀，也正是这种傲骨和正气，才能在危难之际显现出英雄本色。

☞想一想：是什么力量支撑着谭千秋在危难时刻做出如此惊人之举？

学会做事 LEARNING TO DO

☞谈一谈：英雄教师谭千秋在危难时刻翼护自己的学生，用自己的生命换来了学生的生命；然而，在同样的情境之下，也有人为了自己活命而置学生生命于不顾。为什么在同样的情况下不同的人会选择不同的行动？

学会做事 LEARNING TO DO

影响人们作出不同选择的因素有很多。不同的立场、不同的利益从根本上决定着人们的选择；不同的性格、不同的人生经历直接影响到人们的选择；不同的世界观、不同的价值观、不同的人生观、不同的道德意识和道德标准决定着人们选择的方向。其中，道德意识是人们心灵深处的航标，引导人们选择正确和公正的行为。因此,培养善良的道德意识,形成高尚的道德情操,是现代公民的重要品质。

二、道德困境下的抉择

1. 道德认识与情感:陷入两难困境的两个诱因

案例 16-2 《戒不掉的网瘾与酒瘾》 中学生小吴原本是个品学兼优的好学生。自从迷上网络游戏,成绩一落千丈。父亲因车祸丧失劳动能力,还欠下一屁股债,母亲靠在工地上做小工维持生计。小吴为了上网,编造各种学校收费名目,多次从母亲手里骗钱。后来,干脆把学费也花在网吧里。最后,他敲诈低年级同学并将其殴打致残,事发后被公安机关依法拘捕。

在公安机关审讯过程中,小吴说过这样一段话:"当初,我也知道,迷恋网络游戏有害,妈妈挣钱不容易,骗妈妈的钱我心里也不是滋味;我也知道,敲诈是违法的,但网瘾上来,我顾不了那么多了。"

八荣八耻

以热爱祖国为荣,以危害祖国为耻;
以服务人民为荣,以背离人民为耻;
以崇尚科学为荣,以愚昧无知为耻;
以辛勤劳动为荣,以好逸恶劳为耻;
以团结互助为荣,以损人利己为耻;
以诚实守信为荣,以见利忘义为耻;
以遵纪守法为荣,以违法乱纪为耻;
以艰苦奋斗为荣,以骄奢淫逸为耻。

"人之初,性本善。"之所以会有许多两难选择,是因为"人人心中有杆秤",这杆秤就像一台道德的天平,不时自我称量内心,引发灵魂之争,导致情感内战,使人陷入欲罢不能、不罢不行的两难境地。从这个意义上看,处于两难境地的人,应该是具有一定道德水准的。

伦理学告诉我们,人们的道德养成和发展包括道德认识、道德情感、道德意志和道德行为四个阶段。道德认识指人们对客观存在的道德关系、原则和规范及执行它们的意义的认识。形成道德认识是道德养成与发展的第一阶段,是一个明善恶、辨是非,认知标准的阶段。所谓道德情感,是指人们运用一定的道德标准评价自己或他人的行为时所产生的一种情感体验。产生积极的道德情感是道德养成与发展的第二阶段,是知荣辱、辨毁誉,构建道德天平,进行自我称量,引发行为动机的阶段。

因此,只有那些形成一定道德认识、产生道德情感的人,对是非善恶、荣辱毁誉有内心感受和判断的人,具有趋善避恶、希望上进的内驱力的人,才有在道德

行为选择时陷入两难困境的可能。

☞ 想一想：小吴知道上网不好，可他们为什么戒不掉网瘾？要作出正确的抉择，除了必须懂得什么是正确和公正的以外，还需要什么？

学会做事 LEARNING TO DO

2. 道德意志和行动：走出两难困境的两大法宝

要走出两难困境，只明善恶、知荣辱是不够的。因为道德认识阶段只是明确了标准，道德情感阶段也不过是产生了动机。这时的标准和动机是缺乏约束的，需要道德意志来强化，通过道德行为来升华。良好道德品质的形成是道德认知、道德情感、道德意志和道德行为共同作用的结果。

在两难困境中作出正确和公正的选择，是很困难的，甚至是痛苦的，是对道德意志的考验和磨炼。所谓道德意志，是指人们在践行道德行为的过程中所表现出的韧性与品格。它表现在两个方面：其一是善良动机经常能够战胜不良动机；其二是排除内外障碍，坚决执行由道德动机引出的行动决定。顽强的意志可以帮助人们排除干扰，战胜挫折，持久地践行自己所崇尚的道德行为，并养成良好的习惯，直至定型为优秀的品格的基石。

在两难困境中作出正确和公正的选择，是必须的，也是艰苦的，要以道德行为来体现和升华。所谓道德行为，是指人们在一定道德意识支配下表现出来的有道德意义的活动。动机和愿望只有和行为结合起来，才有实际意义，只想不做是“乌托邦”式的空想。意志和品质只有在实践中才能得以磨炼和升华。没有行动就走不出困境，行动是走出困境、走向正确和公正的标志，也是品质形成和行为选择的标志。

三、十字路口的思量

1. 考量自我，晾晒灵魂

案例16-3 《士兵皮特的岔道口》 士兵皮特不善于长跑，在一次越野赛中很快被落在后面，一个人孤零零地跑着。转过了几道弯，遇到了一个岔道口：一条路，笔直而且平坦，但标明是军官跑的；另一条路，崎岖而且泥泞，标明是士兵跑的。他停顿了一下，虽然对军官连越野赛都有便宜可沾感到不满，但他还是朝着士兵的小径跑去。半小时后，他到达了终点。出乎他意料的是，他跑了个第一名。长官祝贺他取得了比赛的胜利。又过了一个小时，大家陆续赶到了，他们都跑得筋疲力尽。看见赢得了胜利的皮特，突然，大家醒悟过来——在岔道口诚实守信是多么重要！

> “慎独”是古人倡导的一种自我修身的方法，指人们在个人独处的时候，也能严于律己，谨慎地对待自己的所思所行，防止有违道德的欲念和行为发生，从而使道义时时刻刻伴随主体自身。

☞ 皮特的胜利给我们什么启示？在做一件事情之前，你是否会思考下面的问题：这件事情对我很重要，这样做能给我带来许多好处；这是一件正义的事情，这样做是正确的。还是你从不考虑这些问题。

学会做事 LEARNING TO DO 

☞ 一事当前，影响你作出道德抉择的因素有哪些？反观自己，你具备哪些优秀的品格？

学会做事 LEARNING TO DO 

☞ 回顾一下，你有没有遇到过难以抉择的事情？是怎么选择的？请对你当时的选择进行评价。

学会做事 LEARNING TO DO 

2. 道德对话,体验冲突

案例16-4 《"回扣"的诱惑》 H先生是一位银行投资家。1994年,他与某国一位政府官员洽谈一笔5亿美元股份投资生意,这项投资将用于这个国家的公用设施。当时,他为这笔合同已经投资了1000万美元。谈判进行到最后,这位政府官员提出了一个要求:给他回扣……

☞如果是你,你会答应这位官员的要求吗?你的心中一定充满着矛盾。静静地坐下来,默默地感受内心的思考过程。你可以想象有两个小人儿:一个代表着正确的道德意识,一个代表着错误的道德意识,他们围绕着上面的问题展开对话……

对话结束,把两个小人儿的对话整理下来。对话要尽量流畅、自然。然后与同伴交流和分享各自的道德对话。

学会做事 LEARNING TO DO

☞思考下列问题:

(1)在你内心斗争的两个力量是什么?哪边力量占上风,这说明了什么?

学会做事 LEARNING TO DO

(2)通过思考,你如何评价自己的正直和诚信意识?哪些因素可以帮助正直和诚信的强化?

学会做事 LEARNING TO DO

四、气有浩然，择善而行

在多种行为选择中，作出最正确、最公正的选择有两种境界：一种是在正确标准指导下的有意识选择，另一种是在潜意识引导下的习惯性选择。两种选择方式及结果都是积极的，但后一种显然处于更高境界，是在前一种选择基础上，不断潜移默化所达到的"随心所欲不逾矩"的境界。

1. 权衡比较，让选择接近公正

遇到道德两难问题时，有意识选择正确和公正的行为不难，难的是要有选择标准和选择的意识。在选择标准上，我们可以按下列指导行事：

(1)尽可能地做到利益最大化和损失最小化；

(2)尽可能地尊重和照顾到相关各方的态度和利益；

(3)尽可能地维护大家的共同的利益，顾全大局；

(4)符合道义，而且能够促进和弘扬伦理道德和公平正义。

2. 自我修养，让向善成为秉性

要达到"随心所欲不逾矩"的境界，有一个自我修养的过程。持之以恒，事事处处按正确和公正的标准选择自己的行为，就能养成习惯，升华品格，举手投足间彰显出个人的人格魅力。

☞ 我承诺：为了升华个人品格，我要坚持做正确的事情，一直如此，永远如此！为此，我坚持每天必须做好下面这些事情：

(1)____________________________

(2)____________________________

(3)____________________________

☞ 我承诺：为了维护我的人格，我要尽最大努力克服缺点，坚持做正确的事情，下面这些事情，我从此以后坚决不做：

(1)____________________________

(2)____________________________

(3)____________________________

核心价值观四：

创造力

创造力是进行原创性思维和表达的能力。即把新的观点和想象用前所未有的方式进行实践，并且变为现实的能力。

想象力、创新和灵活性：设想那些现实中尚不存在的图景，用新的方法改变思维方式和经验以解决问题的能力。

主动性和创业精神：一种冒险和争取新机会的愿望，以及开创并管理一个企业的能力。

生产力和效用性：着手进行和完成任务的动力，根据目标、标准和期望实现高质量产品和高质量服务。

质量意识和时间管理：指在既定时间和高标准框架下，完成任务并达到预期效果的能力。

模块17 构建创新的工作文化

当阿基米德披着浴衣从澡堂里跑出来的时候，他宣布：一个新的定律被发现了。当法拉第从磁场和线圈中感应出交流电的时候，他宣布：一个电力时代到来了。当爱迪生点亮了人类第一盏钨丝灯的时候，人们发现：发明创造是一件多么快乐的事情！当袁隆平以他的研发推动解决了人类四分之一人口的吃饭问题的时候，我们发现：钻研创新是多么的重要！

创新是一个民族进步的灵魂，是一个国家兴旺发达的不竭动力。

一、创新无处不在：出路所在，活力之源

创新是民族进步的灵魂，是国家兴旺发达的不竭动力。人类数千年的发展史就是一部不断突破陈规、创造创新的历史。当前，面对激烈的国际竞争，一个国家、一个民族能否在未来世界格局中赢得一席之地，关键是看有没有强大的、可持续的创新能力；要实现产业结构的优化升级，实现国民经济又好又快地发展，迅速提高综合国力，实现中华民族的伟大复兴，关键是创新。

1. 什么是创新

所谓创新，是指人们根据一定目的和任务，运用一切已知的条件，产生出新颖、有价值的想法，并把它转化为具体成果的行为模式。所谓具体成果，既包括新产品、新材料，也包括新工艺、新方法，还包括新思想、新观念、新理论、新制度、新机制等等。

技术变革经济学创始人熊彼特从企业创新的角度，于1939年提出：创新是指企业家实行对生产要素的新组合。他列出了五种创新：

(1)引入一种新产品或提供一种新的产品质量；

(2)开辟一个新市场；

(3)找到一种原料的新来源；

(4)发明一种新工艺流程；

(5)采用一种新企业组织形式。

从一般意义上看，创新主要有七种：思维创新、产品(服务)创新、技术创新、组织与制度创新、管理创新、营销创新、文化创新。各种形式的创新，都具有以下特点：

目的性：任何创新活动都有一定的目的，这个特性贯彻于创新过程的始终。

变革性：创新是对已有事物的改革和革新，是一种深刻变革。

新颖性：创新是对不合理因素的扬弃，革除过时的内容，确立新事物。

超前性：创新以求新为灵魂，是从实际出发、实事求是的超前。

价值性：创新有明显、具体的价值，具有一定的经济效益和社会效益。

2. 创新的难与不难

并不是所有创新都必须是重大发现与发明，有时候一个简单的创意就能使事物面貌焕然一新，问题迎刃而解。

案例 17-1 《金门大桥的启示》 20 世纪 40 年代，美国旧金山金门大桥经常堵车，管理部门伤透脑筋也解决不了，便向社会悬赏征集解决方案。一时各界踊跃献计献策：有的提出再修一座大桥；有的提出加宽桥面；有的提出搞成双层车道，一层过去，一层过来。但其中有一个方案出奇的简单：根据大桥车流上午到市里的量大，下午到岛上的量大的特点，建议将大桥中间的隔离栏变成活动的，上午左移一条车道，下午右移一条车道。此方案采纳后，大桥堵塞的问题竟一举解决。

☞讨论：以上案例中的创新难吗？为什么？

学会做事 LEARNING TO DO

☞说一说你见到或听到的创新实例。

学会做事 LEARNING TO DO

3. 创新是组织崛起的灵魂

创新是企业提高综合竞争力，在日益激烈的市场竞争中生存和发展的关键。美国著名的福特汽车公司前总裁亨利·福特说："不创新，就灭亡。"

案例 17-2 《海尔的创新》 海尔以近乎完美的形象成为中国企业在世界上的代表，海尔首席执行官张瑞敏对"海尔现象"的解释只有四个字：速度、创新。

海尔的管理创新 最近，海尔集团开始实施独创的"人单合一"管理模式，实施全员创新。海尔按照信息化时代的要求，改变原来上下级垂直管理的企业组织结构，使之扁平化，让每个员工都必须面对市场的目标，创造市场价值。这样一来，海尔集团的战略会落实到每一位员工身上，而每一位员工的策略创新又会保证整个集团战略的实现。他们把传统的"领导说、群众干"，一呼百应的模式，转变成每个人直接面对市场的自主创新模式。这个模式正在引起美国、欧洲一些商学院的关注，被他们做成了案例进行研究。

海尔的技术创新 当前，技术创新与研发正成为中国企业生存与发展的瓶颈。海尔作为民族品牌的代表，在这方面走在了国内的前列，目前海尔平均每天会创造 1.75 个新产品和 2.8 个专利。在技术创新的作用下，海尔的新产品层出不穷、不胜枚举，如"手搓式"洗衣机、不用洗衣粉的洗衣机、"防电墙"热水器、负离子＋多元光触媒空调等等。

海尔的管理创新和技术创新带来巨大的市场和丰厚的利润，并成就了海尔在中国家电行业的王者地位。然而创新之路没有终点，凭借创新成为全球知名白色家电制造商的海尔，现在正在为它的创新再度升级。

☞海尔的创新体现在哪些方面？创新给海尔带来了什么？

学会做事 LEARNING TO DO

4. 创新是个人成功的法宝

创新是个人成长进步的不竭动力。创新意识和创新能力是个人素质的重要内容，是应对各种复杂局面、战胜各种困难和挑战的重要前提，是激发个体潜能、创造更大业绩、实现人生价值的基本保证。

案例 17-3 《当代毕昇——王选》 北京大学教授王选院士被誉为"当代毕昇"、"汉字激光照排之父"，他的发明使中文印刷业告别了"铅与火"，跨进"光与电"的时代。可是他的成功并不是一帆风顺的。由于汉字激光照排研究是一个真正意义上前无古人的事业，不但要求科学家具有广博的科学知识，更要有敢于在别人不曾走过的原野里独辟蹊径的勇气。"因为它的难度和价值吸引了我"。没人知道王选初涉这一领域时的艰辛。为了广泛查阅资料，王选往返于北大至科技情报所之间，每次两角五分的公共汽车费都舍不得花，常常提前下车步行一站。由于缺乏经费，他也常常用手抄代替复印。

起初他的方案并没有得到专家组的认可，但他并没有放弃目标而是更加投入。据王选后来回忆，在1976年到1993年的17年中，为了攻克激光照排技术难关，他几乎放弃了所有节假日，将每天分成上午、下午、晚上三段工作时间，奋勇进取。正是由于王选的锲而不舍，甘于寂寞，一边与病魔作斗争，一边艰难地耕耘在无人开垦的领域，17年后他的发明终于取得成功，把我国印刷业发展历程缩短了整整半个世纪，从而创造了一个汉字印刷革命的神话。

☞想一想，什么样的精神状态有利于从事创造性活动？请用几个关键词或者短语描述出来。

学会做事 LEARNING TO DO

______

______

______

______

5. 小人物也能创新

创新离我们并不遥远，创新就在我们身边；创新并不神秘，人人都能成为创新者。只要你有一颗锐意开拓的心，只要你有一双善于发现的眼睛，只要你能突破心智的枷锁，展开思维的双翼，你就能成为一个了不起的创新者。

案例17-4 《人有"绝活"天地宽》 在人才竞争异常激烈的今天，"一招鲜，吃遍天"的人才，越来越受到用人单位的青睐。这类"一招鲜"其实就是平时我们所说的绝活。

1976年，许振超刚开吊机时，由于技术不熟练，矿石装火车撒漏较多，队友用于打扫的工作量很大，也给货主带来了损失。他看了心痛，每次作业完毕，别的司机下车了，他自己则留在车上反复练习。几个月后，一钩矿石抓起，稳稳地落在车厢内，既快又

无撒漏，被队友们称为“一钩准”。许振超时常说：“咱当不了科学家，但可以练就一身‘绝活儿’，做个能工巧匠，这才无愧于时代，无愧于港口的培养。”

桥吊司机被戏称为“铁匠”，因为十几吨的吊具落下，锁头对锁孔，难免磕磕碰碰，搞得砰砰响。许振超对此一直“耿耿于怀”，这样既影响货物安全，又损伤机械，能不能无声响作业呢？

桥吊的司机室距地面50多米，从上往下看，集装箱的4个锁孔小得像针眼，但许振超通过控制小车水平运行速度和观察吊具垂直升降之间的角度，反复练习，渐渐达到人机合一的境地。操作中，他用眼上瞄吊具锁头，下扫集装箱锁孔，手握操纵杆变速跟进找垂线，就能准确定位，既轻又稳，既准又快，终于练就了满意的操作方法——“无声响操作”。这使桥吊的故障率大幅下降，以前桥吊70%的故障发生在吊具上，“无声响操作”实施后，这个比率下降到了不到30%。

案例17-5 《“大导演”是怎么诞生的》 湖北有个叫阿正的年轻人，本是一位钳工，下岗后开了个婚庆摄像的数码刻录店，生意清淡。摄像中一些家庭的表演欲望，启发了他拍摄家庭电视短剧的想法。他不再一切照搬地拍摄录像，而是因地制宜地为人家编出剧本，设计情节，拍成短剧。这一创新，使他很快成了当地民间欢迎的“大导演”，小店的生意十分红火。如今他又借用中外名著的经典故事，为不同的家庭拍摄不同的短剧，忙得不可开交。

案例17-6 《一个面点小伙的表演艺术》 来京打工的孙安强本是一个普通的面点伙计，可他爱动心思，他琢磨改变面粉与配料和水的比例，在抻面中融入舞蹈的动作、武术的招式，使枯燥、简单的抻面具有了趣味和观赏性。起源于汉代已有2000多年的中国抻面，在他手上成了一门实用的表演艺术，他独创的“艺术耍面”大受中外宾客的欢迎。

☞想一想：“我心目中的创新？” 结合上述普通人的创新活动和你现在正在从事的工作，想一想，在工作生活中，你觉得哪方面比较得心应手？哪些方面比较棘手？存在哪些需要改进的环节？你有什么想法吗？你觉得你能创新吗？

学会做事 LEARNING TO DO

二、创新:智慧和勇气的挑战

1. 伯德和布郎的创新公式

在我们的实际工作中,创新和创造经常被混用,但二者是有区别的。一般说来,创造的根本含义是创意,需要一定冒险精神来进行"破框思维";而创新是把创意转化为具体成果的路径,实际上就是创造的方法和途径。从结果上看,创新是创造的杠杆。为了说明这一区别,伯德和布朗提出了一个关于创新的公式:

创新=创造力+冒险

案例 17-7 《男人不得入内》 前几年在山西太原出现过一家独特的商店,门前牌子上写了六个醒目的大字:"男人不得入内。"这家商店不卖男性用品,也不接待男顾客。该店的经理说:"这是为了给女顾客创造一个满意的购物环境。"他发现,许多女顾客不能在商店里尽兴地试穿她们所想买的衣服,尤其是面料轻薄的夏装。曾有不少关心商店的人担心,把占顾客一半的男性都拒之门外,会大大减少顾客数量,影响销售额。事实不然,这一标新立异的做法,加上良好的环境和服务,使这家不处在商业闹市区,而处在一栋非商业建筑第三层的服装店,每月的营业额比太原市同等规模的服装店要高出数倍。

以后咱下方形的蛋

什么是创造力?创造学的奠基人奥斯本认为:创造力就是通过想象得出新设想、创造新事物、解决新问题的能力。爱因斯坦认为,创造力=知识+想象力。

还有人认为，创造力是个性积极的人所拥有的在创造性活动中取得创造性成果的能力。

显然，创新不仅需要勇气，还需要智慧。创新过程中的冒险，不是毫无道理的蛮干，而以灵感和想象力为契机，灵感的爆发、想象力的发挥则是建立在经验、知识以及科学的思维方法基础之上的。

2. 人的创造天赋

处处是创造之地，天天是创造之时，人人是创造之人。创新是人的本能，创造是人的天赋。著名创造学专家乔丹在他有关创造力《啊哈》的代表作中指出：人的创造天赋取决于四个要素（CORE）：好奇心、开放、风险和能量。人们通常分别用这四个英语单词 Curiosity、Openness、Risk、Energy 的首字母 CORE 来表示。

所谓好奇心，是指提出问题的能力，产生持久的兴趣，遇事爱问“为什么”或“否则会怎样。”

所谓开放，是指灵活的思考，对新事物持积极的关注态度。

所谓风险，是指敢于走出自己舒适区，开辟一条新道路的勇气。

所谓能量，是指工作的动力和渴望，并将热情融入工作之中，好像有使不完的劲。

人生的发展阶段、所处环境、所受的教育不同，会影响人的创新能力和创造天赋。乔丹认为，每个人都有内在的创造力，这个创造力不是被激发就是被埋没。我国著名教育家陶行知说：“教育不能创造什么，但它能启发解放儿童创造力以从事于创造之工作。”

案例 17-8 《两次测试同一个结果》 一次，一位老师做了一个测试：他问高二的学生：“花儿为什么会开放？”得到的是异口同声的回答：“因为天气暖和了。”可当他拿着同样的问题去问幼儿园的小朋友时，却得到了几十种不同的答案。有的孩子说：“花儿睡醒了，想出来看看太阳。”有的孩子说：“花儿一伸懒腰，就把花朵顶开了。”有的孩子说：“花儿想跟小朋友比一比，看哪一个穿的衣服更漂亮。”有的孩子说：“花儿想看一看，有没有小朋友把它摘走。”有的孩子说：“花儿也有耳朵，它想出来听听小朋友们在唱什么歌。”这位老师不由得感慨万千：“我们的教育在使学生学会实事求是的同时，也扼杀了他们的大部分想象力。”“孩子们入学时像问号，毕业时却像个句号！”

另一个是：老师用粉笔在黑板上画一个圆圈，请被测试者回答这是什么。当问到机关干部时，他们一个个面面相觑，都用求救的眼光看着在场的领导。领导沉默许久，说道：“没经过研究，我怎么能随便回答你的问题呢？”当问到大学中文系学生时，他们哄堂大笑，拒绝回答这个只有傻瓜才回答的问题。当问到初中生时，一位尖子生举手回答："是零。"一位差生喊道："是英文字母 O。"他却遭到班主任的批评。最后，当问到小学一年级的学生时，他们异常活跃地回答："句号"、"月亮"、"烧饼"、"乒乓球"、"老师生气的眼睛"、"我家门上的猫眼"……

事后，人们给这个测试起了个题目："人的想象力是怎样丧失的？"

三、创新的最佳体验

米哈依·斯克赞米哈里夫 1976 年提出了关于创新的最佳体验理论——流理论。"流"最初被定义为个体投入某种活动的个体感觉。当个体处于流体验状态时，会被所做的事情深深吸引，心情非常愉快，并感觉时间过得很快，进入一种最佳体验状态。这种最佳体验具有以下特征：

(1)玩乐的感受：喜欢做某件事情并乐此不疲，感觉就像玩儿一样。

(2)受控制的感觉：吃饭、睡觉都在想着这件事情，就像着魔一样。

(3)注意力高度集中：排除干扰，专注做事，极其投入。

(4)精神享受：陶醉于挑战的刺激，陶醉于成功的愉悦。

(5)失真的时间感：感到时间过得太快，不够用。

(6)工作挑战与自身技能的较量：挑战一切困难，挑战自身极限，想尽千方百计，在工作与技能的较量中不服输，务求成功。

北京大学的一位学者在讲到"流理论"时，把流体验状态与幸福、技术水平(能力)和人的三种情绪(冷漠、焦虑、苦闷)进行了比较研究。

如果任务没有挑战性(－)而且我的技术水平低(－)＝冷漠；

如果任务很艰巨(＋)而且我的技术水平低(－)＝焦虑；

如果任务没有挑战性(－)而且我的技术水平高(＋)＝苦闷；

如果任务很艰巨(＋)而且我的技术水平高(＋)＝幸福。

这样就把流体验状态，解释成了人们在工作中的一种愉悦感、幸福感，可以说是中国版的流理论。

☞想一想，你在做哪件工作时，曾经产生过幸福感、愉悦感？当时的情形是怎样的？请说出来与同伴交流分享。

学会做事 LEARNING TO DO

四、走近创新

1. 你是创新型人才吗

☞你的创新意识如何？生活中有些人循规蹈矩、墨守成规，而有的人则喜欢求新求变，喜欢不断地去尝试、去创造。完成下表，看看你的创新意识如何。

你对下述观点是否认同	A 非常 同意	B 比较 同意	C 稍许 同意	D 不太 同意	E 很不 同意	F 极不 同意
印在纸上的主意、想法，其价值还不如印它们的纸张						
世上有两种人：一种人追求拥护真理，另一种人排斥真理						
大多数人并不知道什么才是对他有益的。人生的大事就是去做自己认为重要的事						
要了解事情的演变情形，唯一的途径就是我们信任的领导人或专家						
在当代论点不同的所有哲学家当中，有可能只有一两位才是正确的						
大多数人根本不会替别人稍微设身处地地想一想						

续表

最好听取自己所尊敬的人的意见再作判断和决定						
唯有投身追求一个理想,生命才变得有意义						
当有人顽固不肯认错时,我就会很急躁						

计分方法:A是1分,B是2分,C是3分,D是4分,E是5分,F是6分。

说明:得分在0~18分,创新意识很低;得分在19~40分,创新意识中等;得分在41~60分,创新意识较高。

☞你的创新能力如何?

问　题	选项		问　题	选项	
	是	否		是	否
听别人说话时,你总是专心倾听			总是对周围的事物保持好奇心		
完成了上级布置的某项工作,你总是有一种兴奋感			从事带有创造性的工作时,经常忘记时间的推移		
观察事物向来精细			能够主动发现问题,以及和问题有关的各种联系		
你在说话以及写文章时经常采用类比的方法			能够经常预测事情的结果,并正确地验证这一结果		
你总是全神贯注地读书或绘画			总是有些新设想在脑子里涌现		
你从来不迷信权威			有很敏感的观察力和提出问题的能力		
对事物的各种原因喜欢寻根问底			遇到困难和挫折时,从不气馁		
平时喜欢学习或琢磨问题			在工作上遇到困难时,常能采用自己独特的方法去解决		

续表

经常思考事物的新答案和新结果			在问题解决过程中找到新的发现时,你总会感到十分兴奋		
能够经常从别人的谈话中发现问题			遇到问题,能从多方面、多途径探索解决它的可能性		

计分方法:选“是”得1分,选“否”不得分。

说明:得20分,证明你的创新力很强;得16~19分,证明你的创新力良好;得10~13分,证明你的创新力一般;得10分以下,证明你的创新力差。

☞你的创新思维能力如何?任何创新活动,都离不开创新思维。完成下表,看看你的创新思维能力如何?

评价项目	A 是	B 不确定	C 不是
你认为一个事物从多个角度比喻来进行解释,是很简单的事情			
无论什么问题,让你产生兴趣,总比让别人产生兴趣困难得多			
你认为所有的事情如果都有一个现成的规则来指导怎么做,比需要去摸索好			
你常常凭直觉来判断问题的正确与错误			
你善于分析问题,但不擅长对分析结果进行综合、提炼			
多数人认为你审美能力较强			
周围的人总是认为你点子很多,而且点子常常得到认同			
你喜欢那些一门心思埋头苦干的人			
你不喜欢提那些被人们认为不着边际或者异想天开的问题			
你喜欢不断地尝试新环境和更换新东西			

☞综合评价:通过上述三个方面的评价,你认为自己是个创新型的人才吗?你对自己哪些方面比较满意?你对自己哪些方面不满意?如何改进?

学会做事 LEARNING TO DO

2. 创新地生活

从个人的角度,如果感觉自己在创新方面有所欠缺,那么请注意在以下方面作出调整:

(1)创新需要一种积极健康的精神状态。创新的敌人,往往存在于自己的心智之中,你是否具有这样的心态是能不能有所创新、有所发明、有所创造的关键。

(2)创新需要"破框思维"。墨守成规,不敢越雷池一步,就会把自己的观念与思维囚禁在旧的模式和框架中。要创新,必须敢于"破框",勇于突破心智的枷锁,解放思想,推陈出新。

(3)创新需要独立思考,敢于质疑,敢于挑战权威。创新需要知识,要不断学习,不断充实自己;创新要有主见,学会独立思考,不能人云亦云;创新需要质疑精神,善于发现问题,敢于质疑,大胆假设;创新需要严谨的科学态度和实证精神,反复实验,小心求证;创新是对传统的突破和对权威的否定,既需要闪烁着真理光芒的真知灼见,也需要捍卫科学、崇尚真理的无畏精神。

案例 17-9 《在权威的光环面前》 1900 年,著名教授普朗克和儿子在自己的花园里散步,他神情沮丧,很遗憾地对儿子说:"孩子,十分遗憾,今天有个发现。它和牛顿的发现同样重要。"他提出了量子力学假设及普朗克公式。他为这一发现破坏了他一直崇拜并虔诚地信奉为权威的牛顿的完美理论感到沮丧。他终于宣布取消自己的假设。人类本应因权威而受益,却不料竟因权威而受害,由此使物理学理论停滞了几十年。

后来,25 岁的爱因斯坦敢于冲破权威圣圈,大胆突进,他在普朗克假设的基础上向纵深引申,提出了光量子理论,奠定了量子力学的基础。随后又锐意突破了牛顿的绝对时间和空间理论,创立了震惊世界的相对论,一举成名。

☞ 在你心目中,有哪些传统被认为是天经地义、不可动摇的?有哪些权威被认为是真理的化身、毋庸置疑的?试着提出你的质疑。

学会做事 LEARNING TO DO

(4)创新需要一双洞察秋毫、从细节中发现机会的明亮眼睛。管理大师彼得·德鲁克说:"行之有效的创新在一开始可能并不起眼。"许多发明创造无非就是细节的改进,细节的不断改进和日益完美照样能够产生惊人的效益;许多伟大

的创新往往也是从细节的改变开始的，细节照样能够成就伟大的发明；细节是一切机会之门，几乎所有的创新都是从细节中发现问题、从细节中捕捉到灵感的。

案例 17-10 《小细节成就大市场》 把拉链翻一面，你会看见什么？大多数人觉得这个问题很普通，但这恰恰是隐形拉链的基本原理。浔兴股份公司总裁施能辉说，创新其实不神秘，在某种意义上还挺简单。用在女孩身上的隐形拉链非常受欢迎，很有市场空间。这种拉链将金属链条隐藏在衣服背面，而衣服正面却看不见链条。把拉链放大和隐形拉链同样独到。浔兴一款用在背包上的大拉链，比普通拉链大上几倍。许多人看到这个大拉链的包，觉得很特别。收获的不仅是销量，在价格上普通拉链的背包，卖几十元，但是大拉链的背包可以卖到100多元。施能辉说，这个新产品创造了很高的效益，其实并不神秘。

☞环顾你的周围，找寻那些可以给我们带来灵感的细节，看看能创新出什么？

细　节	问　题	创新的灵感

3. 创新地工作

在组织中构建创新的工作文化，有利于激发员工潜能，提升员工整体素质，有利于激发组织活力，提高组织效能。

(1)为各种思想营造一个自由、开放、宽松的平台。善于倾听和理解不同的声音，学会站在不同的角度看问题，让各种观点相互借鉴和补充；不要嘲笑提出奇怪问题或说出另类答案的人，允许和尊重创造性思维的存在，让不同的思想自由地碰撞，才能擦出绚丽的火花。

(2)建立激励机制，造就尊重人才、鼓励创新的组织生态。给创新者崇高荣誉和优厚报酬，既是对创新者付出劳动的尊重，也是对其作出的贡献和创造价值的认可，既有利于调动创新者的积极性，也有利于营造一种鼓励创新的氛围。

(3)让创新成为每个员工的职责与习惯。创新需要更多地发挥每个成员间的协作效应，最大限度地激发每个人的创造力，培养员工的创新意识，提高创新能力，让创新成为一种职责和习惯。

(4)鼓励创新，宽容失误。失误不可避免，失误和失败既可以成为砥砺斗志的生动课堂，往往也成为启迪心智、引领成功的先导。我们在播下“鼓励创新”的种子的同时，不能荒芜“宽容失误”的土壤。

案例 17-11 某饲料加工企业曾经很红火，供不应求，价格也好。但近几年，公司效益急剧下滑，濒临倒闭。一开始，老板以为是整个市场大环境的原因，但后来，市场几次好转，他的公司非但未见扭亏，反而日渐衰落了。

忧心忡忡的老板请来了几名专家为公司会诊。专家们经过认真、详细的调查研究，终于找到病因：该公司当初一上马的时候，技术先进，管理科学，起点高，效益好；但随着时间的推移，设备逐渐落伍了，技术逐渐陈旧了；近几年，市场上动物饲料的配方不断改进，激素类的添加剂越来越少，但该公司的饲料配方没有跟上这一市场变化；市场竞争日益激烈，营销方式不断推陈出新，花样百出，但该公司的营销方式也没跟上市场的变化；传统的家族式、家长式的管理，松散的用工模式，员工缺乏稳定性，缺少责任感，员工整体素质不高，创新意识和创新能力不强，领导班子墨守成规，开拓意识不强。最后，专家为公司开出了一个方子：构建创新的企业文化，以创新赢得机会，以创新求得发展。

☞ 如果你是公司老板，请提出你构建创新的企业文化建议。

学会做事 LEARNING TO DO

☞ 结合本单位具体情况，拟定一份《构建创新型组织文化承诺书》。

学会做事 LEARNING TO DO

模块 18　学做创业者

有人宁可睡地板，也要当老板；有人宁可少挣钱，也不当老板。有人喜欢固定职业的安逸和稳定，有人喜欢自我创业的刺激和挑战。有人在商场摸爬滚打，几经挫折终成正果；有的人虽然历经艰辛，却终不济，甚至赔得血本无归。面对日益严峻的就业形势，越来越多的人选择了自主创业，用自己的智慧、胆略和意志打拼一片天下，展现自我魅力，实现自身价值。为了创业，你准备好了吗？

一、创业：一种积极的选择

创业是创业者通过发现和识别商业机会，利用各种资源，提供产品和服务，以创造价值的过程。创业者是那些能寻找变化并积极反应，把它当作机会充分利用起来的人。

1. 自我创业是可行的选择

和创新不同，创业虽然也强调开拓和创新的意义，但并没有强求一定要弃旧立新，开前所未有之业。从一定程度上讲，在前人的基础上有所成就和贡献，则更具有普遍性和现实意义，大多数创业者所做的工作，并不是开辟新事业，而是普及和推广新事业，使社会进步和发展的成果能为大众享用。

创业，也没有规模上的限制和要求。创建有相当规模的大公司是创业；作为开端和草创，开设小公司，办一家小商店未必不是创业；甚至沿街叫卖，上门推销也是人们创业的开始。创业是一个有丰富内涵的范畴。

创业是有层次性和梯度性的。成大业，泽被众生，造福群众，创业垂统以为继，是第一个层次；立新业，开前所未有之先河，辟出一片人类生存发展的新空间，是第二个层次；模拟创业，在已有领域和别人已有模式基础上，创办自己的公司，实现自我价值和人生目标，是第三个层次；就职创业，科学而有创意地选择适合自己的公司与行业，在其中磨炼摔打，以期有所成就，对社会作出应有贡献，是第四个层次。还有一种情况，就是谋生式的创业，在没有任何外部直接帮助的情况下，白手起家，从小生意做起，进行点点滴滴的经验和资本原始积累，完全靠自己的艰辛努力，从而事业有成，这可以说是第五个层次。

这种多层次性，决定着创业活动的普遍性和创业主体的广泛性，就是说创业并不难，人人可以创业，人人能够创业。所不同的只是不同的人，在不同的层次和条件下，以不同的形式各走自己的创业之路。

案例 18-1 《从擦皮鞋开始》 沾满油污的翻毛皮鞋，谁见了都会头疼，但晁勇用自己调制好的专用皮鞋喷剂喷在皮鞋的表面，然后用打火机“轰”的一声把皮鞋点着，双手十分娴熟地翻转皮鞋，数十秒后火焰熄灭了，他用一把专业擦鞋刷，刷去皮鞋表面上的灰尘和渣滓，然后又在皮鞋的表面喷了另一种喷剂，放进一个特制的烤箱。一个多小时后，他从烤箱取出皮鞋，进行抛光、防臭、防水处理后交到顾客手里，皮鞋焕然一新，如同刚买的一般。

他的事业就是从擦皮鞋开始的。1998 年，晁勇从西安外语师专毕业，在酒店做文案管理等工作。一天他突然在报纸上看到成都罗福欢“罗记擦鞋店”的报道，该店可以专业护理高档皮鞋。这在西安还是个空白呢。晁勇为此动心了，便下定决心要辞掉原来的工作出来自己创业，项目就是经营高级擦鞋店。

可是罗福欢无论如何不愿收他这个徒弟。但认定的路，晁勇不愿意轻易放弃。于是，一连三天，晁勇一直泡在店里，软磨硬泡，后来终于得到可以先在店里干一个月的机会。这样，晁勇一步一步地掌握了皮革护理的全套知识。

回到西安，晁勇投资四万元在古城西安南门里湘子庙街古香古色的牌楼下开起了自己的擦鞋店，凭借娴熟的技术和热情服务，踏实的晁勇很快得到了顾客们的好评，开店当月账面收支竟然持平。在接下来的几个月里很快赚回了本钱，并且还有了盈余。

☞ 小组讨论：从晁勇的创业经历中，你感受到了什么呢？

学会做事 LEARNING TO DO

2. 自我创业是时代的呼唤

21世纪是一个最注重个人发展的时代，也是创业的最佳时机。在我国，一方面，社会目前正处于大变革之际，世界科技革命的浪潮、知识经济的挑战以及激烈的国际竞争，国内改革创新风起云涌，社会经济、政治、文化等多元结构的转型与调整，都为创业者们提供了施展才华的广阔舞台。另一方面，为支持大学生创业，国家各级政府出台了许多优惠政策，涉及融资、开业、税收、创业培训、创业指导等诸多方面，鼓励、引导、帮助大学生自主创业，自我发展。

自我创业也是社会的需要。当前就业压力已经成为我国比较突出的矛盾。一方面就业机会有限，另一方面高校扩招后毕业生剧增，如何缓解严峻的就业形势？与其100个人去抢一个座位，还不如干脆给自己造一把椅子坐。自我创业主动适应社会需求，自谋职业，同时服务于社会，增加就业岗位，减轻国家负担，不失为缓解就业压力的最佳选择。

3. 自我创业是成长的天梯

就业是民生之本，而创业是就业的高级形式。与就业相比，创业具有更大的主动性和选择性，更符合自己的兴趣、爱好，更有利于发挥自己的特长；创业的压力可以激发自己的潜能，调动人的积极性、主动性和创造性，创造更多的价值；创业同时创造工作岗位，不仅解决了个人的就业问题，而且还会创造出更多的就业岗位给他人；创业高回报，有利于增加社会供给，增加社会财富，促进经济发展。近几年来，面对巨大的就业压力，一些人渐渐转变传统的就业方式，开始考虑自主创业，越来越多的人走上了自主创业之路。

案例18-2 《山东虫王艾宝荣》 济南大学计算机专业的女大学生艾宝荣，2000年毕业后，怀着对生活的美好憧憬踏入社会，多方求职，但均以失败告终，于是她决定自己创业。她摆地摊卖过凉席，开过肉食店……

后来一篇养虫子致富的报道引起了她的极大兴趣。为此，她又到山东省农业大学学习了养殖技术，2004年开始在家乡养殖黄粉虫。黄粉虫因含有非常高的蛋白质，被用作制作面包的添加剂或替代鱼粉做饲料。100斤虫种一年就可赚1万多元。她借了5000元钱进了第一批虫，几个月后，她赚到了1万多元钱。2005年上半年，艾宝荣的黄粉虫养殖已经形成了一定的规模，每月干虫产量30吨左右，干虫出口价格每吨4万元，收入相当可观。

2006年底，艾宝荣又意外地得到信息：养殖苍蝇利润更高，因为苍蝇蛋白质含量更高，而且自身含有一种抗菌物质，可减少家禽的得病率。2007年初，艾宝荣带回了一批苍蝇种，她建养殖房，购买养殖苍蝇的蚊帐。随着养殖场业务的不断扩大，艾宝荣设想打造一个生态养殖基地：用黄粉虫粪便养猪→用蝇蛆分解猪粪→从蝇蛆身上提取蛋白质饲养乌鸡。这一设想得到当地政府的支持，政府专门拨给她一块20亩的养殖基地。

如今，艾宝荣的生意做到了英国、韩国，她被当地百姓称为“山东虫王”。

☞艾宝荣的创业经历对你有什么启示？

学会做事 LEARNING TO DO

4. 自我创业是使命的承诺

创业是人的一种基本职责。作为社会的一员，就要对社会有所贡献。不是作为求职者，而是作为工作岗位创造者的人越多，安居乐业的人也就越多，社会就越稳定。每一个人都开创出了自己的一番事业，各自有所成就，社会才有进步和发展，事业有成的人越多，社会发展就越快。就这个意义上说，创业不是一种单纯的个人行为，而是每一社会成员的基本职责。同样，作为家庭的一员，“立业”和“齐家”相辅相成，无以为业，就难以齐家，事业红红火火，家才幸福美满。千千万万个以事业为基础的美满家庭，就构成一个繁荣稳定的社会。从这个意义说，人人要创业，以无愧于家国。

☞请你谈一谈就业和创业各自的优缺点有哪些？

学会做事 LEARNING TO DO

二、创业：一种有准备的选择

说到创业，很多人想到的是做老板的威严或气派，富贵或奢华，但透过这些

表面,创业者要应对各种难以想象的困难,你做得来吗?他们将身家财产投入到一个不可预测的项目中的勇气,你有吗?深陷危机、四面楚歌之时,又需调整情绪,带动整个公司满腔热情地完成工作,你有临危不乱的壮气吗?

一个成功的创业者,需要具备各方面的优秀素质,其中有的是先天形成的,更多地需要后天的挖掘和培养。

1. 素质准备

一名成功的创业者应该具备以下基本的素质。

(1)充满自信。信心是创业的动力。要坚信成败并非命中注定而是全靠自己努力,更要坚信自己能战胜一切困难。

(2)坚忍不拔:成功需要经验积累,创业的过程就是在不断的失败中跌打滚爬。只有在失败中不断积累经验,才有可能到达成功的彼岸。

(3)风险意识。创业往往是风险与机会并存。创业者必须敢于冒险,果断地尝试,缩手缩脚只能错失良机。

(4)创新精神。做生意要靠创意而不只是靠本钱!在竞争激烈的市场中,缺乏创新的企业很难站稳脚跟,改革和创新永远是企业活力与竞争力的源泉。

(5)诚实守信。创业者的品质决定着企业的市场声誉和发展空间。不守"诚信",或可"赢一时之利",但必然"失长久之利";反之,则能以良好口碑带来滚滚财源,使创业渐入佳境。

2. 能力准备

(1)社交能力。人际关系在创业活动中的作用越来越大,人脉圈日益成为创业信息、资金、经验的"蓄水池",有时甚至在商业活动中能起到四两拨千斤的神奇功效。

(2)合作能力。有一个良好的创业团队是成功的关键,大家共同创业,分享各自的知识和经验,同时也避免了很多"雷区",单打独斗无法完成创业的使命。

(3)领导能力。创业离不开团队,团队离不开领导层的决策和管理。领导者是团队的精神旗帜,领导者的个人能力和素质影响着团队的兴衰成败。

(4)计划能力。有计划、有步骤地开展工作,有序地安排好工作和生活,享受创业带来的乐趣,而不沦为工作的奴隶,保持创业活动的可持续发展。

(5)解决问题的技能。商场如战场,有勇无谋的人,早晚会成为别人的盘中餐。创业是体力的角逐,更是心智的较量。创业者的智谋,将在很大程度上决定其创业成败,尤其是在目前市场有限、竞争激烈的情况下,创业者不但要能够守正,更要有能力出奇。

三、创业能力评估

☞ 演讲:《激情·梦想·辉煌》

①你愿意给人打工,还是愿意自己做老板?

②你习惯于自己谋划,按照自己的想法做事情?还是自己懒得去动脑子,习惯于按照别人的安排去做事?

③给人打工,除了工作和领薪水,其他的事情都不用操心,有天大的事情都由老板给罩着;而自己创业,则事无巨细都得自己操心,所有的关系都得靠自己去处理,大小的问题都得自己扛。你愿意选择哪一种?

④你有事情习惯自己做,一般不求人,而且你能把自己的事情做好,不太在意别人的事情;还是有事情喜欢找人帮忙,带着大家一起干?

⑤"宁可睡地板,也要当老板。"你愿意在异常艰苦的条件下自己干,还是愿意到条件优裕的公司中去打工?

自己创业可能挣大钱,发大财,也可能收入微薄,甚至赔得血本无归。现在有一份现成的工作,收入很高,还有保险,你愿意到这家公司上班,还是愿意自己创业?

☞ 想一想:你认为自己适合给人打工,还是适合自己做老板?

学会做事 LEARNING TO DO

你想知道自己距离一个成功的创业者还有多远吗?你想知道自己在哪些方面还有待于强化和培养吗?

☞ 请独立完成下表,并请三位最了解你的同学对你作出评价,比较评价的结果,以取得客观平衡。

10项创业者素质评估			我所具备的其他有利于创业的素质
素质要求	素质评估（最弱1分～最强10分）	如何进一步培养和发展这些素质	
自信			
毅力			
承担风险的能力			
创新能力			
社交能力			
合作能力			
领导能力			
诚信			
计划能力			
解决问题的技能			

男儿不展凌云志，空负天生八尺躯。一旦选择了创业，就意味着选择了一条充满激情和挑战的人生之路，或者笑对成功，或者直面失败，你准备好了吗？

四、做成功的创业者

案例18-3 《小枕头的大理想》 在外企工作的张静得了颈椎病，医生告诫她一定要换一个低一点的枕头，可逛遍许多大商场，居然没有一个适合她的枕头。恰好此时她的一个朋友生小孩，什么都齐备了，唯独也缺一个枕头，她逛遍所有商场，也没找到适合小孩的枕头，于是张静心想如果开一个特色枕头专卖店，生意肯定好。

创业起步是一个艰难的过程，首先就是资金问题，由于只有7000元初始资金，张静采取了最节省资金的运营方式：首先到网上查询订购一些比较新颖的、在青岛还没有的枕头，然后自己一个人背着货找商场代销。俗话说万事开头难，由于缺乏信任，张静也碰了无数次钉子，遭受了很多白眼，但就像她本人说的："创业者一定要有足够的心理承受能力，来应对各式各样对你自尊心的挑战。"最终凭借她顽强的毅力几个商场和街边店铺接受了她的枕头。同时她还在报纸上做了一些小版面的广告,加大宣传力度,结果销售成绩很不错。张静并没有因此而满足,在积累了一定资金和经验后,她又有了一个大胆的想法:那就是自己生产,自己销售。因为这样既可以降低成本,保证质量,又可以培育自己的品牌,而不是帮别人传播产品。可对于生产她仍然是门外汉,从枕头的面料,到内部的填充料选择和搭配,很多细节都要从头学。在通过很多关系,吃了很多亏之后,她的青岛家居有限公司注册成立了,随之她还申请了"适之宝"(产品商标)和"枕工坊"(服务商标)两个商标。随着销售量的增大,自然引起了同行人的关注和模仿,于是如何提升自己的竞争力,在市场中占优势地位这一新的问题又摆在了张静的面前。张静和她的团队在考察和分析市场、消费群体之后,决定通过科技增强竞争力。于是投入很大精力,开发了一套量体定枕的软件系统,根据不同顾客的不同要求以及身体差异定做枕头,并且对一些辅助实用工具和环境申请了专利注册加以保护。同时不忘借助媒体的力量把他们的新产品和新服务推广出去,最终以绝对的优势压倒了其他的竞争对手。

就这样,张静和她的团队从一个简单卖枕头的零售店面做起,到成立国内第一家"枕头专卖店",发展到后来的"枕头生产商",一直在不懈地努力。目前,他们又有了一个新的目标:"不是卖枕头,也不是做枕头,而是提供最适合您的健康睡眠服务。"在这一与众不同的企业理念指导下,他们已经计划联手百家星级宾馆和原材料提供商一起为实现"同一个世界,同一个梦香"而奋斗。

☞张静是怎么创业成功的,请说明她创业成功的几个关节点。

学会做事 LEARNING TO DO

1. 何时成为创业者

(1)必须改变现状时。又分为两种情况:其一是自我发展的需要。刚毕业时可能并不了解自己,工作一段时间后才发现自己并不适合给别人打工,又不甘于现状,想改变自己的生活和实现更大的人生价值时适于创业。其二是发现商机,又具备一定创业意识时。无意或有意地在生活或者工作中发现了新的商机,并利用自己所具备的创业意识对该商机进行了一定的客观分析和评价,并认为有较强的操作性和可行性时,那就该出手时就出手吧。

(2)有创业激情时。这种情况多出现在年轻人身上,特别是刚刚毕业的大学

生，对某个行业特别感兴趣或者是在学生时代早就有了自己的创业理想，在毕业后或学习期间就踌躇满志、激情四溢地投入到创业中。虽然说创业不能仅仅靠激情，但缺少激情的创业必定会失败。

(3)对创业行业熟悉时。从很多成功创业者的故事中，我们发现很多人是在某一行业工作了一段时间后，才独立出来创业的。这个时期的创业者不仅有资金的积累、丰富的工作经验，更重要的是懂得商机的敏锐把握和市场的周密分析。此时再创业就会少走很多弯路，而加大成功的砝码。

(4)创业机会来临时。俗话说得好：机不可失，失不再来！机会来时，要当机立断。犹豫者错失机会，观望者丧失机会，等待者永无机会，强者抓住机会，智者创造机会。可以提醒一下：20 世纪 80 年代抓住机会经商的人已经成功，90 年代抓住机会做互联网的人也已经成功。21 世纪当创业机会来临时，勇敢地把握住，你将事半功倍。

2. 如何成为创业者

(1)策划一个企业。创业第一步是选择干什么的问题。而这又取决于你所处的创业大环境是什么样的(农村、乡镇、县城和大城市)，环境不同，产生的市场和商机也不同。具体如何选择创业项目，其实质就是需要寻找一个好的商业机会。商业机会存在于我们生活的环境中，存在于我们的商业环境中，当我们置身于这样的环境，去思考人们的抱怨的时候，我们就发现了很多商机。在确立商机前不仅要考虑市场因素还应考虑自身特点，也就是即便存在潜在市场，也要考虑自己从事该行与别人比优势在哪里，切忌盲目投资和跟风。在这个环节中，独特的眼光、敏锐的思维以及周密的市场调查是极为重要的。发现了恰到好处的商机，也就意味着发现了潜在的市场，从某种意义上说，你一条腿已经迈进了成功的门槛。

(2)创办一个企业。在经过前期的准备工作，确定干什么后，接下来就是怎么干的问题。所有的创业者都需要一个载体，通过这个载体进入市场，也就是你打算以一种什么主体资格开始创业。不同的市场主体(企业或公司)，创立的条件、注册的程序以及承担的法律责任都是不同的，所以在选择你的创业主体前应该了解相关的法律法规，增加成功的砝码。

(3)管理与经营一个企业。企业创立注册后，创业者就以该主体合法身份进入市场，那么在整个管理和经营中需要组织、考虑的工作也是多方面的，包括组织机构设置、人员管理、财务分析、技术创新、服务特色、科学决策、制度建设、效益提高等等。可以说这些环节对最终创业成功以及企业可持续发展是至关重要的。

现在经营企业不是简单地只看眼前利益、短期效益，更应注重企业的长久发展。树立良好的商誉，定期自我评估，关注社会，服务社会，也正成为越来越多的创业者成功后的奋斗目标之一。

总之，创业的程序比较复杂，涉及方方面面。简单地说，创业者首先要分析市场，发现商机，确立创业项目；其次依照法定程序创立和注册自己的公司；然后管理和经营自己的公司，提高质量和效益，为社会提供更多更好的产品和服务；最后还要关注公司的商誉，定期进行自我评估，不断提升公司的形象。

3. 拓展训练

☞现在，如果你是一个创业者，你手头上可供支配的创业资金有 5 万元。现在，请你进行一次模拟创业活动。

要求：

(1)可以选择个人创业，也可以选择小组合作共同创业。如果是小组共同创业，进行初步分工。

(2)界定你的创业环境是农村，是乡镇，是县城，还是大城市？

□农村 □乡镇 □县城 □大城市

(3)确定你的创业项目，并说明理由。

学会做事 LEARNING TO DO

创业项目：

理由：

个人因素：

市场因素：

(4)创立你的公司，公司的名称：

(5)规划资金的分配和使用：

项　　目	资　金	占　比
固定资产(场所、房屋、设备、工具、办公、交通等)		
流动资金(原料、能源、包装、仓储等)		
雇员工资		
业主工资		
其他		
总计		

(6)就公司的管理和经营提出一些可行的设想：

学会做事 LEARNING TO DO

(7)就如何创立和提升公司形象和信誉提出一些设想：

学会做事 LEARNING TO DO

(8)预想你的公司在运行的过程中，可能会遇到来自哪些方面的困难和挑战，并提出应对之策。

学会做事 LEARNING TO DO

(9)规划你的公司发展远景：

学会做事 LEARNING TO DO

三年后：

六年后：

十年后：

(10)形成一份完整的创业计划，小组之间交流和分享。

学会做事 LEARNING TO DO

模块19 承担责任

古往今来，无数的仁人志士用自己高度的责任感，谱写了一曲曲感人的生命之歌。杜甫："安得广厦千万间，大庇天下寒士俱欢颜。"范仲淹："先天下之忧而忧，后天下之乐而乐。"顾炎武："天下兴亡，匹夫有责。"周恩来："为中华之崛起而读书！"字里行间表现的都是一种强烈的社会责任，所以他们能流芳百世，让后人敬仰。而迄今印数已达110万册之巨的《傅雷家书》之所以为人称道，正是因为他的家书体现了一种不可推卸的家庭责任感。公共汽车售票员李素丽走红全国，正是因了她那种高度负责的工作责任感，赢得了世人的尊重。而在2008年5月12日的汶川大地震中，英雄的人民解放军、人民教师、医生护士、基层干部，以及来自祖国各地的志愿者，更是以其强烈的责任感和使命感，让全世界为之动容……

一、生产力、效用性与责任感

案例19-1 《生命不息、尽责不止》 2000年初的一天，大连市公汽联营公司702路4227号双层巴士司机黄志全，在行车途中突然心脏病发作，在生命的最后一分钟他做了三件事：把车缓缓地停在马路边，并用生命的最后力气拉下了手动刹车闸；把车门打开，让每一位乘客安全地下了车；将发动机关火，确保了车和乘客、行人的安全。

他做完了这三件事，安详地趴在方向盘上停止了呼吸。他这种"生命不息、尽责不止"的高度责任感撼人心魄。

责任，是个人对他人、对社会应尽的义务，分内应做的事。责任感、责任心则是个人对待自己所承担责任的认识和态度。在现实生活中，每个人都承担着特

定的责任：为人父母者承担着养育子女的责任；子女成人后，要承担起孝敬和赡养老人的责任；老师在履行教书育人的责任；医生在履行治病救人的责任；军人承担着抵御侵略、保境安民的职责，警察承担着打击犯罪、维护安定的职责……工作就意味着责任。每一个职位所规定的工作任务就是一份责任，从事这份工作就应该担当起这份责任。社会学家戴维斯说："放弃了自己对社会的责任，就意味着放弃了自己在这个社会中更好的生存机会。"

个人履行责任，就是要向他人和社会提供自己的产品与服务。其数量和质量，取决于三个要素：生产力、效用性和责任心。

"生产力"是指投入到任务、项目和活动中的精力和动力总量，它是生产的能力，也是个人履行责任的能力；"效用性"是指达到目标、标准和期望的成功率。生产力和效用性与责任心成正相关，通常情况下，人的责任心越强，投入的生产力就越多，效用性就越高；生产力和效用性也成正相关，生产力的高低往往决定着效用性的高低。但也不尽然，有的人责任心很强，但生产力不足；有的人生产能力虽高，但毫无责任感、敷衍了事；凡此种种，都不可能有高效率，有时甚至会事倍功半，呈现负效率。

责任感是履行好责任的关键。人作为万物之灵长，每个人都是背负使命而来，个人的成长史就是一部为不辱使命而奋斗的历史。每个人的内心深处都希望自己成为一个有益于他人、符合社会需要的人，即便没有轰轰烈烈，不能名垂青史，也要做到平凡却不平庸，渺小但不无用。一个责任心强的人，会因此只争朝夕，无须扬鞭自奋蹄，努力提升个人生产能力，追求优质高效；一个责任心强的人，即使在平凡的岗位上也会兢兢业业、乐此不疲，最终创出震撼人心的不凡业绩。责任心是发动机，能激发出无穷的工作动力；责任心是助推器，可以使我们的工作收到事半功倍的成效。

责任重于泰山，责任心则比泰山还要重。你想有所建树不虚此生吗？你想为人敬仰英名永驻吗？从现在开始，做好自我管理，经常检视你的责任心吧！

☞ 记录一个你正在从事的任务或活动，在协调员指导下填写下表并思考与生产力和效用性相关的自我管理问题：

实现目标的计划	实现目标的障碍	实现目标的期望值
采取的方法：	能力：	分数：
拟投入的精力：	态度：	效率：

续表

时间进度安排：	其他：	成功率：
你目前正在完成的一项作业或者工作：		

五人为一个小组，成员分享彼此的活动成果，并思考下列问题：

☞在完成任务的过程中，你自己的努力程度和效率如何？这一指标是不是代表了你的一般水平？

学会做事 LEARNING TO DO

☞你的工作态度和效率意识存在哪些问题？列举出来，并对其重要性进行排序：

学会做事 LEARNING TO DO

☞为了提高工作热情和效率水平，你需要在哪些方面加以改进？

学会做事 LEARNING TO DO

二、责任心评价

☞ 责任心评价：人生活在家庭、学校、公司及其他社会场合中，扮演着不同的角色，同时也肩负着不同的责任。你担当起应尽的责任了吗？

身份	应承担的责任	目标或期望	投入的时间、精力	目标达成度	责任心得分 薄弱(1分)～强烈(10分)
家庭：作为子女	1.				
	2.				
	3.				
	4.				
学校：作为学生	1.				
	2.				
	3.				
	4.				
公司：作为员工	1.				
	2.				
	3.				
	4.				

三、责任的意义及价值

1. 责任重于泰山

在我们身边，林林总总的交通、工地、矿难、水灾、火灾等安全事故，一方面造成了经济上的巨大损失，另一方面，事故夺去了一个个鲜活的生命，演绎了一幕幕家庭的悲剧，造成了用任何数字都无法计量的损失。不同的事故，固然有着各不相同的背景和原因，但相关人员责任心缺失，玩忽职守，却是共同的根源。安全重于泰山，说到底是责任重于泰山。

案例 19-2 《难忘的“4·28”》 2008年4月28日凌晨4时41分，T195和5034两列客车在胶济铁路山东周村至王庄间相撞，造成特大交通安全事故。事故中死亡人数达到72人，受伤人数达到416人。经初步调查认定，列车相撞，是一起人为责任事故。

此次特大责任事故的发生，是文件及调度命令传递混乱、漏发调度命令、安全生产责任不到位等错误的累积所导致的。如果其中的任何一个人具有高度的责任心，那么这起震惊世界的灾难就不会发生。

☞ 探讨“4·28”特大交通事故，谈谈从中得到的启示。

学会做事 LEARNING TO DO

____

____

____

____

2. 责任心有助于提高生产力和工作效率

高度的责任感能激发人的潜能，取得更大的成就。人们有了强烈的责任感，就会专注于自己的工作，集中精力，就能提高工作效能，取得更大业绩；人们有了强烈的责任感，就能调动过去积累的知识和经验，调动全部的身心，全力以赴投入到工作中，并体验到成功的乐趣，就能激发自己的潜能，完成许多看似“不可能”的事情；人们有了强烈的责任感，就会赢得别人的尊重和组织的器重，得到更多发展机会，从而取得更大的成就。

案例 19-3 《把信送给加西亚》 1898年4月，美西战争爆发，能否与古巴起义军联手，是美军取胜的关键。美国总统急需求得在古巴丛林中反抗西班牙军队的起义军首领加西亚的合作。但没有人知道加西亚在哪儿。年轻的中尉罗文被赋予了这项使命，他接过信之后并没有问：“他在什么地方？”而是什么也没有说就出发了。三星期后，罗文徒步走过一个危机四伏的国家，历尽波折，凭借

自身的智慧和勇气终于找到了加西亚。战争取得了胜利，罗文也创造了美国战争史上的一个奇迹，受到了当时美国总统的高度赞誉，被授予“杰出军人勋章”。

☞ 在罗文身上，你学到了什么？

学会做事 LEARNING TO DO

3. 责任心是立世之本

海尔总裁张瑞敏说过一句发人深省的话：什么是不简单？把每一件简单的事情做好就是不简单；什么是不平凡？把每一件平凡的事情做好就是不平凡。在看似简单而平凡的岗位上做出不平凡、不简单的业绩的关键在于态度，在于对工作的责任感，这已成为当代社会组织选用人才一个重要准则。因此，工作的态度、责任感在许多情况下会影响个人职业生涯发展前景，是人立世之根本。

案例19-4 《态度决定一切》 某公司的裁员名单公布了，其中有内勤部的小灿和小燕，规定一周后离岗。

> 每个人都被生命询问，而他只有用自己的生命才能回答此问题，只有以“负责”来答复生命。因此，“能够负责”是人类存在最重要的本质。
>
> ——【英】维克多·弗兰克

第二天上班，小灿心里憋气，情绪仍然很激动，逢人就发牢骚，该干的活，全扔在一边，别人只好替她干。

小燕也哭了一个晚上，可是难过归难过，离走还有一周呢，新人还没到岗，工作总得有人干。于是她默默地继续着自己的工作。同事们知道她要下岗，不好意思再找她，她就主动揽活。她说：“新人还没到，我的活还得干，你们有事尽管说，别不好意思。”于是，同事们又像从前一样，小燕总是随叫随到，坚守着她的岗位，坚守着她的职责。

在这个星期里，小燕把她经手的工作都认真地做了一个总结；在最后三天，她把借公司的东西一一送还，把她借出的东西一一列表送给主管；在最后一天，把自己手头上还未做完的工作列了一个清单，详细地说明了进度和遇到的问题；在最后一个小时，她把自己的工作室和工作台收拾得干干净净，利利索索；在最后的一分钟，她向主管和同事微笑着道别，向他们表示感谢。

在她挥手准备离开时，老板微笑着走了进来，宣布了一个出人意料的消息：“小燕留下来！尽管她的工作谁都能做得了，但她高度的敬业精神和强烈的责任意识并不是谁都能具备的，像小燕这样的员工公司永远也不会嫌多！”

☞小燕的哪些品质让她保住了自己的工作？从小燕身上你得到什么启迪？

学会做事 LEARNING TO DO

4. 责任心是团队协调的根基

有责任感的人，会把个人的利益与团队的利益结合起来，把个人的前途与团队的发展联系起来，使个人目标和团队目标相一致，使个人行动与团队行动相协调，这样的团队就会产生强大的凝聚力和战斗力；责任感缺失的团队就像一盘散沙，战斗力严重被削弱，甚至连最简单的任务都无法完成。

☞活动：《同心杆》

每个团队的所有成员用自己右手食指伸平托住直杆，从眼睛的高度放到地下。在放下的过程中，任何人不允许说话，不允许手指离杆、压杆、勾杆、挑杆和叉杆，否则重来。

活动材料：2.8 米左右的直杆(PC 管)。

场地要求：封闭式房间；可调灯光；话筒；音响；室温 20℃。

活动形式：分组活动，每组为一个团队，每个团队 10～15 人。

活动前，预测一下你的团队会用多长时间完成。你的团队实际用了多长时间？比预想的时间多了还是少了？

☞想一想：为什么会出现这种现象？从中可以得到什么启示？

学会做事 LEARNING TO DO

5. 责任心是战胜困难的精神力量

勇于承担责任的人，在危险面前不会退缩，在困难面前不会低头；而没有责任感的人，即使是做最擅长的工作，也往往会做得一塌糊涂。

案例 19-5 《在地震废墟上》 绵竹市消防大队官兵正在成都小学实施救

援，在救援队伍里，有一个刚入伍半年的新战士——19岁的荆利杰，他全身多处被钢筋、碎石、残砖擦伤，汗水、雨水浸渍在上面，开始发炎、化脓，他的裆部也磨烂了，走起路来一瘸一拐的。教导员陈军多次命令他去包扎伤口，休息一会，可他却一再申请再干一会儿，再多救一个人。

10点左右，教学楼废墟在余震和吊车的操作下突然发生晃动。为了保护救援人员，指挥部下令：所有人员暂时撤出，等余震过去后再进入施救。

就在这时，人们突然发现废墟中有一个男孩在呼救。荆利杰下意识地转身奔向废墟，余震再次袭来，并引发了更大面积的坍塌，一块巨大的混凝土眼看就要往下掉，周围的战友和群众马上把荆利杰死死拉住，拖到了安全地带。

这时，荆利杰做出了一个惊人之举，他双膝跪倒，哭着大声喊道："求求你们，让我再去救一个！我还能再救一个！"

在场的人都哭了。

四、做负责任的人

1. 做勇于承担责任的公民

作为社会一员，我们应当遵纪国家法律，维护社会公德，关爱他人，关爱家庭，关爱集体，关爱国家，伸张正义，主持公道，为维护社会秩序、构建和谐社会尽到自己的责任。

有的人一面抱怨环境卫生差，但自己却随地吐痰，乱扔果皮纸屑；一面感叹人心不古，人情薄如纸，但当别人需要帮助时，自己却不肯施以援手；一面指责服务部门服务态度差，但他为别人服务时却态度冷漠……

☞ 为什么会出现这样的现象？如何做一个勇于负责的公民？

学会做事 LEARNING TO DO

☞ 我的社会表现：从现在开始，每天以负责任的心态去对待周围的一切，并做好记录，坚持一个星期，然后给自己做一个总结，看看你的生活有没有改变。

时　间	事　例	投入的时间、精力	有效性	感　悟
第 1 天				
第 2 天				
第 3 天				
第 4 天				
第 5 天				
第 6 天				
第 7 天				

☞ 在我做事的过程中，我以一个责任者的心态去面对，我发现：

学会做事 LEARNING TO DO

2. 做勇于承担责任的家庭成员

作为子女，应当孝敬父母，尊敬长辈，主动分担家务，不乱花钱，珍惜父母的劳动成果。成年后，要抚养和教育好子女，要承担起赡养父母的义务。要认真做好本职工作，打理好家庭财务，不断提高生活质量，营造和谐的家庭关系和和睦的邻里关系，创造幸福美好的家庭生活。

案例 19-6 《一个担起家庭重担的男孩》 刘霆是浙江林学院一年级学生，与别的大学生不同的是，他不住在学校提供的宿舍里，而是在校外租下一间小屋与罹患尿毒症的母亲同住。刘霆几乎把所有的课余时间都用来照顾母亲。他说："母亲含辛茹苦地把我养大，我自然要力所能及地回报。"

刘霆依靠勤工俭学的收入来照顾自己的母亲。他替大学食堂打扫卫生，除了有收入外，每日三餐还可以免费。他把免费饭菜留下一半，带回去给卧病在床的妈妈吃。为了节省费用，这个 19 岁的大学生还学会了如何打针、量血压和电疗。天气好的时候，他会背着母亲到楼下晒太阳，母子二人的生活过得贫穷但不贫乏。

案例 19-7 《一个为了圆梦的女孩》 她十分迷恋刘德华，为了圆自己见偶像一面的梦想，在 12 年的时间里，父母为她几乎倾家荡产，父亲为此卖肾。在她

见到偶像的第二天，父亲自杀身亡。

☞ 想一想：身为子女，我们对家庭负有什么责任？

(1)当你沉浸在生日的快乐中时，你会不会想到对父母说一句“感谢你们的养育之恩”？

(2)父母生病时，你会像父母照顾你那样去照顾他们吗？

(3)在家里，你“负责”处理哪些家务？

(4)和父母在一起时，电视频道主导权始终在你手里吗？

(5)你经常和父母聊天吗？父母唠叨时，你会怎么办？

(6)如果在外学习或工作，你多长时间回家看看或者给父母打个电话？

(7)你挣的薪水交给父母吗？交多少呢？

☞ 从现在开始，让自己在家庭中成为一个敢于承担责任的人。在一个星期的时间里，给自己作一个总结，看看你的生活发生了什么样的改变。

我的家庭表现：

时　间	事　例	投入的时间、精力	有效性	感　悟
第 1 天				
第 2 天				
第 3 天				
第 4 天				
第 5 天				
第 5 天				
第 6 天				
第 7 天				

☞ 在我以一个家庭的责任者的心态生活时，我发现：

学会做事 LEARNING TO DO

3. 做勇于承担责任的学生

扎实学习，掌握丰富的理论知识和过硬的专业技能，为未来就业和终身发展奠定坚实的基础，这是学生的首要之责。尊敬老师、关心同学、关心班集体、热爱母校并以实际行动为母校增光，是学生的重要责任。

☞ 我的学校表现：从现在开始，每天以一个责任者的心态和态度去做好每一件事，做好记录，坚持一个星期，然后给自己做一个总结，看看你的生活发生了什么样的改变。

时　间	事　例	投入的时间、精力	有效性	感　悟
第1天				
第2天				
第3天				
第4天				
第5天				
第6天				
第7天				

☞ 在我学习的过程中，以一个责任者的心态去面对，我发现：

学会做事 LEARNING TO DO

____

____

____

____

4. 做勇于承担责任的员工

勇于承担责任的具体表现就是爱岗、敬业。爱岗就是干一行、爱一行、钻一行、成一行，认真恪守岗位职业道德，努力学习不断提高自己的岗位工作能力，提高岗位工作质量；敬业就是兢兢业业地工作，一丝不苟地工作，吃苦耐劳、扎实工作，多思考、勤钻研，为单位的发展贡献出自己的聪明才智。

案例19-8 《第十二块纱布》 一所医院的手术室里，一位第一次担任责任护士的年轻女孩，正在做一位赫赫有名的外科专家的助手。复杂艰苦的手术从清晨进行到黄昏，眼看患者的伤口即将缝合，女护士突然严肃地盯着外科大夫："大夫，我们用了十二块纱布，您只取出来十一块。""我已经都取出来了，"专家断言道："手术已经进行了一整天，立即开始缝合手术。""不，不行！"女护士高声抗议，"我记得清清楚楚，手术中我们用了十二块纱布。"专家不理睬她，命令道："听我的，准备缝合！"女护士毫不示弱，她几乎是大声叫起来："您是医生，您不能这样做！"

直到这时，外科专家冷漠的脸上才泛起一丝欣慰的笑容。他举起左手手心里握着的第十二块纱布，向所有的人宣布："她是我合格的助手！"

☞ 是什么让这位护士顶住权威的压力，坚持自己的原则？在职场中，如何成为一名负责任的员工？

学会做事 LEARNING TO DO

☞ 如果你是一家公司的员工，你会在哪些方面展示你的责任心？

学会做事 LEARNING TO DO

☞ 如果你是一家公司的老板，你将如何培养和保持员工的责任心？

学会做事 LEARNING TO DO

责任感是培养出来的。如果一个书店的营业员能够坚持不懈地擦拭书架上的灰尘，如果一个公交汽车的司机，能始终如一地保持车辆的整洁，如果办公室职员能够总是保持桌面的洁净和文档的秩序……当好的做法成为习惯，当负责的心态成为自然，我们就会变得无比坚定，无比坚韧，我们就敢于承担任何工作，敢于担当任何重托，全力以赴，永不放弃！

模块20　追求卓越

什么是卓越？我们为什么要追求卓越？拉尔夫·马森说：卓越不是一门技巧，而是一种态度。帕特·莱利说：不断力求做得更好，就能逐渐达到卓越。约翰·加德纳说：卓越就是把普通的事情做得特别好。柯林·鲍威尔说：如果你想在大事上达到卓越，你就得在小事中养成习惯。

卓越是一种心态，卓越是一种习惯，卓越是一种追求，卓越是一种境界。因为追求卓越，细节变得如此精致和美好；因为追求卓越，世界变得更加亮丽和精彩；因为追求卓越，我们多了一份自信与从容；因为追求卓越，我们站得更高，做得更好，并因此而变得优秀和伟大。如果你想成为一个卓越的人，那么，就让每一天都成为你的杰作吧！

一、从优秀到卓越：伟大的跨越

☞活动：《我的温馨小窝》

住在同一房间的为一个小组，共同合作完成以下活动：

(1)用30分钟的时间，整理自己的房间，看谁整理得又快又好。

(2)确立评价标准，为每个房间打分，看谁得分最高。

(3)按照分数的高低，划分为优秀、一般、较差三个档次。把表现优秀的挑出来，进行分析并填写下表。

	优秀的表现
在目标定位方面	
在时间控制方面	
在质量控制方面	
在细节处理方面	
其他：	

(4)将这个活动持续一周，找出那些始终如一、保持优秀的房间及其团队，并分析哪些品质使他们表现得与众不同、卓尔不凡。

学会做事 LEARNING TO DO

(5)哪些人、哪些团队能称得上卓越？共同探讨什么是卓越？

卓越是：________________

卓越是：________________

卓越是：________________

更　多：________________

一个企业是否卓越，与哪些因素有关？各自的重要性如何？填写下表，并与同伴进行交流。

评价项目	卓越企业的表现	重要性排序
制度建设		
企业文化		
产品质量		
服务质量		
开拓与创新		
时间与效率		
管理人员素质		
员工素质		
其他：		

二、追求卓越:没有最好,只有更好

1. 追求卓越是一种境界,也是一种力量

所谓卓越,就是做人或做事极其优秀,超出一般。卓越是一种目标,是一种追求。在现实中,卓越能被无限的接近,但又似乎永远无法百分之百接近。因此,它又是一种甜蜜的诱惑,一种鼓舞的力量,吸引着那些有志之士为之奋斗不止。

追求卓越是做人的最高境界。追求卓越的人,充盈着昂扬的斗志,充满着前进的动力,有战胜一切失败和挫折的信念和力量;追求卓越的人,执著于远大的理想和目标,不会因为陶醉于既往的成功而放弃未来的努力;追求卓越的人,懂得对工作认真扎实,精益求精,把每一件小事做到最好,积小成而毕大功。

追求卓越是企业经营的最高境界。只有追求卓越的企业,才会不断提高产品和服务的质量,不断提高企业的知名度和美誉度,不断提高经济效益,不断增强市场竞争力,不断扩大市场占有率,在激烈的市场竞争中立于不败之地,并一步步做大做强,做优做精。

案例 20-1 《海尔集团的崛起》 海尔集团是世界第四大白色家电制造商、中国最具价值的品牌。海尔在全球 30 多个国家建立本土化的设计中心、制造基地和贸易公司,全球员工总数超过 5 万人,已发展成为大规模的跨国企业集团,2007 年海尔集团实现全球营业额 1180 亿元。

求变创新,是海尔始终不变的企业语言;更高目标,追求卓越是海尔一以贯之的企业追求。海尔的崛起历史,就是不断追求卓越的过程。

第一个十年,海尔精神:无私奉献、追求卓越。从 1984 到 1995,海尔十年创业,从无到有,从小到大,立志要干出中国最好的冰箱的海尔创业者们,发出了“无私奉献、追求卓越”的心声。在这种企业精神的推动下,海尔十年创业首战告

捷，创出中国家电第一名牌。

第二个十年，海尔精神：敬业报国、追求卓越。1995年，在国内市场取得长足发展的海尔，开始聚焦国际市场。以当年海尔工业园落成为标志，海尔二次创业创国际名牌战略宣告启动。作为中国民族企业第一个真正意义上的尝试者，创中国人自己的国际名牌，成为海尔人此后最执著的追求。

第三个十年，海尔精神：创造资源、美誉全球。“美誉全球”就是海尔全球化品牌战略阶段的更高目标。

海尔企业精神的创新之路，就是海尔的品牌之路。但无论怎样调整，海尔人都自始至终胸怀着一个崇高的指向：创世界顶级品牌！

☞ 海尔企业精神的核心价值观是什么？这一核心价值观对于海尔的成功起了什么作用？

学会做事 LEARNING TO DO

2. 追求卓越是一种理念，也是成功的秘诀

训练有素的人、训练有素的思想和训练有素的行为是企业从优秀到卓越的决定性因素。其中，训练有素的思想，即企业的核心理念，是卓越企业的保护神。迪斯尼乐园的创办人沃尔特·迪斯尼所坚持的核心理念是：“一切想法就是为了给孩子们带去欢乐！”在药品市场获得巨大成功的默克公司，其核心理念是：“药是为病人研制的，并非是为了利润！”更有代表性的核心理念，则来自美国硅谷首批自立发财的亿万富翁之一帕卡德，他的理念是：“建立一家卓越的公司！”

> 柯林斯把“卓越”定义为：在15年时间里，公司累积股票回报至少是市场的3倍。把“优秀”业绩定义为：在这之前的15年时间，公司累积股票回报不超过市场的1.25倍。除此之外，转折点后的15年内的累积股票回报率和转折点前的15年的累积股票回报率相除必须超过3。也就是说，实现卓越的公司至少有30年的历史，15年的优秀业绩之后，有15年的卓越表现。

案例20-2 《沃尔玛的神话》 1950年，美国青年山姆·沃顿在阿肯色的本顿维尔开设了一家5美元和10美元店，这就是著名的沃尔玛公司的前身。经过半个世纪的用心经营，2002年，沃尔玛公司在全球各地拥有4500多家连锁店，员工总数130万,销售收入2177.99亿美元。沃尔玛以其巨大的成功成就了20世纪的商业神话,而其成功的诀窍只有一句话:每天追求卓越。

3. 企业卓越框架的12条准则

(1)方向:清晰的前进方向使组织结成同盟,并且集中精力实现目标。

(2)计划:互相达成共识,计划将组织方向变为行动。

(3)顾客:明白顾客当前的和未来的价值取向,以影响组织的方向、策略和行动。

(4)过程:改进产出成果,改进体系和其相关联的过程。

(5)人:组织潜力的实现要靠人的热情、才智谋略和参与。

(6)学习:不断的改进和创新要依靠不间断的继续学习。

(7)系统:所有的人都是在一个系统中工作,只有当人们在这个系统中工作时才会改善成果。

(8)数据:有效利用数据、事实和知识,从而改善决策。

(9)变化:所有体系和过程展示了可变化性,这会影响到预测和执行。

(10)社区:组织通过他们的行动向社区提供价值,以保证一个清洁、安全、公平和繁荣的社会。

(11)权益者:可持续能力决定于那种为权益者创造和传播价值的组织能力。

(12)领导:高层领导成为遵循这些准则典范的不变的角色,创造有利于这些准则生存的支持性环境,这是发挥组织真正潜力所必需的。

三、相约走向卓越:质量、时间与问题管理

1. 质量管理

质量包括产品质量、服务质量、工作质量和管理质量。质量是企业的生命,是企业整体素质的核心,是企业综合实力的集中体现。质量管理具有全面性、全程性和全员性。精益求精的质量控制是企业走向卓越的基本前提。

☞如果你是公司的管理者,你将如何搞好质量控制?把你的想法说出来,并与大家分享。

学会做事 LEARNING TO DO

2. 时间管理

时间就是金钱,效率就是生命。实施严谨高效的时间管理,是企业走向卓越的基本途径。加强时间管理,必须统筹规划,综合平衡;要事第一,保证重点;确定目标,以终为始;制定计划,反馈调适;加强预测,危机管理;未雨绸缪,抓住机遇;统一思想,加强沟通。

> 六西格玛(Six Sigma)质量管理方法:是一种统计评估法,核心是追求零缺陷生产,防范产品责任风险,降低成本,提高生产率和市场占有率,提高顾客满意度和忠诚度。6σ管理既着眼于产品、服务质量,又关注过程的改进。"σ"表示标准偏差值,用以描述总体中的个体离均值的偏离程度,测量出的σ表征着诸如单位缺陷、百万缺陷或错误的概率性,σ值越大,缺陷或错误就越少。6σ是一个目标,这个质量水平意味的是所有的过程和结果中,99.99966% 是无缺陷的,也就是说,做100万件事情,其中只有3.4件是有缺陷的,这几乎趋近到人类能够达到的最为完美的境界。

某企业员工时间管理守则:

(1)不可泡时间,而要抢时间;

(2)提高时间利用质量,高效率做事;

(3)工作决不拖延,现在就去做;

(4)做一名守时、准时的员工;

(5)永远不要光想不做;

(6)制定好科学的时间表;

(7)养成良好的工作习惯。

☞ 如果你是公司的管理者,你将如何搞好时间管理?把你的想法说出来,并与大家分享。

学会做事 LEARNING TO DO

3. 问题管理

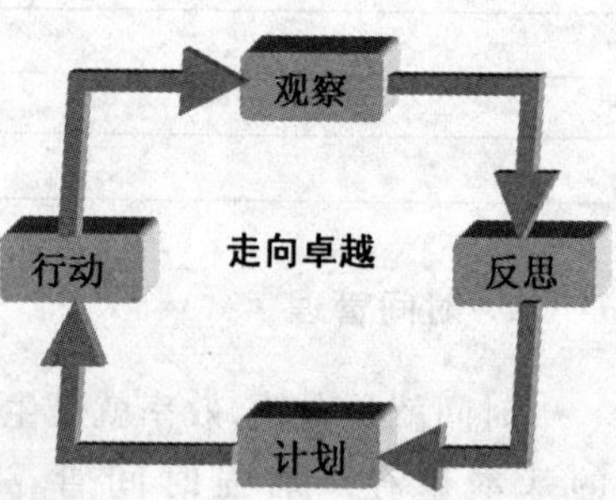

企业走向卓越的过程，就是一个不断发现问题、不断解决问题、不断否定自我、不断超越自我的过程。观察，反思，计划，行动，再观察，再反思……企业就是在这种无限递进的循环之中得到提升的。

☞ 以你自己所处的单位为提升对象，按企业卓越框架的12条准则和"观察—反思—计划—行动"循环模式，通过观察发现问题，通过反思分析问题，通过计划和行动解决问题。以小组为单位，写一份《××（单位）提升方案》，并提交给单位领导。

四、让追求卓越成为个人习惯

让追求卓越成为一种心态，一种习惯，一种文化。从平庸到优秀，从优秀到卓越既不可能一蹴而就，也不可能一劳永逸。企业只有以"追求卓越"的精神，以开拓创新的姿态，持续不断地改进管理和工作，提高质量和效益，才能赢得最后的成功。

☞ 搜集关于优秀企业追求卓越的文化的事例，写下来，并与同伴交流。

学会做事 LEARNING TO DO

☞ 卓越的企业离不开卓越的员工。如何让自己成为一个不断追求卓越的人？请你列出一个自我提升计划。

学会做事 LEARNING TO DO

核心价值观五:

和平与公正

和平不只是没有暴力,还应同时具备尊重、宽容、相互理解、合作、公正和自由。在承认人权普遍存在的前提下,公正是实现和平的基础。

尊重人权:对所有人的基本自由和平等的理解,无论人与人之间的差别如何,所有人的基本需求都应得到满足。

和谐、合作和团队工作:在工作中相互支持、协作和相互补充,以实现共同理想和目标。

对多样性的宽容:认识多元文化的现实,欣赏各种文化和人类不同的表达方式,呼吁摒弃不关心、歧视和偏见。

平等:通过采取有效的措施,克服种种形式的不利条件,从而获得平等的结果。

模块21 工作场所中的人权

工作场所是个人施展才华的平台和创造价值的舞台。工作场所中的人权是劳动者最重要的权利之一。尊重和维护劳动者在工作场所中的人权，是政府庄严神圣的职责，是各类组织义不容辞的责任，也是化解矛盾、增进和谐、推动社会全面进步的重要途径。

一、工作中的人权问题

1. 工作中人权问题的相关规定

尊重和保障人权，是人类文明进步的成果，是人类精神成熟的标志，是普世的价值追求。

1945年，联合国成立并通过了《联合国宪章》，明确规定联合国的宗旨之一是增进并鼓励对于全体人类之人权及基本自由之尊重。1946年，联合国设立了人权委员会。

《世界人权宣言》第23条规定："人人有工作的权利，有自由选择职业的权利，有获取公正和良好工作条件

工作场所中的人权

- 平等就业和选择职业的权利
- 取得劳动报酬的权利
- 休息休假权
- 获得劳动安全卫生保护的权利
- 接受职业技能培训的权利
- 享受社会保险和福利的权利
- 提请劳动争议处理的权利
- 法律规定的其他劳动权利

的权利，以及得到失业保障的权利；人人有同工同酬的权利，不受任何歧视；每一个工作的人，有权享受公正和合适的报酬，保证使他本人和家庭有一个符合人的尊严的生活，必要时辅以其他方式的社会保障；人人有为维护其利益而组织和参加工作的权利。”

《中华人民共和国宪法》规定：“国家尊重和保障人权。”

在工作场所中，人权的内容非常宽泛，包括劳动者的人身人格权、劳动者的经济、社会、文化权利、政治权利等。

一名7岁的女孩在印度城市西里古里郊外的河边砸石子。据统计，目前印度约有1200万童工。（新华社/法新社）

2. 工作中弱势群体的人权状况

据统计，目前世界上有10亿人口处于失业或未充分就业状态；2.46亿5到14岁之间的孩子参与不合格的劳动；妇女占世界人口的50%，但是只赚得世界薪水的10%，只占有世界1%的财富；每年有200万工人死于职业病或工伤意外事件，这一人数超过道路事故或战争中的死亡人数。工作场所中的人权问题集中表现在妇女、童工、农民工、移民工、残疾人等弱势群体上。

(1)就业的性别歧视。“宁可岗位空缺也不招聘女生。”在同等条件下，女生签约率低于男生8个百分点，67%的用人单位提出了性别限制，或明文规定女性在聘用期不得怀孕生育。此外，男女同工同酬的政策在有些地方落实不到位；男子退休年龄为60岁，而妇女退休年龄仅为55岁，也被视为对女性的歧视。

(2)非法雇佣童工。有的企业非法雇佣和使用童工，工作时间长，工作环境和生活条件差，工资待遇低。

(3)农民工劳动权益被侵犯。一些地方对农民工进城务工规定了过多的门槛，限制了用工范围，侵害了农民工的平等就业权；城乡同工不同酬，农民工收入水平低，工资被恶意克扣和拖欠的现象时有发生，侵害了农民工的劳动报酬权；工作环境差，生活条件差，卫生保健和劳动保护设施不完备，职业病和工伤事故多，使农民工的安全健康权得不到有效保障；劳动时间长，使农民工的休息休假权得不到保障；体力劳动多，技术培训少，难以实现个人全面发展的权利；社会保险的缴纳缺乏刚性的约束，社会保障水平低。

案例21-1 《血腥的黑砖窑》 山西省洪洞县广胜寺镇曹生村有个“黑砖窑”，这里的工人早上5点上工，干到凌晨1点才让睡觉；而睡觉的地方是一个没有床、只有铺着草席的砖地、冬天也不生火的黑屋子，打手把他们像赶牲口般关进黑屋子后反锁，30多人只能背靠背打地铺，门外有5个打手和6条狼狗巡逻；一日三餐就

是吃馒头、喝凉水，没有任何蔬菜，而且每顿饭必须在15分钟内吃完。

工人们只要动作稍慢，就会遭到打手的无情殴打，因此被解救时个个遍体鳞伤。而烧伤的原因是打手强迫民工下窑去背还未冷却的砖块所致；因为没有工作服，一年多前穿的衣服仍然穿在身上，大部分人没有鞋子，脚部多被滚烫的砖窑烧伤；由于一年半没有洗澡理发刷牙，个个长发披肩、胡子拉碴、臭不可闻，“身上的泥垢能用刀子刮下来”。

甘肃民工“刘宝”因动作稍慢被打死，随便埋在了附近的荒山中。还有8人神志不清，“只知道自己叫什么”，“爹妈的名字和老家在哪里则统统不知道”。

☞ 目前，你认为工作场所中出现的人权问题主要有哪些表现？

学会做事 LEARNING TO DO

____

____

____

____

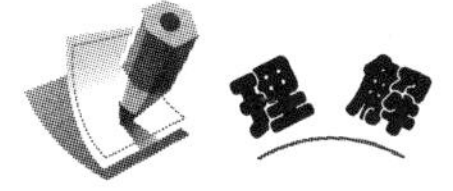

二、关注工作中的人权

1. 有话就说

(1)某公司在办公室、生产车间和单身公寓走廊中安装了监控设备，在保障了安全和加强了管理的同时，员工的一举一动也都置于管理者的监督之下。为此，员工议论纷纷，有人说，这是公司加强安全工作和人事管理的必要措施；也有人说，这样做侵犯了员工的人权。

☞ 如果你是该公司的员工，你是否同意公司的做法？试从人权的角度对公司的做法进行评价。

学会做事 LEARNING TO DO

☞ 招聘启事中哪些条款不合理？侵害了应聘者的哪些权利？在就业过程中，你还知道哪些涉嫌侵权的现象？从人权的角度对此案例进行评析。

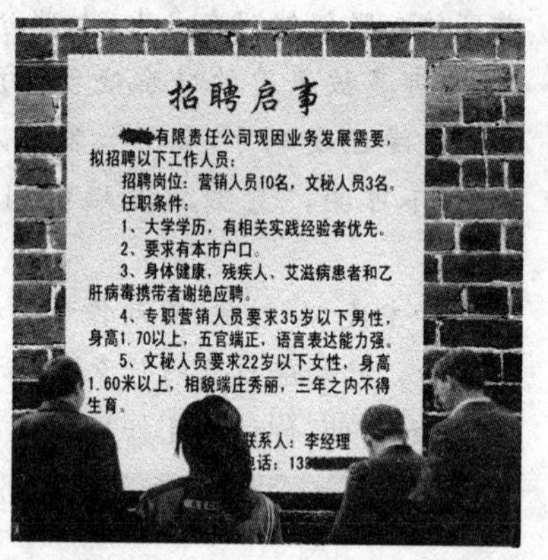

2. 检视得失

☞ 检视自己所工作的组织在人权保护方面的得失，并填写下表：

组织在人权保护方面的成功做法		
典型事例	保护了劳动者的哪些权利	符合的相关价值观

组织在人权保护方面的不恰当做法		
典型事例	侵害了劳动者的哪些权利	违背了什么价值观

用五级量化法进行综合评价				
1	2	3	4	5
差	有些不满意	一般	很满意	非常满意

三、我国工作场所中的人权保护

1. 人权入宪

2004 年 3 月 14 日，第十届全国人民代表大会第二次会议通过了宪法修正案，首次将“人权”概念引入宪法，明确规定“国家尊重和保障人权”，这是社会主义建设理论和实践的一大创新，是马克思主义的丰富和发展，是中国民主政治建设和人权发展的一个重要里程碑。

《中华人民共和国宪法》规定：“国家尊重和保障人权。”

2. 法律维权

2008 年实施的《中华人民共和国劳动合同法》以“为了保护劳动者的合法权益”的立法宗旨，注重对劳动者权益的保护，着眼于解决现实劳动关系中用人单位不签订劳动合同、拖欠工资、劳动合同短期化等诸多侵害劳动者权益的问题。此外，各种具体的法律法规越来越完备，为公民维权奠定了法律基础。

《中华人民共和国劳动法》第三条规定：“劳动者享有平等就业和选择职业的权利、取得劳动报酬的权利、休息休假的权利、获得劳动安全卫生保护的权利、接受职业技能培训的权利、享受社会保险和福利的权利、提请劳动争议处理的权利以及法律规定的其他劳动权利。”

《中华人民共和国劳动合同法》第四条规定：“用人单位应当依法建立和完善劳动规章制度，保障劳动者享有劳动权利、履行劳动义务。”

2006 年 8 月，济南市在全市范围内开展禁止使用童工和未成年工专项检查，检查范围包括纺织、服装、制鞋、箱包、矿山、餐饮等劳动密集型企业的招用农民工比较集中的单位，重点是城郊结合部和乡镇的私营企业和个体工商户。在检查中凡发现用人单位非法使用童工的，将依法按照每使用一名童工每月处 5000 元罚款的标准予以处罚；用人单位在规定期限内仍不改正，每使用一名童工每月处 1 万元罚款，并由工商部门吊销营业执照；使用不满 14 周岁的童工，或造成童工死亡和严重伤残的，依照刑法关于拐卖儿童罪、强迫劳动罪或其他罪的规定，依法追究刑事责任。

3. 执法力度和维权意识越来越强

各级政府十分重视保障和维护劳动者的各项权利，不断推进各项制度建设，健全执法机构，完善监督体系，加大检查密度，加强惩处力度。越来越多的人知道自己在工作场所中应该享有哪些权利，知道如何去维护自己的权利并尊重别人的权利，知道当自己的合法权益受到侵犯时如何去保护；企事业单位越来越重视对员工权利的尊重和保护；个人与单位之间正在形成良好的互动。

案例 21-2 《非法搜身》《广州日报载》：因被厂方怀疑偷盗生产工具而受到厂方非法搜身，江门市蓬江皮革有限公司的 14 名女工一怒之下向劳动部门报案，随后劳动部门介入调查，并积极进行调查取证工作。2008 年 6 月 16 日，公司负责人到劳动部门接受调查，对事件进行答复，承认厂方的搜身行为是侵权行为，并表示已经多次贴出道歉声明。6 月 18 日，公司与女工们就赔偿问题达成协议，答应赔偿女工每人 8000 元。

☞ 搜集关于人权保护方面的法律法定，集体交流一下。这些法律规定，对于人权保护有何意义？

学会做事 LEARNING TO DO

____

____

____

____

四、我们共同的义务

1. 共和国在行动

2003 年 10 月，温家宝总理视察重庆时，帮助村民熊德明讨回了被包工头拖欠的薪水。

11 月，国务院印发了《关于切实解决建设领域拖欠工程款问题的通知》，全国各地纷纷出台政策，集中解决拖欠农民工工资问题。由此，掀起了一场讨薪风暴。四年间，全国各地偿还拖欠工程款 1834 亿元，其中清付农民工工资 330 亿元。

2006年国务院颁布了《关于解决农民工问题的若干意见》，要求切实把解决农民工问题摆在重要位置，明确了维护农民工权益的指导思想、基本原则和政策措施。

(1)建立农民工工资支付保障制度，合理确定和提高农民工工资水平，解决农民工工资偏低和拖欠问题。

(2)严格执行劳动合同制度，依法保障农民工职业安全卫生权益。

(3)逐步实行城乡平等的就业制度，进一步做好农民转移就业服务工作，加强农民工职业技能培训。

(4)积极稳妥地解决农民工社会保障问题，依法将农民工纳入工伤保险范围，抓紧解决农民工大病医疗保障问题，探索适合农民工特点的养老保险办法。

《农民工之歌》

身上沾泥花，脸上挂汗花，
为了一个梦啊，进城闯天下，
昨天我是农民，今天当工人哪，
城市的新主人意气风发。
兄弟姐妹把胸膛挺起来，
历经艰辛不怕风吹雨打，
相信自己，相信未来，
我们的人生一样好年华！

(5)多渠道改善农民工居住条件。

(6)加大维护农民工权益的执法力度，做好对农民工的法律服务和法律援助工作，强化工会维护农民工权益的作用。

(7)在全社会形成关心农民工的良好氛围。

☞ 怎样看待总理讨薪事件？在劳动者维权中，政府应该承担什么责任？

学会做事 LEARNING TO DO

☞ 用人单位应该履行什么义务？劳动者应如何维护自己的合法权益？

学会做事 LEARNING TO DO

2. 请你献策

维护和保障人们在工作场所中的人权，国家应进一步完善各种法律法规，政府应健全维权机构，疏通维权渠道，加大执法力度，在全社会形成一种尊重劳动、尊重劳动者、尊重人权的文化观念。用人单位应善待员工，健全保障和维护人权的机制，为劳动者创造一个公平、公正、尊重、和谐的工作环境。劳动者应增强维权意识，熟知维权的途径和方法，学会用合法的手段维护自己的合法权益。

☞ 维护农民工的合法权益，你还有什么好的想法，请写出来：

学会做事 LEARNING TO DO

☞ 在消除性别歧视方面，你有什么好的想法，请写出来：

学会做事 LEARNING TO DO

☞ 在保护儿童、消除童工方面，你有什么好的想法，请写出来：

学会做事 LEARNING TO DO

☞ 拓展活动：走访当地企业、事业单位，或者走访自己的亲戚、朋友和同学，对下述问题进行调查并写出调查报告。

(1)公司规定员工最低工作年龄是多少？

(2)对不满18周岁的员工是否有限制？

(3)下班时员工是否可以自由离开工厂？

(4)员工行为不当或表现不佳，公司采取什么处罚机制？

(5)员工最低工资是多少？是否符合当地最低工资收入标准？

(6)员工工资是否有扣除项？有什么扣除项？

(7)公司是否拖欠员工工资？

(8)员工每天工作时间多长？每周最多上班时间为多少小时？

(9)员工平均每周加班时间是多少？

(10)员工加班有加班费吗？加班费符合国家有关规定吗？

(11)每周是否有休息时间？是否有节假日？

(12)是否给员工提供饭食和洗衣设施？

(13)员工是否自由使用饮用水？

(14)公司是否提供员工有关健康安全的培训？

(15)公司是否有完善的通风和照明系统？

(16)公司是否免费为工人提供工人防护用品？

(17)公司是否有灭火器或喷洒系统？

(18)公司是否允许员工参加工会？

(19)公司宿舍每间房住几名员工？

(20)每个员工的入住空间有多大？

(22)每个员工是否拥有自己的床位？

(22)高于两层的宿舍是否有逃生通道？

(23)宿舍所有楼层是否均有灭火器？

拓展阅读

世界人权宣言

第二十三条

(一)人人有权工作、自由选择职业、享受公正和合适的工作条件并享受免于失业的保障。

(二)人人有同工同酬的权利，不受任何歧视。

(三)每一个工作的人，有权享受公正和合适的报酬，保证使他本人和家属有一个符合人的生活条件，必要时并辅以其他方式的社会保障。

(四)人人有为维护其利益而组织和参加工会的权利。

第二十四条　人人有享有休息和闲暇的权利，包括工作时间有合理限制和定期给薪休假的权利。

中华人民共和国劳动法

第三条　劳动者享有平等就业和选择职业的权利、取得劳动报酬的权利、休息休假的权利、获得劳动安全卫生保护的权利、接受职业技能培训的权利、享受社会保险和福利的权利、提请劳动争议处理的权利以及法律规定的其他劳动权利。劳动者应当完成劳动任务，提高职业技能，执行劳动安全卫生规程，遵守劳动纪律和职业道德。

第三十六条　国家实行劳动者每日工作时间不超过八小时、平均每周工作时间不超过四十四小时的工时制度。

第三十八条　用人单位应当保证劳动者每周至少休息一日。

第三十九条　企业因生产特点不能实行本法第三十六条、第三十八条规定的,经劳动行政部门批准,可以实行其他工作和休息办法。

第四十条　用人单位在下列节日期间应当依法安排劳动者休假:

(一)元旦;

(二)春节;

(三)国际劳动节;

(四)国庆节;

(五)法律、法规规定的其他休假节日。

第四十一条　用人单位由于生产经营需要,经与工会和劳动者协商后可以延长工作时间,一般每日不得超过一小时;因特殊原因需要延长工作时间的,在保障劳动者身体健康的条件下延长工作时间每日不得超过三小时,但是每月不得超过三十六小时。

第四十四条　有下列情形之一的,用人单位应当按照下列标准支付高于劳动者正常工作时间工资的工资报酬:

(一)安排劳动者延长工作时间的,支付不低于工资的百分之一百五十的工资报酬;

(二)休息日安排劳动者工作又不能安排补休的,支付不低于工资的百分之二百的工资报酬;

(三)法定休假日安排劳动者工作的,支付不低于工资的百分之三百的工资报酬。

第四十八条　国家实行最低工资保障制度。最低工资的具体标准由省、自治区、直辖市人民政府规定,报国务院备案。

用人单位支付劳动者的工资不得低于当地最低工资标准。

第五十条　工资应当以货币形式按月支付给劳动者本人。不得克扣或者无故拖欠劳动者的工资。

第五十一条　劳动者在法定休假日和婚丧假期间以及依法参加社会活动期间,用人单位应当依法支付工资。

第五十二条　用人单位必须建立、健全劳动安全卫生制度,严格执行国家劳动安全卫生规程和标准,对劳动者进行劳动安全卫生教育,防止劳动过程中的事故,减少职业危害。

第五十四条　用人单位必须为劳动者提供符合国家规定的劳动安全卫生条件和必要的劳动防护用品,对从事有职业危害作业的劳动者应当定期进行健康检查。

中华人民共和国劳动合同法

第四条　用人单位应当依法建立和完善劳动规章制度，保障劳动者享有劳动权利、履行劳动义务。

用人单位在制定、修改或者决定有关劳动报酬、工作时间、休息休假、劳动安全卫生、保险福利、职工培训、劳动纪律以及劳动定额管理等直接涉及劳动者切身利益的规章制度或者重大事项时，应当经职工代表大会或者全体职工讨论，提出方案和意见，与工会或者职工代表平等协商确定。

在规章制度和重大事项决定实施过程中，工会或者职工认为不适当的，有权向用人单位提出，通过协商予以修改完善。

用人单位应当将直接涉及劳动者切身利益的规章制度和重大事项决定公示，或者告知劳动者。

第九条　用人单位招用劳动者，不得扣押劳动者的居民身份证和其他证件，不得要求劳动者提供担保或者以其他名义向劳动者收取财物。

第三十条　用人单位应当按照劳动合同约定和国家规定，向劳动者及时足额支付劳动报酬。

用人单位拖欠或者未足额支付劳动报酬的，劳动者可以依法向当地人民法院申请支付令，人民法院应当依法发出支付令。

第三十八条　用人单位未依法为劳动者缴纳社会保险费的，劳动者可以解除劳动合同。

第八十二条　用人单位自用工之日起，超过一个月不满一年未与劳动者订立书面劳动合同的，应当向劳动者每月支付二倍的工资。

模块 22 团队和谐

2008 年 8 月 8 日，北京，鸟巢，第 29 届奥运会开幕式。灯光，音乐，道具，还有绚丽的烟火……导演，指挥，演员，运动员，还有十万观众……数万演员同场演出，数千岗位密切协作，一声令下，千人击缶，万人起舞，巨舟奔海，长龙蜿蜒，一呼百应，无缝配合，浑然一体。这就是团队！

"一滴水怎样才能不干涸？""把它放到大海里去。"个人的力量是有限的，团队的力量是伟大的。团队是我们的舞台，团队是我们的世界。我们的事业在团队，我们的成功在团队。

一、人多力量大不大

1. 游戏：瑞格尔曼拉绳实验

选出八位参与者按照不同的编组拉绳，要求大家尽全力拉绳。活动分四步进行。做完第一步，做第二、三、四步进行之前，先对共同拉绳的成绩进行预测，并填表。

第一步，每一个参与者独立拉绳，测量并记录成绩；

第二步，每两人一组，共同拉绳，测量并记录成绩；

第三步，每四人一组，共同拉绳，测量并记录成绩；

第四步，每八人一组，共同拉绳，测量并记录成绩。

☞用共同拉绳时的实际成绩和个人独立拉绳的成绩之和进行比较，探究其中的数量关系。

编组		甲	乙	丙	丁	戊	己	庚	辛	比值(合作成绩/单独成绩之和)
单独										
二人组	估值									
	实测									
四人组	估值									
	实测									
八人组	估值									
	实测									

活动的准备:参与者编组:一人组、二人组、四人组和八人组,根据分组数准备结实的绳子若干,灵敏的测力器若干。

活动的规则:要求每个人都要尽全力拉绳;要求测试准确并作详细记录。

活动的结果:二人组的拉力只为单独拉绳时二人拉力总和的95%;四人组的拉力只是单独拉绳时三人拉力总和的不足80%;而八人组的拉力则降到单独拉绳时八人拉力总和的49%。

活动的启示:团队效能小于各人效能之和。

活动的延伸:要求参与者分析导致这种现象的原因;要求各团队改进组织方式,重新进行测试,看如何最大程度地发挥组合的效能。

☞ 结合前面计算出的数量关系,分析导致这种数量关系出现的原因。探究如何最大程度地发挥组合的效能?哪些因素影响着团队力量的有效发挥?对这些因素依其重要性进行排序。

		更多:
No 1.		
No 2.		
No 3.		
No 4.		
No 5.		

☞ 你认为一个优秀的团队应该具备哪些特征？（写出关键词）

学会做事 LEARNING TO DO

2. 个人在团队中的表现测试

☞ 当你是团队的一员时，你是否知道应该如何行动？下表列出了一些常见的团队行为，请根据自己表现这种行为的频率打分：

A：总是这样（5 分）　B：经常这样（4 分）　C：有时这样（3 分）

D：很少这样（2 分）　E：从不这样（1 分）

序号	角色	描　述	A	B	C	D	E
1	提供信息和观点者	我提供事实和表达自己的观点、意见、感受和信息帮助小组讨论					
2	寻求信息和观点者	我从其他小组成员那里征求事实、信息、观点、意见和感受以帮助小组讨论					
3	方向和角色定义者	我提出小组的工作计划，并提醒大家注意需完成的任务，以此把握小组的方向。我向不同的小组成员分配不同的责任					
4	总结者	我集中小组成员所提出的相关观点或建议，并总结、复述小组所讨论的主要论点					
5	鼓舞者	我带给小组活力，鼓励小组成员努力工作以完成我们的目标					
6	理解情况检查者	我要求他人对小组的讨论内容进行总结，以确保他们理解小组决策，并了解小组正在讨论的材料					
7	参与鼓励者	我热情鼓励所有小组成员参与，愿意听取他们的观点，让他们知道我珍视他们对群体的贡献					

续表

8	促进 交流者	我利用良好的沟通技巧帮助小组成员交流，以保证每个小组成员明白他人的发言					
9	释放 压力者	我会讲笑话，并会建议以有趣的方式工作，以减轻小组中的紧张感，增加大家一同工作的乐趣					
10	进程	我观察小组的工作方式，利用我的观察去帮助大家讨论小组如何更好地工作					
11	人际问题 解决者	我促成有分歧的小组成员进行公开讨论，以协调思想，增进小组凝聚力。当成员们似乎不能直接解决冲突时，我会进行调停					
12	支持者与 表扬者	我向其他成员表达支持、接受和喜爱，当其他成员在小组中表现出建设性行为时，我给予适当的赞扬					

计分说明：1～6 题为一组，7～12 题为一组，将两组的得分相加对照下列解释：

(6,6)只为完成工作付出了最小的努力，总体上与其他小组成员十分疏远，在小组中不活跃，对他人几乎没有任何影响。

(6,30)你十分强调与小组保持良好关系，为其他成员着想，帮助创造舒适、友好的工作气氛，但很少关注如何完成任务。

(30,6)你着重于完成工作，却忽略了维护关系。

(18,18)你努力协调团队的任务与维护要求，终于达到了平衡。你应继续努力，创造性地结合任务与维护行为，以促成最优生产力。

(30,30)你是一位优秀的团队合作者，并有能力领导一个小组。

二、团队精神：合作、和谐

1. 团队和群体

所谓团队，是由人们组成的一个共同体，在这个共同体中，每一个成员都运用自己的知识和技能协同工作,解决问题,从而达到共同的目标。

团队和群体不同。公共汽车上的乘客、影剧院的观众、临时组团的游客等都不是团队,而一支球队、一个剧团、一家公司或者一个部门都可以是一个团队。成员相对稳定、角色互异而且互补、有效沟通、密切协作是团队与群体的主要区别。群体的效能可以大于也可以小于个体效能之和,而团队的效能通常是大于个体效能之和。群体经过构造与磨合可以转化为团队。团队的构成有五个要素:

(1)人:人是构成团队的核心力量,人员的结构要合理,角色要互补。

(2)目标:目标是团队存在和发展的价值所在。

(3)计划:计划是实现团队目标的程序。

(4)团队定位:一方面是指团队在组织中的定位,另一方面是指个体在团队中的定位。

(5)权限:一方面是指组织对团队的授权,另一方面是指团队内部领导者的权限。

案例 22-1 《天梯》 2008 年 9 月 25 日,神舟七号载人航天飞船顺利升空,并圆满实现航天员舱外行走,使我国成为继俄罗斯、美国之后第三个掌握太空出舱技术的国家。

在神舟七号航天工程中,翟志刚、刘伯明、景海鹏三名航天员发挥团队精神,精准配合,密切协作,出色地完成了任务。在三名航天员的背后,是 10 个左右的分系统和更多的子系统(火箭研制系统、飞船研制系统、各种设计系统、测控系统、实验系统、航天员训练系统、航天医学系统、飞船回收系统等),是 3000 多家科研单位和工厂,是数以万计的科研人员。在每个系统的背后,还有党和国家领导人、中央军委的领导组织和协调,还有国家多个部委、多个省市的协同作战,有全国各行各业的支持和协作。整个系统需要科学组织、科学运转、科学设计、科学指挥,是一场科学的大交响合奏。正如火箭总指挥刘宇所说:“每一个航天人,都是载人航天工程的一颗螺丝钉。”

☞ 描述一下你现在生活的团队,你在这个团队中担当什么角色?这个团队对你有什么影响?

学会做事 LEARNING TO DO

2. 团队精神

案例题 22-2 《螃蟹与蚂蚁》 在沿海一带，渔民们常常能看到这样有趣的现象：几只螃蟹从海里来到岸边，努力地往堤岸上爬，可不论它怎样执著，却始终爬不到岸上去。不是因为它如何的笨拙，不会选择可以顺利爬上去的路线，而是它的伙伴们不容许它爬上去：每当它爬离水面、就要爬上堤岸的时候，别的螃蟹就会争相去拉它一把，而这一把恰好把它拉了下来。那些能爬到岸上，藏于岩石缝隙中的，一定是单独行动才上来的。

与此相反，秋日的一天，在南美洲草原上人们看到了发生在另一种动物身上的现象：一片临河的草丛突然起火，火焰形成一个火圈，向草丛中央的小丘陵包围过来。丘陵上的无数蚂蚁被熊熊火势逼得节节后退，包围圈越来越小。此时的蚂蚁似乎只有承受这灭顶之灾了。然而，就在这时蚂蚁们迅速聚拢起来，你拉着我，我拉着你，紧紧地抱成一团，很快就滚成一个黑乎乎的大蚁球。蚁球越滚越快，冲向火海，冲下丘陵，冲进获得新生的小河。尽管蚁球很快就被烧成了"火球"，在噼噼啪啪的响声中，居于"火球"外围的蚂蚁被烧死了，但更多的蚂蚁却靠着团队的力量冲出了一条生路。

有人说：渔民把螃蟹放在筐子里，绝不担心它们会爬出来。有人说：在非洲大草原上，如果见到羚羊在奔逃，那一定是狮子来了；如果见到狮子在逃避，那一定是象群发怒了；如果见到成百上千的狮子和大象集体迁移逃命的情景，那就是蚂蚁军团来了！

姜戎在《狼图腾》一书中这样解读"狼文化"：敏锐的嗅觉，不屈不挠、奋不顾身的进攻精神，协同作战的团队精神。一旦攻击目标确定，头狼发号施令，群狼各就各位，嗥叫之声此起彼伏，互为呼应，有序而不乱。待头狼昂首一呼，主攻者奋勇向前，佯攻者避实击虚，助攻者嗥叫助阵。这种高效的团队协作性，使它们在攻击目标时无往而不胜。独狼并不是最强大的，但狼群的力量则是所向披靡的。

☞ 在螃蟹、蚂蚁和狼身上，你知道什么是团队精神了吗？

学会做事 LEARNING TO DO

团队精神是大局意识、协作意识和服务意识的集中体现。团队精神需要有共同认可的奋斗目标、基本一致的价值取向,需要正确而统一的组织文化理念的传递和灌输,需要彼此的信赖,需要适度的引导和协调。

约定目标、共赴前程是团队精神的前提,尊重个体、鼓励成功是团队精神的基础,互补共生、团结协作是团队精神的核心,沟通分享、宽容和谐是团队精神的关键,不断学习、不断创新是团队精神的灵魂,严守纪律、严格自律是团队精神的保障,忠诚团队、无私奉献是团队精神的最高境界。

现代社会,大到航天工程,小到车间劳动,都需要发扬团队精神,发挥团队的优势;个人只有在团队中才能找准自己的位置,才能找到自己的舞台;团队成员之间只有密切协作,优势互补,才能共同进步,共同提升。正如海尔公司所推崇的:"人的价值高于物的价值,共同价值高于个体价值,共同协作的价值高于独立单干的价值。"

三、坦诚沟通,分享观点

1. 游戏:鱼缸策略——《秀汉字》

任务:在大纸板上裁切出 5cm×5cm 的方卡 576 张,用方卡摆出 24×24 的方阵,要求摆出指定的汉字,汉字笔画部分用方卡另一面颜色显示。

分组:选出 14 名参与者,分 A、B 两组,每组 7 人,分别编为 1~7 号。

道具:150cm×150cm(或相同面积的其他尺寸)的厚纸板两张,要求纸板正反两面颜色不同;尺子、铅笔、裁纸刀各一套;草稿纸若干。

步骤：A、B两组依次进行游戏。不参与活动的人坐在周围观察。

活动准备：除上述道具外，指导者还要准备7张卡片，上面分别写上下图中的内容：

七张卡片分别写上1~7号的相应内容：

1号参与者：你是小组的领导，你想要在其他人面前炫耀自己，证明你比他们都略高一等。

2号参与者：你对自己不是小组领导很不满意，你认为你比现在的领导要强，于是试图与1号竞争，以证明谁是真正的领导。

3号参与者：你有另外的关注，你只关心小组如何用尽可能少的时间完成任务，以便你可以将注意力集中在自己的关注点上。

4号参与者：你的自信心很低落，你总不相信自己在任何工作中都被计算在内，因此，你很被动地看着小组其他成员去完成任务。

5号参与者：你是小组领导1号最好的朋友，因此，你会尽全力去帮助他。

6号参与者：你主要对自己能从小组任务中得到些什么感兴趣，一旦你看不到任何个人利益，你就变得兴趣索然、漠不关心了。

7号参与者：你是和平的维护者，你希望小组能够和谐、合作的工作。你对小组内部冲突十分不满，于是你试着用幽默和打岔来淡化这些冲突。

活动开始前，指导者将这些卡片悄悄发给A组的7位参与者，嘱咐他们按照各自扮演的角色表演，每个人的角色都是私下定的，其他人不知道。

B组活动时，指导者不给参与者安排特定的角色，但要求并指导他们努力以和谐、合作的方式去完成任务。

☞ 评价：①参与者先给自己的表现打分，并陈述打分的简单理由。②参与者再请10位其他参与者或观察者就刚才同样的问题对自己打分，打分者同样在评价分值下写出简单理由。注意：参与者对他人的反馈不要表达自己的看法，只需要接收下来即可。③互相打分结束后，参与者计算他人评价平均分，与自我评分相比较，并进行思考。

活动评价表（评分1～10分）

我是____组____号参与者，我为自己的表现打______分。

我打分的理由是：

下面是10位其他参与者或观察者为我的表现打的分：

	打分	简要陈述理由
1		

续表

2		
3		
4		
5		
6		
7		
8		
9		
10		

互评的平均分是________，与自评结果相比，差距有多大：________。

自评与互评的一致或不一致说明了什么？

你在参与的活动中感悟到了什么？

你从他人的反馈中学习到了什么？

你有哪些需要改进的地方？

2. 沟通在团队中的作用

案例 22-3 《小明的裤子》 学校发了新校服，小明裤管长了两寸。妈妈临睡前把小明裤子剪好后叠放回原处；半夜里，姐姐被雷声惊醒，突然想到弟弟的裤子还没处理，赶忙披衣起床将裤子剪掉了两寸，然后放回原处；奶奶觉轻，早上起得早，也惦记着孙子的裤子，于是也把小明的裤子剪掉了两寸。结果，小明只好穿着短四寸的裤子上学去了。

沟通的目的在于认同共同的目标和计划，遵守共同的价值观，明确各自任务和职责，从而更加有效地分工协作，形成合力；沟通的目的在于了解和理解伙伴的见解和看法，消除歧见和误解，迅速达成共识；沟通的目的在于通过交流和争论，澄清错误，辨明真理，找到更为有效的解决办法。总之，交流沟通，理解彼此的立场，分享彼此的观点，是形成和保持团队向心力、凝聚力和生产力的关键。

沟通，首先要真诚、坦诚，一切为了工作，一切为了团队，不夹带个人私利，不夹带个人恩怨，不夹带个人偏见。

其次，要明确沟通的目的，知道说什么。

第三，要明确沟通的对象，知道对谁说。

第四，要掌握沟通的场合，知道什么时间、什么地方说什么话。

第五，要掌握沟通的方法，知道用什么口气、什么方式说什么话，说到什么火候。

第六，换位思考是有效沟通的好办法。总是站在自己的角度思考问题会使思路狭隘，固执已见；试着站在对方的角度考虑问题，或者站在各方的角度考虑问题，会理解各自的感受和看法，有利于交流和沟通，同时也有利于提高自己分析问题、解决问题的能力。

☞ 想一想，议一议：在沟通过程中，还有哪些原则和技巧？

学会做事 LEARNING TO DO

四、做最好的团队

1. 什么样的团队是最好的

案例 22-4 《麦当劳的团队建设》 麦当劳有一个能源管理小组，成员来自各连锁店的不同部门，他们对怎样降低能源问题提供自己的方案，解决这一环节对企业的成本控制非常有帮助。能源管理小组把所有的电源开关用红、蓝、黄等不同颜色标出，红色是开店的时候开，关店的时候关；蓝色是开店的时候开直到最后完全打烊后关掉。通过这种色点系统他们就可以确定什么时候开关最节约能源，同时又能满足顾客的需要。

麦当劳还有一个危机管理队伍，责任就是应对重大的危机，由来自麦当劳营运部、训练部、采购部、政府关系部等部门的一些资深人员组成，他们平时共同接受关于危机管理的训练，甚至模拟当危机到来时怎样快速应对，比如广告牌被风吹倒，砸伤了行人，这时该怎么处理？一些人员考虑是否把被砸伤的人送到医院，如何回答新闻媒体的采访，当家属询问或提出质疑时如何对待？另外一些人考虑如何对这个受伤者负责，保险谁来出，怎样确定保险？所有这些都要求团队成员能够在复杂问题面前做出快速行动，并且进行相应的专业化处理。

优秀的团队具有崇高的目标和科学的计划。以高远的目标凝聚力量，鼓舞士气；同时计划周详，知道哪些事情是必须做的，哪些事情是不能做的，知道什么时间做什么事情。

优秀的团队总是不断学习、不断创新、不断超越。天天学习，终生学习；敢于突破陈规，勇于改革创新；不断提升自己，让今日之我比昨日之我更精彩，使个体与团队共同成长，共同成功。

优秀的团队团结、和谐，具有强大的向心力和凝聚力。忠诚、团结、合作是团队的信仰和灵魂。要让全体成员认同团队的目标，生成共同的愿景；要形成基本一致的价值取向，能够迅速达成共识。

优秀的团队具有良好的沟通机制。能够畅所欲言，分享观点，能够理解和接纳不同的观点，能够整合彼此的立场和利益，能够容忍同伴的失误并真诚地帮助同伴纠正错误。

优秀的团队强调纪律和原则，倡导自制和自律。

优秀的团队具有快速反应能力，能够高效率地工作。

优秀的团队具有高度的危机意识和危机处置机制。

……

☞想一想，还有什么？

学会做事 LEARNING TO DO

2. 打造一支优秀的团队

打造一支优秀的团队，必须形成科学合理的角色搭配，塑造共同的价值观念，制定明确的任务目标，并营造和谐温馨的人际环境。

(1)角色界定法：一个优秀的团队必须由各种不同的、但却是互补的成员组成，年龄优势互补、个性优势互补、能力优势互补，每个成员既承担一种功能，又承担一种角色，每个团队成员都能找到适合自己的角色，充分发挥自己的个性和智力，把自己的事情办好。

(2)价值观塑造法：团队建设的首要任务是在团队成员之间就共同价值观和某些原则达成共识。为此，必须明确建立团队的目标，明确团队的价值观和指导方针，熟知团队的任务、角色、规模、规范等。

(3)任务导向法：任务导向法就是以既定的目标为核心，确定具体的行动准

则和计划，并付诸行动。高效的团队时刻明了事情的轻重缓急，先做重要的事，再做紧急的事，最后再做不重要的和不紧急的事。

(4)人际交往法：强调团队成员之间的相互交流、沟能、合作，确保团队成员以诚实的方式形成较高程度的理解与尊重，来推动团队的工作。这主要通过开展良好的交流、沟通以及培训加以实现，通过交流来提高团队的凝聚力。

(5)和谐家庭法：团队是"家庭"的延伸，每个成员都是家庭一员，都是主人翁，同呼吸共命运，兴衰共担，荣辱与共。在团队中重视感情投入，推行亲情管理，营造"和谐家庭"的氛围。

3. 做优秀的团队成员

世界上最伟大的橄榄球教练文斯·隆马迪将一支垃圾队培养成了一支超级冠军队。他的成功经验为美国人甚至全世界人所敬佩。作为团队的领导者必须具备强烈的事业心和高度的责任感，对事业、对伙伴、对自己充满信心、热情、真诚、亲和，具有良好的人格魅力。

☞ 如果你是一个团队的领导，你认为除此之外还应具备什么样的素质和心态？

学会做事 LEARNING TO DO

☞ 如果你是团队的一员，你是否能尽快融入团队？是否能很快了解并熟悉团队的文化和制度？是否认同并遵循团队的价值观念？能否在团队中准确找到自己的位置和职责？是否能与人相处、交流和沟通？是否能够理解别人的观点并与之分享自己的思想？以团队一员的身份，谈谈你是如何实现与团队的良性互动的。

学会做事 LEARNING TO DO

三个和尚有水吃

模块23 宽　容

宽容，是这个世界上最美好的品格。有了宽容，不同的人们就能够快乐共处，怡然自得；有了宽容，纷争就会停止，干戈会化为玉帛，和平鸽会永远盘旋在人类的天空；有了宽容，隔阂会消弭，芥蒂会消失，信任的种子会在心中发芽，友谊的花朵会在心中盛开。

学会宽容吧，给他人以宽容，给自己以快乐。

一、和而不同，最美的世界

一个音符无法表达出优美的旋律，1234567，不同的音符组合在一起，才能演奏出天籁之音；一种颜色无法画出绚丽的图画，赤橙黄绿青蓝紫，不同的颜色配合在一起，才能描绘出多彩的画卷；一种味道不能做出美味的佳肴，酸甜苦辣咸，五味俱全才能调出人间仙馔。

共享“奥运大餐”

在人类历史上，各种文明都曾以各自的独特方式为人类进步作出贡献，为世界这座丰富多彩的艺术殿堂奉上瑰宝。不同的国家、不同的民族、不同的文明、不同的文化因此而和睦相处、融合交流、相互借鉴，共同演绎纷繁复杂、绚丽多彩、美好和谐的大千世界。多样性文明互相融合共存，是当今世界的基本特征，也是人类进步的重要动力。

☞ 你还知道哪些富有特色的民族文化？你是否赞同和欣赏各种不同的文化、不同的文明共存？

学会做事 LEARNING TO DO

☞ 现在，各民族之间的文化接触和交流日益频繁，不同文化之间的抵触和冲突也时有发生。一种观点认为：文化有优劣、高下之分，优秀文化应该取代劣质文化；一种观点认为：文化没有优劣、高下之分，各种文化应该相互学习和借鉴，共同发展和繁荣。你是怎么理解这个问题的？

学会做事 LEARNING TO DO

我们应该积极维护世界多样性，推动不同文明的对话和交融，彼此相互借鉴而不是相互排斥，使人类更加和睦幸福，让世界更加丰富多彩。历史经验表明，

在人类文明交流的过程中，不仅需要克服自然的屏障和隔阂，而且需要超越思想的障碍和束缚，更需要克服形形色色的偏见和误解。意识形态、社会制度、发展模式的差异不应成为人类文明交流的障碍，更不能成为相互对抗的理由。

二、宽容是最美丽的品格

1. 宽容是对差异的理解与尊重

宽容是对各种不同文化、不同文明、不同观点的理解和尊重。我们应尊重差异，包容不同；以包容的胸怀看待不同文化、不同文明；以宽容的心态对待不同文化、不同文明的差异，促进不同文明、不同文化的对话、交流和互动，减少冲突，消除对抗；反对狭隘、傲慢与偏执。

案例 23-1 《“刮痧”刮出的文化之痛》《刮痧》是一部电影，故事发生在美国圣路易斯。在美国奋斗了八年的许大同，获得了年度行业大奖。在颁奖会上，他激动地告诉大家，“我爱美国！”此时，他的儿子丹尼斯却同美国上司昆兰的儿子发生争执，尽管许大同很爱丹尼斯，他还是当众打了自己的儿子。随后，丹尼斯闹肚子发烧，他的爷爷因为看不懂药品上的英文说明，便用中国传统的“刮痧”给孙子治病。一次意外事故后，刮痧留下的血痕引起儿童保护组织的关注。为保证父亲顺利拿到绿卡，许大同承担了给丹尼斯刮痧的责任，因而被控虐待儿童，最后被判剥夺监护权，禁止与儿子见面。为使儿子能留在家里得到妻子的照顾，许大同同意“分居”；老父亲决定回国。接连不断的打击使一个平静家庭转眼间变得支离破碎，同时破碎的还有他们的美国梦。圣诞之夜，许大同思子心切，门卫却不准他进门，大同只好顺着公寓楼外的水管向位于十楼的家爬去。警车呼啸而至，大同险些坠落。幸好，老父亲临走前将真相告诉了昆兰，昆兰亲身试过刮痧后，与法官一起来到大同家宣布解禁令。关键时刻，昆兰拉起大同，一家人终于紧紧抱在一起。

☞ 谈一谈：剧中人物冲突的原因是什么？如何对待不同的文明及文化的差异？

学会做事 LEARNING TO DO

2. 宽容是一种博大的爱

宽容就是在心理上对别人的接纳，是理解他人、尊重他人的处世原则和方法。宽容就是用爱去包容，去化解。只有宽容，我们才能真正地和平相处，社会才能和谐稳定。

> 保尔·柯察金："生命属于人只有一次。人的一生是应当这样度过的：当他回首往事时，不因虚度年华而悔恨，也不因碌碌无为而羞愧。这样，他在临终的时候就能够说，我的整个生命和精力都献给了世界上最壮丽的事业——为人类的解放而斗争。"

案例 23-2 《母亲的爱》 2005 年秋的一天，两个少年在加州的一个林场里玩时，恶作剧地点燃了那片丛林。他们万万没有想到，因为这一次火灾，一名消防警察在扑救火灾的时候不幸牺牲了。这名消防警察才 22 岁，在全力以赴地履行自己的职责时，他被浓烟熏倒后烧死在丛林里头。更让人伤痛的是，这名警察早年丧父，是母亲独自将他抚养长大，成长的过程充满艰辛。他常常对母亲表示成人后要好好回报她。而这正是他参加工作的第一周，连第一次薪水都没领到。

查明是一起蓄意纵火案后，整座城市愤怒了。市长表示一定要将罪犯抓捕归案，让他们接受严厉惩罚。警察开始追捕。两名少年头像出现在各个角落。他们只能恐惧地离开这座城市，四处流窜，听着来自四面八方的愤怒声音，陷入深深悔恨、无奈和恐慌之中。

除了这两个少年，媒体的目光更多地放在了那位警察的母亲身上。他们知道，她无疑是这个世界最伤心的人。他们将话筒对准她，等待她控诉和要求严惩凶手的愤怒呼吁。

当这位母亲出现在镜头前面时，白发苍苍，一身素装，眼睛浑浊而忧伤。但当她说出第一句话时，所有的人都震惊了。她是这样说的："我很伤心地看到我的儿子离开了我，但是，我现在只想对制造灾难的两个孩子说几句话——你们现在一定活得很糟糕，很可能生不如死。作为这个世界最有资格谴责你们的我，我想说，请你们回家吧，家里还有等着你们的父母。只要你们这样做了，我会作为母亲和上帝一道原谅你们……"

那一刻，全场的记者都无语了，没人想到这位刚刚失去儿子的母亲居然会说出这样的话，他们以为等来的声音是哀伤，或是愤怒，没想到竟然是宽恕！这位母亲发表讲话后的一个小时，两名少年自首了。

两名少年告诉警察：就在那位母亲发表讲话的那天下午，他们因为承受不了巨大的社会压力而购买了大量安眠药。当他们准备一道离开这个世界时，从电

视里听到了那位母亲的声音，顿时泪如泉涌，尔后将安眠药丢到一边，拨通了警察局的电话……

现在这两名鲁莽的少年已为人父，他们会时常领着自己的孩子去看望那位可敬的单身母亲，那已经是他们心灵上的另一位母亲。

☞这位母亲的做法有什么好处？如果她以牙还牙、以暴制暴会有什么结果？她为什么能够做到宽容？

学会做事 LEARNING TO DO

3. 宽容是一种道德境界

宽容是一种品格，是一种美德，宽容是一种风度，是一种境界。宽容使人豁达，使人坦然，宽容使人明辨是非，不计个人得失，可以让人着眼于一生一世，而不是一时一事。"水至清则无鱼，人至察则无友"，世间并无绝对的真理，而且正邪善恶交错，所以立身处世的基本态度必须有清浊并容的雅量。俗话说"宰相肚里能撑船"，就是这个道理。能容天下的人才能为天下人所容。

案例23-3 《林肯宽容化敌为友》 林肯竞选总统前夕，在参议院演说时遭到一个参议员的羞辱，那参议员说："林肯先生，在你开始演讲之前，我希望你记住自己是个鞋匠的儿子。""我非常感谢你使我记起了我的父亲，他已经过世了，我一定记住你的忠告，我知道我做总统无法像我父亲做鞋匠那样做得好。"

参议院陷入了一片沉默。他转过头来对那个傲慢的议员说："据我所知，我的父亲以前也为你的家人做过鞋子，如果你的鞋子不合脚，我可以帮你修理它。虽然我不是伟大的鞋匠，但我从小就跟我的父亲学会了做鞋子的技术。"他又对所有的参议员说："对参议院的任何人都一样，如果你们穿的那双鞋是我父亲做的，而它们需要修理或改善，我一定尽可能帮忙。但有一点可以肯定，他的手艺是无人能比的。"说到这里，所有的嘲笑化作了真诚的掌声。

有人批评林肯对待政敌的态度："你为什么试图让他们变成朋友呢？你应该想办法打击他们，消灭他们才对。""我们难道不是在消灭政敌吗？当我们成为朋友时，政敌就不存在了。"林肯温和地说。这就是林肯消灭政敌的方法，将敌人变成朋友。

他，两度被选为美国总统。今天，在以他名字命名的纪念馆墙壁上刻着这样一段话："对任何人不怀恶意；对一切人宽大仁爱；坚持正义，因为上帝使我们懂得正义;让我们继续努力去完成我们正在从事的事业;包扎我们国家的伤口。”

4. 宽容是一种立世哲学

在日常生活中,宽容表现为对非原则性问题不斤斤计较,能够以德报怨。在人际交往中我们难免会遇到一些不愉快的人和事,要学会宽容,学会克制和忍耐。苏轼说得好:“匹夫见辱,拔剑而起,挺身而出,此不足为大勇也。天下有大勇者,猝然临之而不惊,无故加之而不怒,此其所要挟者甚大,而其志甚远也。”人生处世,无论在学校与同学、教师交往,还是进入社会与同事、朋友交往,都应做到心胸要宽,姿态要高,气量要大,遇事要权衡利弊,不斤斤计较,尽量团结与自己的见解有分歧的人,营造宽松的交际环境。学会原谅别人是美德,学会宽容别人是高尚。有了这样的心境,就会有良好的人际关系,就会使每一天都快乐。

案例 23-4 《六尺巷》 清朝康熙年间有个大学士名叫张英,一天他收到家信,说家人为了争三尺宽的宅基地与邻居发生纠纷,要他出面疏通关系,打赢这场官司。张英阅信后坦然一笑,挥笔写了一封信:“千里修书只为墙,让他三尺有何妨?万里长城今犹在,不见当年秦始皇。”家人遵其意让出三尺宅基地,邻居深受感动,也主动相让,结果在两家之间就形成了一条六尺巷,人们称之为“仁义胡同”。

不宽容的种子是无知和恐惧。心胸狭窄的人,一般缺少容人的气量,斤斤计较、苛求他人、固执己见。甚至以小人之心度君子之腹,对人常抱怀疑、猜忌之心,容不得不同见解,更容不得别人的过失与错误。这种不宽容一般是源于个人的不自信,源于对社会竞争压力下的恐惧,是无知与无能的体现。

三、你的气量有多大

1. 宽容的经历与体验

☞ 回想一下在你的生活经历中被别人宽容的事情,描述你当时的心情:

☞ 你有过宽容别人的经历吗？描述你当时的心情：

学会做事 LEARNING TO DO

☞ 你坚持认为自己的观点和主张很正确，但却得不到别人的理解和认同，甚至连起码的尊重也没有，你连表达看法的机会也没有。你有过这样的经历吗？描述你当时的心情：

学会做事 LEARNING TO DO

☞ 你与别人的观点和主张不一致，你愿不愿意给他一个表达自己观点的机会？你能不能认真地听取他的陈述？你会不会和他进行坦诚的交流？如果交流不成功，你会怎样处理你们之间的分歧？

学会做事 LEARNING TO DO

2. 你的气量有多大

气量，是指一个人对人对事宽容忍让的限度。俗话说，宰相肚里能撑船。气量大的人往往都有一颗宽容的心。你是一个气量大的人吗？

☞ 自评：回答下列问题，"是"画"√"，"否"画"×"，介于中间画"○"。

序号	问　题	是	否	两者之间
1	你是否乐于看到同你关系不好的人取得成绩？			
2	你是否喜欢嘲笑或贬低与你意见不一致的人？			
3	你是否欢迎原先不如你的人如今超过你？			

续表

4	你是否嫉恨才干不如你的人得到提拔?			
5	你听到有人讲你的坏话,是否能做到一笑了之?			
6	你和别人争吵以后,是否常常越想越气?			
7	你是否容易原谅别人不自觉的过失?			
8	别人讲话刺伤了你,你是否一定要回敬对方几句?			
9	你能力不如你的领导吗?			
10	朋友们是否指责你为人过于敏感?			
11	你愿意同以前和你对立的人一起共事吗?			
12	你认为老实人在生活中经常吃亏吗?			
13	别人对你的亲疏,你是否看得很轻?			
14	你是否认为不如你的人对你进行批评是一种冒犯?			
15	你是否常常认为领导对你的批评是出于成见?			
16	你是否经常感到你在工作上的努力没有得到赏识?			
17	你主张邻里相处中宁肯自己吃亏,也要搞好关系吗?			
18	你和同学经常为一点小事争吵不休,是不是?			
19	你认为任劳任怨是为人的美德吗?			
20	你是否希望用不着的亲戚越少越好?			
21	你是否不计较别人对你讲话的态度?			
22	你是否对别人的批评尤其是当众的批评耿耿于怀?			

评分原则:单数题,“是”为2分,“是与不是之间”为1分,“不是”为0分;双数题:“是”为0分,“是与不是之间”为1分,“不是”为2分。

如果总得分在40分以上,说明你是一个气量很大的人,你不计较别人对你的态度,善于原谅别人的过失,是一个很容易和同学、同事、家人相处的人。31~40分,说明你的气量还可以,在很多问题上,你能原谅别人的态度,但在有些问题上,你又同别人很计较。总的说,你是一个比较容易同人相处的人。21~30分,说明你气量不很大,在不少问题上,你计较别人对你的态度和个人得失,你和同学、同事、家人相处不时会发生矛盾。20分以下,说明你的气量很小,你经常生别人的气,认为别人和你过不去,而且试图还击或报复别人。你的情绪总是感到压抑,别人也不喜欢同你相处。

☞小组成员互评:发现对方的宽容与大度,把它说出来,并表达你对此的欣赏和赞誉。

☞ 人的气量受哪些因素的影响？对这些因素的重要性进行排序。怎样让自己成为一个心胸开阔、气量大的人？

学会做事 LEARNING TO DO

四、开放心态，包容不同

宽容是相互的，是可以传递的。我的宽容换来你的宽容，你我的宽容换来大家的宽容，大家的宽容才能换来全社会的快乐与和谐。

1. 要开放你的心态，理解和接纳不同

在经济全球化的过程中，我们会面对各个国家和民族之间的不同文化、不同文明，它们既有相互交流和借鉴，也有相互碰撞和冲突；在社会生活中，我们会面对各种不同的宗教信仰、风俗习惯，会面对各种不同的观点和思想，会面对层出不穷的新事物、新思潮。我们必须以冷静的、理性的、开放的、包容的心态，去面对，去理解，去解析，去接纳。

> 萧寒《领导要有容人的雅量》：领导要有六大容人之处，即容人之长、容人之短、容人个性、容人之过、容人之功和容己之仇。容人在于容己，俗话说：心有多宽，路有多广。他还说："在追求权力的道路上，容忍的人数越多，获得的尊重和爱戴就越广，成功的希望也就越大。"

☞ 哪些心态有助于你对"不同"的理解和包容？哪些心态影响了你对"不同"的理解和包容？

学会做事 LEARNING TO DO

2. 要加强自身的修养，提高自己的道德境界

- 培养博爱之心；
- 遇事大处着眼，多考虑他人利益，不计较个人得失；
- 善于站在他人的立场上考虑问题，处理事情；
- 包容不同见解和不同的处事方法；
- 善于表达自己的观点；
- 善于协调不同的观点，善于平衡各方的利益；
- 原谅他人或有意或无意的过失，巧妙化解矛盾；
- 严以律己，宽以待人，和睦邻里，和谐周边；

……

☞ 还有什么？请你说出来：________________。

3. 要坚持你的尝试，持之以恒，直到心态完全改变为止

尝试一次宽容很容易，但要使宽容成为一种习惯，成为一个人待人处事的原则，就不是一蹴而就、一朝一夕的事了，它需要不断地坚持，不断地尝试，不断地祛除心中的狭隘和自私，不断开放我们的思想和心态，不断地提升我们的品质和境界。

☞ 每天问问自己：今天我做到宽容了吗？________________。

☞ 现在，假如你来到了一个完全陌生的环境，这里到处都是陌生的面孔，人们操着不同的方言，有着不同的宗教信仰、风俗习惯和处事方式，不同的饮食偏好，甚至水土不服，等等。这时，你该如何看待眼前的困境？准备如何渡过？

学会做事 LEARNING TO DO

____

____

____

____

☞ 你有一个很要好的朋友，但你父母认为他身上有一些坏毛病，很不喜欢他。父母坚持要你和他断绝来往，但你不想这样。对此，你应该如何看待父母的意见？如何处理与这位朋友的关系？

学会做事 LEARNING TO DO

☞ 有一个人曾做过对不起你的事情，深深地伤害过你。为此，你们关系一直不睦。现在他突然找上门来，说自己陷入困境，只有你才能帮他渡过难关。希望你原谅他的过错，并帮他这个忙！这时，你会原谅他吗？

学会做事 LEARNING TO DO

模块24　维护公平的工作场所

公正是什么？公正是讨薪的农民工一脸无奈的诉求，公正是因工负伤的老师傅坐在轮椅上手拿一沓药费单据却不能报销时悲怆的呐喊，公正是女大学生应聘时面对性别歧视发出的激烈的呼吁，公正是生活无着的失业工人的默默祈祷……

有人为弱者奔走呼号，有人却对弱者巧取豪夺；有人视公正为社会良知，有人却把公正视为一种新的不公……

人们站在不同的立场上、从不同的视角解读公正。公正，在反复的争议中蹒跚前行，在历史的淘洲中日渐显示出其炫目的光芒。公正，日益成为一种普世的价值追求，日益成为这个时代的最强音。

追求社会公平正义，维护公正的工作场所，让我们在温馨、和谐的空气中呼吸。

一、公平与平等：普世的理想与追求

1. 追求平等，维护公平

追求平等，维护公平和正义是人类普遍追求的价值取向，是人类文明进步的重要标志。

在我国，自建立新中国以来，就把实现社会公平和正义作为社会主义建设的一项重要任务，把实现民主平等作为中华民族的共同追求。尤其在近几年的和谐社会建设中，党和国家领导对民主、平等、公平、正义问题的重视达到了前所未有的程度，这些关键词的使用频率明显提高。

——维护实现社会公平正义，涉及最广大人民的根本利益，是我们党立

为公，执政为民的必然要求，也是社会制度的本质要求。①

——我们要建设的和谐社会，应该是民主法治、公平正义、诚信友爱、充满活力、安定有序、人与自然和谐相处的社会……公平正义，就是社会各方面的利益得到妥善协调，人民内部矛盾和其他社会矛盾得到正确处理，社会公平和正义得到切实维护和实现。②

——实现社会公平正义是共产党人的一贯主张，是发展中国特色社会主义的重大任务。③

——合理的收入分配制度是社会公平的重要体现……初次分配和再分配都要处理好效率和公平的关系，再分配更加注重公平。逐步提高居民收入在国民收入分配中的比重，提高劳动报酬在初次分配中的比重。着力提高低收入者收入，逐步提高扶贫标准和最低工资标准，建立企业职工工资正常增长机制和支付保障机制。④

在国际社会，有关国际组织也制定了一系列有关工作场所公平和平等的国际文件：

——《世界人权宣言》确定的基本人权框架是“人人生而自由，在尊严和权利上一律平等”。

——《残疾人权利公约》保障残疾人享有平等、不受歧视和在法律面前获得平等的权利；享有健康、就业、受教育和无障碍环境的权利；享有参与政治和文化生活的权利。

——《国际劳工组织宣言》第二条：“任何人，不论民族、信仰或性别，都有权在享有经济保障、平等权利的自由与尊严的条件下，追求他们物质生活与精神生活的发展。”

——《国际劳工组织第100号同工同酬公约》呼吁对男女工人同等价值的工作给予同等报酬和同等津贴。

——《国际劳工组织第111号(就业和职业)歧视公约》呼吁消除在获得就业机会、培训和工作条件方面任何基于种族、肤色、性别、宗教、政治见解、民族血统或社会出身等原因的歧视，促进机会和待遇平等。

☞想一想：以上论述和国际文件的主要思想是什么？

---

①② 胡锦涛：《在省部级领导干部提高构建社会主义和谐社会能力专题研讨会上的讲话》。

③④ 胡锦涛：《高举中国特色社会主义伟大旗帜，为夺取全面建设小康社会新胜利而奋斗》。

学会做事 LEARNING TO DO

案例 24-1 《糊涂粥里的明白理儿》 从前，有七个人住在一起，每天分一大桶粥。由于人多粥少，他们决定平均分配。

一开始，他们决定由头儿负责分粥事宜。但是，大家发现，头儿每次都为自己分最多的粥。于是，人们认识到：权力导致腐败，绝对的权力导致绝对的腐败。

后来，大家轮流主持分粥，每人一天。这等于承认了个人有为自己多分粥的权力，同时给予了每个人为自己多分的机会。虽然看起来公平了，但是每个人在一周中只有一天吃得饱而且有剩余，其余六天都要挨饿。于是人们又得到结论：绝对权力导致了资源浪费。

再后来，大家选举一个德高望重的人主持分粥。刚开始他还能做到基本公平，但不久他就开始为自己和溜须拍马的人多分。所以，单纯的道德手段也不能解决问题。

再后来，大家选举一个分粥委员会和一个监督委员会，形成监督和制约。公平基本上做到了，可是由于监督委员会常提出多种议案，分粥委员会又据理力争，等分粥完毕时，粥早就凉了。

最后，大家想出一个办法：每个人轮流值日分粥，但是分粥的那个人要最后一个领粥。为了不让自己吃到最少的，每人都尽量分得平均。于是，大家快快乐乐，和和气气，日子越过越好。

☞上面的故事是怎样体现平等原则的？

学会做事 LEARNING TO DO

☞上面的故事是怎样体现公平原则的？

学会做事 LEARNING TO DO

☞ 通过上面的故事,你得到了什么启示?

学会做事 LEARNING TO DO

2. 公平、公正与平等辨析

公平、公正、平等三者是互相依赖、密切联系的。所谓平等,是指用相同的观点看待他人,是指人们在社会的各个方面享有相等的待遇和地位。所谓公正,是指处理事情合情合理。而公平则是指平等、公正地对待他人。公平包括机会公平、规则公平、起点公平、过程公平和结果公平。

然而,公正、公平、平等又是有区别的。公平包含了公正的因素,意味着要进行价值判断与规范分析,都隐含了"什么是好的、正确的"含义。而平等则是泛指地位相等,而不论其种族、民族、肤色、语言,不论其性别、年龄和健康状况,不论其社会出身、社会经济地位、宗教信仰或政治主张。所以平等意味着"相等、相同、无差别",平等的不一定是完全合情合理、公正而公平的;公正的虽然合情合理,但却未必就是平等而公平的。

二、公平:在争议中被认同

1. 由"分粥"引出的争议

还是七人分粥的故事。分粥者最后取粥的办法,大家觉得基本公平,一段时间里相安无事。可是后来,又有人提出意见:平均分配,抹杀了大家的能力和贡献,挫伤了劳动积极性,不公平,应该多劳多得,按贡献大小分粥。

于是，有人主张按职务分成若干等级并作为分粥的依据，有人主张按年龄、学历和资历分成若干等级并作为分粥的依据，有人主张按劳动能力分成若干等级并作为分粥的依据，有人把按劳动绩效和贡献作为分粥的依据……

分粥方案五花八门，争执的焦点主要集中在以下三个方面：

一是是否坚持平均分粥。前者认为粥是生存资料，应该平均分配，以保障每个人的基本生存权；后者认为粥是劳动所得，应该体现差异，有差距的收入才是公平的，拉开差距才能保护劳动者的积极性，才有利于提高效率。

二是分配差距的大小的问题。有人认为收入差距越大，越能保护人们的劳动积极性，越有利于提高效率，因而越公平合理；有人认为收入差距过大，会导致两极分化，因而是不公平的。

三是如何对待弱者。一种观点认为，保护弱者体现了社会的良知，是公平所在，天经地义；一种观点认为，抽肥补瘦、劫富济贫式地抑强扶弱，是不合理的和有害的，对弱者的过度保护就是对强者权益的削弱和侵害，无论强者还是弱者，应该平等地适用规则。

☞ 根据以上争论组织分组辩论：

辩题：①公平与效率　正方：公平会影响效率提高
　　　　　　　　　　反方：公平会提高效率

辩题：②公平与弱者　正方：保护弱者体现社会公平
　　　　　　　　　　反方：保护弱者有违公平原则

☞ 辩论：分两个大组，分别围绕上述辩题，展开辩论。辩手辩论期间，听众认真聆听，并按下表样式记录双方发言要点。

辩　题	
正方辩题：	反方辩题：
正方辩手：	反方辩手：
正方主要观点 （在你认同的观点后面方框内画“＋”，不认同的画“－”）	反方主要观点 （在你认同的观点后面方框内画“＋”，不认同的画“－”）

续表

<table>
<tr><td>1. □
2. □
3. □
4. □
5. □
6. □
7. □
8. □
9. □
10. □
11. □
12. □
13. □
14. □
15. □</td><td>1. □
2. □
3. □
4. □
5. □
6. □
7. □
8. □
9. □
10. □
11. □
12. □
13. □
14. □
15. □</td></tr>
<tr><td>正方基本观点概述：</td><td>反方基本观点概述：</td></tr>
<tr><td colspan="2">我认同的基本观点概述：</td></tr>
</table>

2. 两个值得探讨的敏感课题

在收入分配领域，公平与效率是对立统一的。一方面，公平与效率是相互依存、相互促进的。没有差距的平均主义抹杀了劳动绩效和贡献的差异，既是最大的不公平，也是对效率的最大破坏；适当拉开收入差距，既可以调动和保护劳动者的积极性，提高生产效率，也体现了社会公平与正义；但是，收入差距过分悬殊，会导致利益冲突，激化社会矛盾，严重的还会造成社会动荡，既背离了社会公正与和谐，也会从根本上影响和制约生产效率的进一步提高，不利于经济的长期稳定增长。另一方面，二者也确实存在着相互对立、相互排斥的一面。效率的提高并不必然导致公平的改进，有时在效率提高的同时，还有可能形成新的不公；公平的改进并不必然导致效率的提高，相反地，有时公平的增加也有可能会阻碍效率的进步。过度强调效率，或者过度强调公平，都会带来严重的社会问题，最终影响到整个国家和社会的安定和发展，影响到全体人民的生活福祉。

弱肉强食，优胜劣汰，物竞天择，适者生存，是自然界物种进化的铁的法则；同时，不同物种之间和谐并生，强者与弱者之间扶助共处，也是自然界的普遍现象。在社会生活中，既要激励强势群体不断奋斗，创造更多财富，也要保护弱势群体的合法权益，保障他们的基本生活，团结和凝聚全体社会成员的力量，共同推动社会的发展与进步。保护弱势群体，是社会文明进步的标志，是社会公平正义的体现，是构建和谐社会的保障。

我国对公平问题的认识经历了一个曲折发展的过程。过去，我们曾经一度把平均主义当成无可质疑的公平原则加以固守；改革开放初期，我们坚持"效率优先、兼顾公平"的原则，允许和鼓励一部分人和一部分地区通过勤奋劳动和合法经营先富起来，先富带后富，逐步达到共同富裕；后来，我们适时提出"兼顾效率与公平"，"初次分配和再分配都要处理好效率和公平的关系，再分配更加注重公平"，"把维护社会公平放到更加突出的位置，综合运用多种手段，依法逐步建立以权利公平、机会公平、规则公平、分配公平为主要内容的社会公平保障体系，使全体人民共享改革开放发展的成果"。

☞ 列举工作场所中的公平与不公平现象：

公平现象	不公平现象

☞ 列举发生在弱势群体身上的不公平现象，并进行评议：

列举不公平现象	简要评议

☞ 你认为一个公平的工作场所应该具备什么特征？小组交流并进行归纳和概括，请将关键词写在下面。

学会做事 LEARNING TO DO

三、维护公平：我们共同行动

案例24-2 《并非个别现象》 五年前，老王进城打工，半年挣了一万多块钱，但能拿到手的，仅仅是每月500元的生活费，剩余的钱老板以种种理由拖欠不给。老王多次找劳动部门反映情况，但没效果；后来一纸诉状告到法院，虽然打赢了官司，但却执行不到钱。

某酒店推行“跪式服务”，服务员小辉认为这项要求有损其人格尊严，婉言拒绝。老板以不服从管理并给酒店带来损失为由，将小辉辞退，并扣发其当月工资。

小张参加县里举行的公务员招录考试，笔试顺利过关。在面试时，评委以其右足微跛为由，低分淘汰。小张认为自己受到了不公正的对待，将有关部门告上法庭。

老黄被某单位招为合同工，工作时间长，劳动强度大，脏活累活都归他，但其工资只有正式职工的1/3。

公平正义是和谐社会的重要特征之一。从国家和政府的层面上看，维护和实现社会公平，关键是要逐步建立以权利公平、机会公平、规则公平、分配公平为主要内容的社会公平保障体系，保障和改善民生，努力使全体人民学有所教、劳有所得、病有所医、老有所养、住有所居，推动建设和谐社会。

维护和实现社会公平，必须要从法律上、制度上、体制上营造一个良好的社会环境。保证全社会成员都能够比较平等地享有受教育、就业、参与社会政治生活以及其他法律规定的权利，努力为每个社会成员提供均等的发展机会。坚持法律和规则面前人人平等，任何人、任何团体都不能有超越法律和规则的特权。

维护和实现社会公平，必须建立正确处理各种利益关系的协调机制。逐步建立深入了解民情、充分反映民意、广泛集中民智、切实珍惜民力的科学决策机制，建立正确处理人民内部矛盾的协调机制，建立社会矛盾纠纷调处机制以及社会预警机制，把维护和实现社会公平纳入多种机制有效运转的常态轨道。

维护和实现社会公平，必须不断改革和完善收入分配制度。坚持和完善按劳分配为主体、多种分配方式并存的分配制度，健全劳动、资本、技术、管理等生产要素按贡献参与分配的制度，初次分配和再分配都要处理好效率和公平的关系，再分配更加注重公平。着力提高低收入者收入，逐步提高扶贫标准和最低工资标准，建立企业职工工资正常增长机制和支付保障机制。

维护和实现社会公平，必须加快建立覆盖城乡居民的社会保障体系。要以社会保险、社会救助、社会福利为基础，以基本养老、基本医疗、最低生活保障制度为重点，以慈善事业、商业保险为补充，加快完善社会保障体系，完善城乡居民最低生活保障制度，完善失业、工伤、生育保险制度，健全社会救助体系。

☞从用人单位的层面看，维护公正的工作场所，应该怎么办？

学会做事 LEARNING TO DO

☞从个人的角度看，如何维护自己的合法权益？如何维护公正的工作场所？

学会做事 LEARNING TO DO

☞就业歧视、同工不同酬、培训和晋升机会不平等、工作关系不平等以及弱势群体的不公正待遇是工作场所中常见的五大问题，试针对这些问题，提出解决之道。

问　题	解决办法
就业歧视	
同工不同酬	
培训和晋升机会不平等	
工作关系不平等	
弱势群体的不公正待遇	

☞ 你正在从事或将要从事的工作是什么？你所在的工作场所在公平公正方面存在的突出问题有哪些？

学会做事 LEARNING TO DO

☞ 拟定一份保障公平的制度性文件——《公平宣言》。

学会做事 LEARNING TO DO

核心价值观六：

可持续发展

发展是指在家庭和社区中平等分享社会、经济利益，达到安全、自身充实，并实现自己和他人普遍的幸福和安康感。只有当这种发展是连续的、非依赖性的，不仅惠及当代还能惠及子孙时，它才称得上是可持续发展。

未来导向：提供积极的、长期的安排，在做计划和解决问题时，考虑到行动和决策对未来社会、环境的影响。

资源的合理管理：以悉心的态度对待环境，理智地利用资源，平等分享有限资源，同时顾及当代与后代。

职业道德和勤奋：指支撑个人尽最大努力提供有用产品和服务，将其作为一种开发自己潜能同时也为他人服务的动机的价值观。

负责：个人对组织或小组中所分配到的任务或某个行动方针承担责任的能力。

模块 25　可持续的生活质量

科技进步带来的各种发现和发明使人类逐渐强大起来。各种交通工具是脚的功能延伸，大大拓展了人类的活动范围；望远镜和显微镜是眼睛的延伸，使人类能探测更广阔和更微小的世界；信息技术的进步和网络的完善是嘴巴和耳朵的延伸，使远在千里之外的人们能相互沟通，地球成了一个地球村。诸如此类的成就不仅代表了科技所达到的水平，也大大提高了人们的生活质量。激光、微波、计算机、网络、核反应堆，这些东西不再是可有可无的，它们充满了人类生活的各个方面。不管我们是否意识到了它们的存在，它们都影响和控制着我们的生活。

现代人已经有了相当大的改变自然环境的能力。不过人类在享受科技进步创造的舒适生活环境时，并没有及时意识到所付出的生态代价，结果是人类被迫面对日趋严重的环境污染和地球生态危机。人与自然环境之间应该是怎样一种关系？人类能把自然看作自己的附属品吗？对环境与人类之间关系的重新考虑是 20 世纪人类文明最重要的发现之一。

一、从“女儿村”和“世界第七大洲”说起

案例 25-1 《水污染引来的女儿村》 在我国福建省清流县的高坂村，过去总共有 10 户人家，计 49 人，其中男 20 人，女 29 人，他们是 1965 年泉州兴建惠女水库时迁入的。在落户的 20 多年时间里，全村只生女婴，不见一个男婴降生。1975 年连生 7 个女婴，村民们哭笑不得，人们戏称“七仙女”下凡。高坂村因此成了远近闻名的“女儿村”。

村民们由千古流传的“风水”奥秘想到生儿生女可能与村中三口水井的水质

有关。一户生男孩心切的村民首先把家搬到了溪边，改饮溪水，第二年果然生了一个男孩。1989 年，在政府的关怀和支持下，群众集资安装自来水管，把山泉引进各户，从此，"风水"开始转向，村中降生了三男一女。后据有关部门鉴定，原先的井水受了镉污染，水中镉的含量特别高。而人体中镉元素的增加，可以影响男性胚胎的存活，这就是"女儿村"只生女不生男的原因。

案例 25-2 《北太平洋的"塑料垃圾洲"》 据法国《国际信使》周刊报道，在夏威夷海岸与北美洲海岸之间出现了一个"太平洋垃圾大板块"，可称之为世界"第七大洲"。这个"垃圾洲"由数百万吨被海水冲积于此的塑料垃圾组成。报道说，在这一地区，顺时针流动的海水形成了一个可让塑料垃圾飞旋不停的强大旋涡。数年来，北太平洋亚热带涡流将来自海岸或船队的塑料垃圾聚集起来，卷入旋涡，再通过向心力将它们逐渐带到涡流中心——一个面积为 343 万平方千米的区域(超过欧洲的 1/3)。据调查，在太平洋的这一水域，每平方千米海面就有 330 万件大大小小的垃圾，塑料垃圾与浮游生物的比例已为 6∶1，塑料垃圾的厚度可达 30 米，总重量约有 350 万吨。尽管人们现在还无法在这个巨大的垃圾板块上行走，但旋转运动使之日益密实。1997 年至今，这一垃圾板块的面积增加了两倍；从现在起到 2030 年，这一板块的面积还可能增加 9 倍。

专家们警告，"垃圾板块"给海洋生物造成的损害将无法弥补。这些塑料制品不能生物降解(其平均寿命超过 500 年)，随着时间的推移，它们只能分解成越来越小的碎块，而分子结构却丝毫没有改变。于是就出现了大量的塑料"沙子"，表面上看似动物的食物。这些无法消化、难以排泄的塑料最终将导致鱼类和海鸟因营养不良而死亡。另外，这些塑料颗粒还能像海绵一样吸附高于正常含量数百万倍的毒素，其连锁反应可通过食物链扩大并传至人类。据绿色和平组织统计，至少有 267 种海洋生物受到了这种"毒害"的严重影响。

☞ 想一想：为什么女儿村不生男婴？垃圾洲是怎么形成的？

学会做事 LEARNING TO DO

2004 年 3 月，胡锦涛在《在中央人口资源环境工作座谈会上的讲话》中指出："自然界是包括人类在内的一切生物的摇篮，是人类赖以生存和发展的基本条件。保护自然就是保护人类，建设自然就是建设人类。"但是，人类在发展中，一方面在吸吮着大自然这一人类共同母亲的乳汁，另一方面又在贪婪无情地掠

夺母亲的每一处脂肪，恨不得吸干母亲身上的每一滴血。这种自杀式的行为，已经严重危及了人类自身的生存，如何实现人类的可持续发展问题，成为全人类共同面对的一个重要课题。

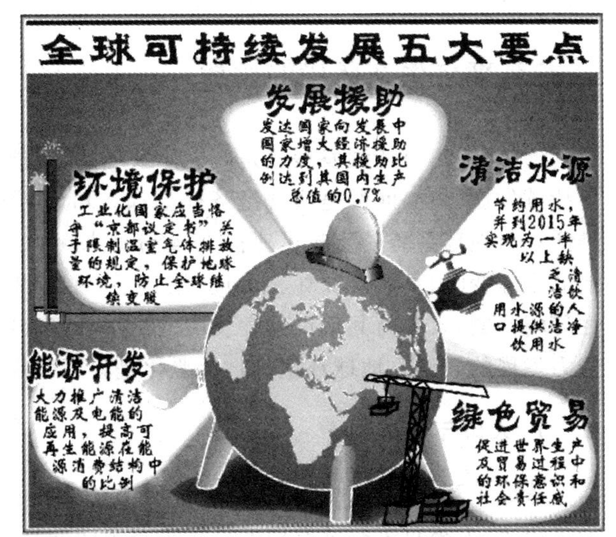

潘旭编译(新华/法新9月9日发)

据了解，"可持续发展"一词最早见诸1962年美国海洋生物学家卡森的著作《寂静的春天》。这本论述杀虫剂特别是滴滴涕对鸟类和生态环境毁灭性危害的著作，使他一度备受攻击，但书中提出的有关生态的观点最终还是被人们所接受。20世纪70年代，围绕"环境危机"、"石油危机"，全球爆发了一场关于"停止增长还是继续发展"的争论。一个名为"罗马俱乐部"的知识分子组织发表了题为《增长的极限》的报告。这份报告根据数学模型预言：在未来一个世纪中，人口和经济需求的增长将导致地球资源耗竭、生态破坏和环境污染。除非人类自觉限制人口增长和工业发展，这一悲剧将无法避免。从20世纪80年代开始，"可持续发展"一词逐渐成为流行的概念。

1987年，联合国世界环境与发展委员会发布了长篇报告《我们共同的未来》，首次提出了"可持续发展"的定义，即"既满足当代人的需要又不危及后代人满足其需要的发展"，得到了国际社会的广泛认可。1992年6月，在联合国环境与发展大会上，来自世界178个国家和地区的领导人通过了《21世纪议程》、《气候变化框架公约》等一系列文件，明确提出可持续发展的战略，并将之付诸全球的行动。可持续发展思想的形成，是人类一个世纪以来最深刻的警醒。

二、来自生态环境的挑战

通俗地说,可持续发展就是既能惠及当代,还能造福子孙的科学发展。实现可持续发展,核心问题是实现经济社会和人口、资源、环境协调发展。但由于人类活动对地球系统的影响迅速扩大,经济发展和人口膨胀带来的需求空前增长,造成全球变暖、臭氧层破坏、土地退化、物种灭绝和资源匮乏等一系列重大全球性环境问题,人类与其赖以生存发展的自然环境之间的矛盾日趋尖锐,构成了生产力发展的障碍。地球环境的日趋恶化是科学面临的严峻挑战。

1. 人口与资源对垒

造成生态环境恶化的原因是多方面的,主要包括全球生态面临越来越多的人口压力、人类对可持续发展的自然生态规律的片面认识和对自然界过量索取、国际社会缺乏有效的协调遏制机制等。

相关链接 25-3 《我国水资源短缺》 我国山川秀美,拥有黄河、长江、珠江等七大水系,河流密布大江南北,从总量上讲是水资源大国,水资源总量排在世界第六位,但也仅占全球的6%。而我国人口却占全球的23%左右,人均水资源量仅有2200m³,只有世界平均值的1/4,在联合国可持续发展委员会统计的153个国家和地区中,排在第121位,是世界13个人均水资源最贫乏的国家之一。

我国的水资源在时间和空间分布上的极不均衡,造成了局部地区严重缺水。比如,黄淮海流域人口占全国的34.7%,水资源量却只占全国的7.6%,人均水资源量仅有474m³,属于严重缺水地区;而首都北京人均水资源量不足300m³,是世界上最严重缺水的特大城市之一。北京的人均水资源总量只有世界平均水平的1/30,也就是说,如果人家喝一茶杯水的话,我们只能喝到不到10毫升的水,连一小勺都不够。

水质污染和水资源的粗放利用进一步加剧了我国水资源的短缺。人类活动将大量污染物排入了水中。目前,长江区的太湖水系、西北诸河、淮河区、黄河区和海河区有近一半的水源地水质不合格,松花江区和辽河区不合格水源地占1/3,我国有1.9亿人饮用水有害物质含量超标。2003年,我国万元GDP用水量为465m³,是世界平均水平的4倍;农业灌溉用水有效利用系数为0.4～0.5,是发达国家的1/2;水的重复利用率为50%,发达国家已达到了85%;全国城市供水管网

漏损率达20%左右，仅城市坐便器水箱漏水一项每年就损失上亿立方米。

全国正常年份缺水量约400亿m^3，全国668座城市中有400多座缺水，水资源短缺问题已成为我国经济发展和社会进步的重要制约因素，水资源已经亮起了红灯！到2030年，我国的人口将达到16亿，人均水资源量将下降到1700m^3，接近国际公认的警戒线。所以我们国家不能以破坏生态环境作为发展经济的代价，只有通过科学节水、提高用水效率才能从根本上解决我国的水问题，建设节水型社会就成为解决缺水问题最根本、最有效的措施了。

2. 经济增长与环境保护对垒

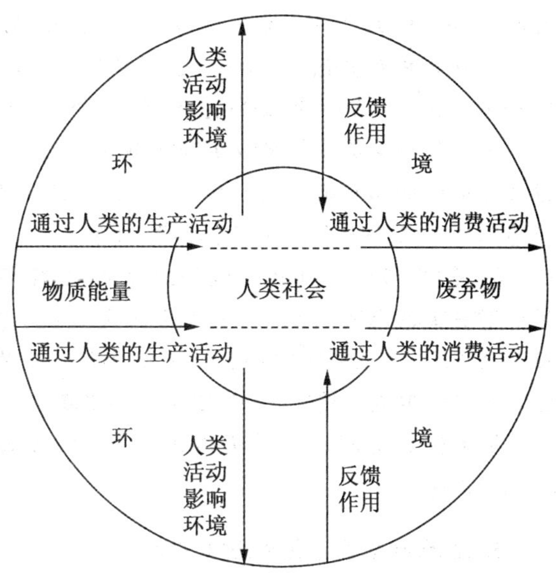

在激烈的全球经济现代化发展中，普遍存在着追求经济增长、忽视以至牺牲保护生态环境目标、忽视宏观调控和全球协调的倾向。长期以来，环境国策被各国置于次要的、附属的地位，只讲治理经济环境，不讲治理生态环境。在治理环境的对策上不是经济、社会、环境协调发展，而是先主动污染后被动治理。在全球环境治理上，各国尤其是主要发达国家往往各自为政甚至以邻为壑，很少协调对策。1987年世界银行的《世界发展报告》中，列出了33项经济发展附表，但是其中没有一项有关生态环境的指标。

相关链接25-4 《臭氧层被破坏》 还在20世纪80年代中期，联合国环境规划署在起草的报告中已提出，臭氧层遭到明显的破坏，90%应归于氯氟烃和聚四氟乙烯体。目前的工业品和生活用品大量使用了破坏臭氧层的氯氟烃等化合物。全世界大约10亿台电冰箱和数以亿计的空调器中使用了氟利昂，各种喷雾剂、发泡剂及电子器清洁剂也含氟利昂，这类产品每年在75万吨以上，氟利昂的滞留寿命在50～100年，要恢复平衡则要一个世纪的时间。美国是造成世界温室效应的主要责任者，它拥有2亿多辆汽车，排放出大量废气。

相关链接25-5 《在经济发展中趋向枯竭的石油资源》 石油是地球上经过几百万年积沉下来的矿藏。最初人们从石油中提炼煤油，把副产品汽油倒掉

不用。20世纪初美国汽车工业兴起之后，汽油才成了人类的宝贝，被大量使用于汽车、飞机，使人类得以离开家园作长距离的远行。只经过一个多世纪的消耗，几百万年形成的这个地球资源宝藏就面临着在几十年内被开采光的命运。

据美国《地理》杂志报道，全世界现在每天消耗石油8000万桶(每7桶合一吨)。美国是最大的石油消费者。在它之后，石油消费大国依次为日本、中国、俄国、德国与韩国。美国人现在每天要消耗3加仑汽油，占全世界消费的1/4，而美国的人口只占世界的5%。美国石油的2/3用于汽车、飞机和其他交通运输，还有供生产化纤衣料与各种塑料制品，几乎遍及社会经济与人民生活的每一个部门。《地理》杂志刊登的一幅普通人家的照片显示，凡是家庭内使用的物品，从汽车、家具、球类、服装、鞋子、玩具、文具到厨房用具，无不与汽油有关。甚至每生产一磅牛肉都要花3/4加仑汽油，饲养一头乳牛要花283加仑汽油，每一个汽车轮胎要用7加仑汽油来制造，可见石油对经济的重要性。

现在全世界究竟有多少石油储藏量？已经探明的大概为11500亿桶。虽然这比前两年的估计数字增长了10%，但以目前的开采速度计算，地球上的石油储量只够满足全世界石油消费需要41年。

据美国能源部门估计，今后20年内，世界石油还能供求平衡，但20年后就要面临缺油的局面。虽然中东仍是世界最大的供应者，波斯湾仍将供应全球石油的1/2或2/3，但是沙特已经有几十年没有发现新油田，很多旧油井已经灌水。目前世界还没有油荒，跨国石油公司正在西非、俄国与其他地方寻找新的油源。但从长远看，世界越来越接近油源枯竭的日子。这一天可能在一两代人的时间内到来。①

3. 发展中国家与发达国家对垒

一般说来，发展中国家主要依赖粗放型经济追求经济增长，生态环境恶化往往有甚于发达国家。前任联合国环境规划署署长莫里斯·斯特朗说："我们常听到的'生态灾难'，其出现于发展中国家的可能性比发生于富裕国家的可能性大得多，因为后者具有应付这种问题的人力和物力。"

发展中国家环境恶化还在于发达国家向发展中国家转嫁环境污染，20世纪末每年从北美和西欧输出到亚、非发展中国家的各种有毒废弃物就多达200万吨。这种情况在21世纪之初发达国家现代化经济转型中尤其明显。

☞意识到环境问题严重性了吗？你知道有哪些不利于人类可持续生活质量的行为(如掠夺性采矿)吗？请列举两三项，并谈谈危害。

---

① 据中新网2004年10月25日《世界石油资源何时会枯竭?》编删。

学会做事 LEARNING TO DO

评价

三、在反思中觉醒

1. 一个大国的庄严承诺

最近20多年，我国经济持续以年平均9%的增长率高速增长。但我国是一个发展中国家，在人与自然关系上，在生产发展与环境问题的关系上也出现过不少问题，如环境污染问题、资源浪费问题、过度开发和使用农牧业用地问题、土地荒漠化问题等。这些问题，已引起我国社会各界的高度重视，温家宝在2006年4月17日全国环境保护大会上分析了“十五”时期环境保护的指标没有完成的三个原因：“一是对环境保护重视不够。一些地方重经济发展，轻环境保护，甚至不惜以牺牲环境为代价换取经济增长；只顾当前，不计长远，考虑局部利益多，考虑全局和整体利益少。”“二是产业结构不合理，经济增长方式粗放。特别是一些地方上了不少小钢铁、小水泥、小化工、小造纸、小皮革等项目，加剧了环境污染。”“三是环境保护执法不严，监管不力。甚至存在地方保护主义。”这实际上是一个国家的总理对环境破坏者的严肃批评，也反映了我国政府对环境问题的关注。

通过转变经济增长方式实现可持续发展正在成为我国经济社会发展新模式。2003年以来我国明确提出要践行“科学的发展观”，为了打破土地、淡水、能源、矿产资源和环境状况对经济发展构成的严重制约，中央提出：“要把节约资源作为基本国策，发展循环经济，保护生态环境，加快建设资源节约型、环境友好型社会，促进经济发展与人口、资源、环境相协调。推进国民经济和社会信息化，切实走新型工业化道路，坚持节约发展、清洁发展、安全发展，实现可持续发展。”①这是个目

① 胡锦涛：《在省部级主要领导干部提高构建社会主义和谐社会能力专题研讨班上的讲话》，载《十六大以来重要文献选编》(中)，中央文献出版社2006年版，第696页。

标，是我国在对改革开以来经济社会快速发展经验进行总结、对发展中的教训进行反思基础上提出来的，表现了一个大国对她的人民、她的子孙高度负责的精神，也昭示了她对全人类高度负责的大国情怀，是她向全世界作出的庄严承诺。

2. 对生活的自我反思与评判

节约资源、保护环境、发展循环经济是保证可持续的生活质量、实现全面协调可持续发展的最好途径。而做到这些，既需要国家行为、政府行为，也需要组织行为和个人行为。

☞ 甘地说："地球对于每个人的需要都是足够的，但对于任何人的贪婪却是不够的。"你对这句话是怎么理解的？

学会做事 LEARNING TO DO

☞ 作为地球上的一员，你真正关注我们的环境了吗？你把自己看作是环境的守护者了吗？

学会做事 LEARNING TO DO

☞ 请在一张纸上列出你以前购买消费的所有东西，然后将它们进行分类，填入下表的三个栏目。

基本需求 (Need)作为一个人生存的 必要条件	较高需要 (Want)获得舒适生活的 重要条件	过分需求 (Excesses)不可管理的 奢侈需求

请大家讨论并仔细回答下面的问题：

☞ (1)消费方式反映了我自身一个什么样的面向环境的态度？

学会做事 LEARNING TO DO

☞(2)如果实现了我较高的需求和过分需求，会给环境带来什么影响？

学会做事 LEARNING TO DO

☞(3)我对自己目前的消费方式的判断与认识。

学会做事 LEARNING TO DO

☞(4)为了成为一个友好环境的看护者，我应如何改变目前的消费生活方式？

学会做事 LEARNING TO DO

四、走向可持续的生活方式

1. 我能做什么

面对全球日益严峻的环境问题，你真正关注我们的环境了吗？你把自己看作是环境的守护者了吗？

为了我们的地球，为了我们的生活质量，为了美丽的家园，让我们做一些力所能及的事，使自己真正成为一个环境与资源的看护者。

——Refuse　拒绝那些损害环境的、不需要的商品与服务，如对使用塑料袋说不，以防止产生不可再生的废物。通过降低对它的需求来减少生产。

——Reduce　减少不必要的商品与服务消费，如减少电力消费以节省发电需要的资源，降低对电能的消费，将减少大坝的建设，从而减少对土地的占用。

——Reuse　物品的回收再利用，可减少对新产品的需求，从而降低对自然资源的消耗，如回收利用旧瓶子，以防止它们变为更多的非生物废品。

——Repair　修理物品，如修理旧家具，不仅可以节省开支，还是对环境友好的表现。

——Recycle　循环利用物品，确保它们用于其他形式。例如我们使用过的废纸被循环加工为纸板或手工纸，就可以节约不少木材。

2. 马上行动，做一个真正的环保人

☞请仔细填下表格内容，承诺并行动：

项　目	内　容
Refuse	
Reduce	
Reuse	
Repair	
Recycle	

☞参照前面的两个案例，在课后收集一些由于资源、环境破坏对人们的生活产生危害的小故事，并讲给你周围的人听。

学会做事 LEARNING TO DO

模块 26　可持续发展的工作场所

企业要长盛不衰、永葆生命力，就一定要成为一个生态型企业。社会就像是一片森林，而企业就是其中的一棵树，这棵树要吸收阳光和雨露，和整个森林形成生态循环，创造良好的生态环境，同时树也与森林共同成长。只有这样，企业才会有持续发展的空间，才能与社会共同成长。

一、什么是理想的工作场所

案例 26-1　《三个砌墙工人》　有人看到三个砌墙工人在烈日下工作，但神情各异，不免好奇地问："请问你们在干什么？"第一个人没好气地问："没看见吗？我在砌墙！"第二个人苦笑着说："我在建一幢大楼，不过这份工作可真是不轻松啊！"第三个人嘴里哼着小调，欢快地说："我在建一座美丽的新城市。想想能够参与这样一个工程，真是令人兴奋。"

十年后，第一个人依然在砌墙；第二个人则坐在办公室画工程图——他成了工程师；第三个人，是前两个人的老板。

☞ 讨论：在同一工作场所的三个工人，为什么会有不同的未来？这样的结果与他们对工作场所的理解有关吗？

学会做事 LEARNING TO DO

第一个人只是被动地接受工作，在他看来，工作的场所只不过是眼前的堆满

了砌墙砖的建筑工地;第二个人看到近程的产品,工作场所在他眼里是未来的大楼;而在第三个人头脑中,工作场所是可持续的,不仅在近期内将出现一座高楼,而它的前景则是一座拔地而起的美丽的城市。第三个人真正看到了工作场所的远景,为自己制定了更高的目标,所以成就更大。

一个人的事业能否做大取决于他的胸怀与视角有多宽阔。同样,一个组织(国家、企业等)的经济利益和未来的长远发展也是如此:在思考问题、做计划和解决问题时,不能只图眼前利益,而要有积极的、长期的部署和安排,要考虑到目前的行动和决定对未来社会和环境的影响。

☞结合案例想一想,理想的工作场所应具有的一般特征是什么?根据你原有的职业价值观,你想象中的有理想工作场所是什么样的?

学会做事 LEARNING TO DO

☞想一想:图中工作场所各有什么特性?

学会做事 LEARNING TO DO

二、工作场所可持续性的反思

1. 人类的工作场所在哪儿

可持续的工作场所是指在空间上能够扩展、时间上能够延续的工作场所。它反映出作为工作主体的人与作为工作客体的自然界在时间和空间两个不同维度上的不同关系。其中，工作场所是空间的维度，可持续是时间的维度。

在现实生活中，人们对工作场所的空间扩展已经给予了足够重视，科学技术在人类工作场所的空间扩展上起了重要推动作用。目前，工作场所的概念已不再仅仅指我们工作的工厂或车间、公司或办公室，也不仅仅局限于我们生存于其间的小小地球，而是奔向了太空。运载火箭、人造卫星、宇宙飞船、航天飞机、太空探测器等先进设备已帮助我们在月球留下了足迹，在火星上打上了印记，在茫茫太空留下了我们的声音，而太空站的建立则使我们在宇宙间开辟、占据了一块新领地。因此，工作场所新概念的外延，不仅包括了传统意义上的工厂、车间、办公室，也不仅包括我们工作于其上的地球，还应包括人类活动所能达到的宇宙空间。

☞ 想一想：人类的工作场所究竟有多大？能找出几个促使人类工作场所空间扩展的例子吗？请写在下面：

学会做事 LEARNING TO DO

2. 人类的工作场所能持续多久

案例 26-2 《太阳墓与楼兰古国的消失》 据考证，楼兰曾是个河网遍布、生机勃勃的绿洲，然而声势浩大的“太阳墓葬”却为楼兰的毁灭埋下了隐患。太阳墓位于孔雀河古河道北岸，1979 年冬被考古学家侯灿、王炳华等发现，古墓有数十座，每座都是中间用一圆形木桩围成的死者墓穴，外面用一尺多高的木桩围成 7 个圆圈，并组成若干条射线，井然有序，蔚为壮观，呈太阳放射光芒状。有的墓中成材圆木达一万多根，数量之多，令人咋舌。专家认为，大规模修建“太阳墓”是导致罗布泊附近沙化的重要原因之一，因此，修建太阳墓也是楼兰古国被沙海淹没的原因之一。楼兰人在为自己造墓的同时，也在不知不觉中埋葬了自己的家园，断绝了子孙后代的生机。

案例 26-3 《5500 吨太空垃圾困地球、威胁航天飞机》 1957 年 10 月 4 日，前苏联成功地发射了第一颗人造地球卫星，揭开了人类空间时代的序幕，同时也为太空送去了第一批垃圾。当时，宇航员完成飞行任务，把卫星的装载舱、备用舱、仪器设备及其他遗弃物都留在了卫星轨道上。此后，随着人类太空史上的一次次壮举，太空垃圾与日俱增。据统计，目前约有 9000 多块太空垃圾在绕地球飞奔，总重量超过 5500 吨，而其数量正以每年 2%～5%的速度增加。

科学家们预测：太空垃圾以此速度增加，将会导致灾难性的连锁碰撞事件发生，如此下去，到 2300 年，任何东西都将无法进入太空轨道。

☞ 你从以上案例中悟到些什么呢？你感觉人类的工作与生活场所能持续多久？

学会做事 LEARNING TO DO

三、组织的未来导向和可持续性发展

工作场所的持续性问题，实质上是人类发展的持续性问题。这首先是社会组织和企业的管理问题，是企业怎么发展、能不能可持续发展的问题。企业可持续发展是在 1984 年世界环境管理工作会议上提出来的。在此次会议上，各参加方代表一致认为：全球日益严峻的环境问题产生的根源是各国的企业，企业界必须认识到污染既是一种浪费又是一种生产的低效率现象；同时，企业也是解决环境问题的重要力量。因此，为了实现人类文明的永续发展，人类必须做好环境保护工作，而企业为了实现永续发展，必须重新定位自己，放弃危及企业生存和发展的不文明生产方式和管理风格，形成未来导向的管理风格。

1. 两种不同的管理风格：机械型管理和社会生态型管理

从发展的趋势看，近几年组织和企业在管理风格上正在发生着深刻变革：如从机械系统向生命系统转变，从系统控制向系统学习转变。不少企业在自组织、参与和合作、灵活和内涵、信任和自治以及社区意识等方面有明显进步。

☞ 以下是两种不同风格的企业管理模式，请与自己理想的管理风格和工作场所进行对比，并讨论每一种管理风格的特点：

机械型管理	社会生态型管理
目标导向	趋势导向
产品导向	过程导向
控制变化	促进变化
关注单一变量和局部	关注各种关系和全局
偶然关联意识	危机意识
基于权利的等级体系	各层级的领导力和自我管理
命令和控制	民主的和参与的
垂直组织结构	扁平和整合的组织结构
从“外部”系统进行干预	来自内部，与内部系统合作

续表

对预测感兴趣	对可行性感兴趣
问题—解决	问题再定位和改进形势
适应性学习	适应性、创造性和批判性学习
外部评估	自我评估和支持
定量的指标	定量与定性的指标
计划	设计
封闭的	开放的

☞讨论：上述两种管理风格看起来如何？感觉如何？听起来又如何？

学会做事 LEARNING TO DO

☞讨论：管理风格对工作场所有何影响？

学会做事 LEARNING TO DO

在传统的思维观念中，人们习惯于将企业与外部生态圈割裂开来，以对立甚至对抗、征服的姿态去处理与企业息息相关的"生态圈"中其他成员的关系。这样的企业往往看重眼前既得的利益，而不惜以破坏外在的生态环境为代价；注重短期效益的掠夺式索取，而不注重内在的支撑体系的建设。其后果不外乎：自以为是、自取消亡；功能退化，慢慢被其他竞争对手所取代；即使取得了一定的市场业绩也无异于建在沙滩上的楼阁，随时面临倒塌的危险。

2. 组织与企业的未来导向与我国的实践

组织与企业的未来导向归根结底就是组织与企业的可持续发展导向。什么是未来导向？国际教育与价值观教育亚太地区网络给未来导向的定义是："在考虑问题、计划解决问题时，要有一个积极的、长期的部署与安排，要考虑目前的行动和决定对未来社会和环境的影响。"美国著名学者丹尼斯·梅多斯（Dennis L.

Meadows)在描述可持续发展的社会时说:"一个世世代代相传的、富有远见的、足够灵活和足够明智的社会,她决不允许自己的自然体系和社会体系的支柱有任何动摇。"动摇了这些支柱人类就没有了明天,社会就没有了未来。因此,人类现时的活动能不能考虑未来、坚持未来导向事关人类发展可持续性的大问题。

目前,未来导向和可持续发展在我国生产实践中越来越受到重视,尤其是以"绿色奥运"为核心理念的北京奥运会,不仅以底蕴丰富的中华文化内涵、光彩夺目的场馆和突出的运动成绩成为一届真正的无与伦比的奥运会,同时也通过大会筹备工作向世界彰显了一个负责任的大国关注未来、走可持续发展道路的魄力和愿望。

为实现北京"绿色奥运"的理念,北京奥运会采取了新能源汽车、建筑节能、可再生能源供应以及绿色照明等大量节能减排措施。北京奥运会这一系列"节能减排"行动的开展,向全世界展示了中国应对全球变暖、减少温室气体排放的决心,将成为我国举办大型国际活动、积极应对气候变化的成功典范。据统计,北京奥运会实施了358个"绿色奥运"项目,包括新能源项目69项、建筑节能项目168项、水资源项目121项。

北京奥组委环境工程部副部长余小萱介绍说,在200万平方米的奥运工程中,有26.7%的面积将使用可再生能源等绿色能源。168个建筑节能项目所节约的能源,相当于每年减少20万吨二氧化碳的排放。

案例26-4 《节能环保典范:"鸟巢"从土壤中吸收能量》 北京奥运会的主会场因外形酷似一个椭圆形鸟巢而得名——鸟巢。因为其新颖独特的设计,它被美国《时代》周刊评选为2007年世界年度十大建筑奇迹之一。整个建筑由24个倾斜的主钢柱和大量辅助钢柱相互支撑,共同形成了完整且坚实的"鸟巢"。"鸟巢"安装了100千瓦的太阳能光伏发电系统,日均发电量超过200千瓦时,可为1.5万平方米的地下车库提供充足的照明电;使用先进膜结构,确保了体育场内部亮度,节约了能源;更引人注目的是,"鸟巢"使用了地源热泵,从土壤中吸收能量补偿体育场空调系统等。

案例 26-5 《水立方具有自洁功能，一年可回收雨水量一万吨》 国家游泳中心"水立方"3 万平方米的屋顶可以把雨水 100%收集，通过雨水系统自动补充到场馆水体；加上场馆本身的"中水"处理系统，基本可以实现污水的"零排放"；膜结构等相关技术使自然光能得到充分利用，现在"水立方"平均每天 9.9 小时使用自然光，省电效果显著，并且这种薄膜可根据天气的冷热变化扩张和收缩，有自我清洁、节能、隔热保温等功能。

案例 26-6 《新能源汽车奥运环保车，奥林匹克中心区"零排放"》 奥运电动公交车使用锂离子电池为动力，具有零污染、零排放、能量密度高、体积小和循环使用寿命长等优点。除此之外，它们还有一个环保亮点，即采用国际上先进的纳米领域技术"光触媒"，在出厂前进行了车内自清洁除味喷涂。采取这样的措施后，车内器具与内饰表面可以长期发挥杀菌、脱臭、防霉、净化空气和增加负氧离子的自清洁功能，从而有效消除车厢内的空气污染。

案例 26-7 《青岛风能路灯体现"绿色奥运"主体》 青岛奥林匹克帆船中心围绕"绿色奥运"，采用先进节能的理念。奥帆中心安装了 168 盏太阳能景观灯、41 盏风能路灯，每年可节电达 1.7 万度以上。奥林匹克帆船中心内部交通全部采用电瓶车和自行车，在节能降耗的同时体现了"绿色奥运"的主题。

☞讨论、评价北京奥运会建设项目在体现未来导向思想、促进我国企业可持续发展中示范作用。

学会做事 LEARNING TO DO

四、行动与思考

☞作为个人，应该用什么样的行动来促进工作、学习场所的可持续性？

学会做事 LEARNING TO DO

____

____

____

____

☞通过讨论,大家一起制定一组有利于工作场所可持续性的实践原则,如:

一个可持续的工作场所的重要基础是____________________。

评价一个工作场所是否具有可持续性的标准是____________________。

可持续的工作场所支持____________________(样)的实践。

在这些可持续的工作场所工作可以提升____________________。

模块 27　可持续发展社会的新道德

可持续发展是道德在经济和生态环境等社会领域的回归，是生态道德的一种表现形式。

无论是发达国家还是发展中国家，我们作为同一个地球人，保护生态环境已经成为全球性共识，我们对子孙后代的责任应该是重大的。我们有义务、有责任去保护我们的家园。生态道德应该随着社会的发展逐步地建立起来，加强生态道德建设、维护生态和谐发展规律是我们人类的责任，也是我们坚持社会主义的科学发展观，构建资源节约型、环境友好型的和谐社会的必然要求。

一、生态危机，人类危急

随着科学技术和现代生产方式的不断发展，人与自然的和谐产生缺失。一方面人们生活水平不断提高，另一方面全球性的生态灾难和环境污染日益严重。由于人们片面追求眼前的物质利益，过度地向自然索取，导致了能源短缺、气候异常、自然生态出现危机，人类的生存发展受到威胁。

1. 林退沙进——荒漠化与森林锐减

你见过沙漠吗？它一望无际，没有水，见不到绿色，只有无尽的，代表荒凉、贫困和死亡的黄沙。人类历史既是不断地砍伐森林的历史，也是不断地被沙漠逼迫得沙进人退的历史。荒漠化的残酷活现出大自然恶化后怎样置人于死地的真情实景。

什么是荒漠化？1992年联合国环境与发展大会这样定义说："荒漠化是由于气候变化和人类不合理的经济活动等因素使干旱、半干旱和具有干旱灾害的半湿润地区的土地发生退化。"土地开垦成农田以后，生态环境就发生了根本的变化，稀疏的作物遮挡不住暴雨对土壤颗粒的冲击；缺少植被而裸露的地表日晒风吹，不断地损失掉它的水分和肥沃的表层细土；单调的作物又吸收走了土壤中的某些无机和有机肥料，并随收获被带出土壤生态系统以外，年复一年，不断减少着土壤的肥力，导致土壤品质恶化，于是水土流失便加速进行。

相关链接27-1 《可怖的恶魔》 土地荒漠化是全球性的环境灾害，它已影响到世界六大洲的100多个国家和地区，全球约有1/6的人口生活在这些地区。目前，全球荒漠化的面积已经达3600万平方千米，占整个地球陆地面积的1/4，全世界受荒漠化影响的国家有100多个，约9亿人受到荒漠化的影响和威胁。全世界每年因荒漠化而遭受的损失达420亿美元。

我国是世界上沙漠面积较大、分布较广、荒漠化危害严重的国家之一。沙漠、戈壁及沙化土地总面积为168.9万平方千米，占国土面积的17.6%。除西北、华北和东北的12块沙漠和沙地外，在豫东、豫北平原，在唐山、北京周围，在北回归线一带还分布着大片的风沙化的土地。近20年来沙化土地平均每年以2460平方千米的速度在扩展。中国每年因荒漠化危害造成的损失高达540亿元。

在中国，因风蚀形成的荒漠化土地面积已超出全国耕地的总和。由于水土流失，中国每年流失土壤达50多亿吨，使土地资源遭受严重破坏。在我国，直接受荒漠化危害影响的人口约有5000多万人。西北、华北北部、东北西部地区每年约有2亿亩农田遭受风沙灾害，粮食产量低而不稳；有15亿亩草场由于荒漠化造成严重退化；有数以千计的水利工程设施因受风沙侵袭排灌效能减弱。

森林减少是导致荒漠化的主要原因之一。森林对维系地球生态平衡、净化空气、涵养水源、保持水土、防风固沙、调节气候、吸尘灭菌、美化环境、消除噪音起着重要的不可替代的作用。现今，地球上仅存大约28亿公顷森林和12亿公顷稀疏林，占地球陆地面积的1/5；森林破坏的速度为每年1130万公顷。

森林锐减的事实足以让当代人清醒，以为在用自己的双手开发资源、建设美好的家园的许多活动，实际上却在破坏自己的生存环境，断送后代人的幸福。实际上，这种后果已日益严重起来。

中国历史上曾是个森林资源丰富的国家，但经历代的砍伐破坏已成为一个典型的少林国家，森林覆盖率和人均占有量居世界后列。据1996年统计结果，我国森林面积为12863万公顷，覆盖率13.39%，远低于世界平均水平（1987年为31.1%），人均林地面积不足0.114公顷，只有世界平均水平的14.2%，人均占有森林蓄积量8.3立方米，只有世界平均水平的13.7%。

2. 生命之源——触目惊心的污染现状

地球上水储总量为138.6亿亿立方米，但其中97.5%是咸水，而在其余2.5%的淡水中又有近69%被冻在地球的两极地带，30%储存在地下含水层和永久的冻冰中。湖泊、河流、土壤中所容纳的淡水只占淡水储量的0.33%。也就是说，人类可以利用的地表淡水量仅有100万亿立方米。这就是维系生命循环与代谢的地球总水量。目前，世界上有100多个国家和地区缺水，其中28个被列为严重缺水国家和地区。预测再过30年，缺水国家将达到46～52个，缺水人口将达28亿～33亿人。

水是有限的，水是宝贵的，水是不可再生的。面对如此惨痛的教训，每一个地球人都要自觉地树立节水意识，拧紧水龙头，节约每一滴水，减少和杜绝人为的水污染。水污染是文明的污染，是时代的污染；水消失是民族消失，是人类灭亡！

3. 气候变暖——环境破坏的恶果

观测数据表明，自19世纪末以来，全球平均气温升高了0.3℃至0.6℃，尤其是近10年来的全球平均气温升高幅度已创过去110年间的最高纪录。联合国环境规划署及世界气象组织的研究表明，21世纪地球表面温度将以大约每10年升高0.3℃的速度上升，预计到2100年将使地球平均气温升高3℃，大大超过以往1万年的速度。

相关链接27-2 《气候变暖的恶果》 温室效应对全球气候环境的最大影响就是使全球气候逐渐变暖，这将在全球范围内对气候、海平面、农业、林业、生态平衡和人类健康等方面带来巨大的影响。地球是个极其敏感的生态系统，平均气温的任何微小变化都会使人类的生存环境产生剧烈的变动。全球变暖，气温升高，将会使海洋上层水温升高，以及使冰川融化，造成海平面上升。海平面升高的后果是极其严重的，它将直接威胁到沿海国家以及30多个海岛国家的生存和发展。联合国的专家小组经电脑模拟试验后曾得出这样的结论，当2050年全球海平面升高30～50厘米时，世界各地海岸线的70%将被海水淹没。美国环保专家的预测更令人担忧，再过50～70年，巴基斯坦国土的1/5、尼罗河三角洲的1/3以及印度洋上的整个马尔代夫共和国，都将因海平面升高而被淹没；东京、大坂、曼谷、上海、威尼斯、圣彼得堡和阿姆斯特丹等许多沿海城市也将完全或局部被淹没。气候变暖会使亚热带向北扩展，北极地带的夏季明显变暖，大大延长作物的生长期。气候变暖还可能使半干旱的热带地方变得更加干旱。

所以，气候变暖既危害自然生态系统，又威胁人类的食物供应和居住环境。生物是全球变暖首当其冲的受害者。森林、湿地和极地冻土的破坏，导致生存在其中的许多物种加速灭绝。海水变暖、冰川冰帽融化和海平面升高，大片沿海湿地上的水产养殖将被吞没，亚洲低洼三角洲上的水稻种植遭受的经济损失将无法估量。许多科学家担心，人类改造地球的活动中，影响最为深远的是地球升温，因为它会使其他变化发展为灾变。升温将使一些地区出现更具灾害性的暴风雨，造成洪灾，另一些地区，特别是大陆的内陆区域雨量减少，造成旱灾。

二、构建可持续发展的新道德

1. 发展与可持续能力：两种道德需求的对立统一

按照联合国世界环境与发展委员会发布的名为《我们共同的未来》这一报告的定义，所谓“可持续发展”，就是指既满足当代人的需要，又不对后代人满足其需要的能力构成危害的发展。这一概念的提出是要平衡两种道德需求：

第一个需求是“发展”需求，包括经济增长或者经济发展。这主要源于发展中国家人民的利益需求，因为目前贫困给他们带来了低质量的生活，所以他们的生活需要改善质量，应将此放在特别优先的地位来考虑。

第二个需求是“可持续能力”需求，即我们不能为了眼前利益而透支未来。这主要源于对子孙后代利益的考虑。我们的子孙要有高质量的生活，就需要有非再生资源，需要有近乎没有破坏的荒野和一个健康的生态地球。其核心理念是公平与共同的环境利益，它不仅关注每一代人内部的公正，而且关注各代人之间的社会公平。

显然，当前经济的发展是威胁自然环境的主要原因，两种道德需求是有冲突的。但人类应当也必须找到这两种需求间的平衡，使两者都达到一定的满意程度，"既满足了当代人的需求，也没有损害子孙后代满足他们需求的能力"。因此，我们就需要重新审视修正职业道德和产业发展模式。

2. 人类社会、自然环境：同一的命运共同体

人类社会与自然共存于一个复杂的动态的整体系统中，在这个系统中，自然不但供给人类物质上需求，而且提供人类智慧、道德、社会以及精神上成长的机会。大自然是人类的真正上帝，人类应当成为自然的守护者。

人不仅居于自然，取于自然，而且还要依赖他与自然的关系与自然共同进化。人在自然面前，不应是掠夺者，而应是建设者、美化者。拯救自然就是拯救人类自己，损害自然就是损害人类自己，自然的崩溃就是人类的衰亡，自然的命运就是人类自身的命运。可见，当代人与自然之间的依赖与超越关系具有生死与共、休戚相关的意义。

3. 人类道德的新境界：以尊重和保护生态环境为宗旨的生态道德

从人类社会与自然环境的上述关系出发，人类必须修正、更新观念：在改造自然的同时，在向自然索取经济利益的同时，人要勇于承担起责任，而不是把责任推给毫无知觉、没有灵性的自然界；人在调节与自然的关系的同时，要以维护"人类共同利益"为出发点，以利于整个星球的安全和繁荣，确保人类自身的持续长久发展；必须把人类的权力观、道德观和价值观推广到人与自然的关系中去，承担起人对自然进行保护的道德义务和道德责任。因此，我们必须扩展道德功能的领域，把传统道德扩展到调整人和人以及人和自然的关系，重视道德保护环境、保护自然的功能，即要倡导社会新道德——生态道德。

生态道德以尊重和保护生态环境为宗旨，以未来人类继续发展为着眼点。生态道德强调人的自觉和自律，强调人与自然环境的相互依存、相互促进、共存共融。与以往的思想与理念强调在改造自然中发展社会生产力，不断提高人类的物质文化生活水平不同，生态道德突出强调在改造自然中要保持自然生态平衡，要尊重和保护环境，不能急功近利，吃祖宗饭，断子孙路，不能以牺牲环境为代价获取经济的暂时发展。生态道德的构建，是新时代人类处理环境和生态问题的新视角、新思想，是人类道德的新境界，标志着人类道德的进步和完善，同时

也标志着人的全面发展。①

衡量一个国家、一个民族的经济实力，不仅要看其经济增长率，更重要的要看其现代生态道德的确立与实施。一个以牺牲生态平衡求得的经济增长率，最终会牺牲整个人类的命运。只有在高度理智的现代生态道德指导下的人类实践，才有可能使自然生态系统在“平衡到不平衡”中达到新的、更合理的平衡。

4. 传统产业发展模式：可持续发展能力的潜在杀手

所谓传统的产业发展模式就是最大限度地追求提高经济增长率，实现经济迅速增长所采用的大规模生产方式。由于这一生产方式已相当成熟，许多国家对此奉行一种鼓励和促进的政策，强调产品的大批量生产，追求集中的生产技术，创办大工厂和产销集团，追求高附加值的工业制成品。这是典型的以大量消耗资源和能源为前提的经济增长模式，它体现“以人为中心，向自然界索取”的价值理念。这种经济增长模式，是以假定资源可以无限制提供、开发为前提的，而事实上恰恰相反。由于这种经济增长模式对生物圈构成强大冲击，作为人与自然的矛盾便具有了全球规模，不利于实现可持续发展。

经济增长与发展是自然环境的主要威胁，但经济增长与发展又是必要的。因此，基于可持续发展新道德的经济增长与发展，应当是以人为本、全面协调可持续的科学发展。这种发展在规模、速度上应当是有所“节制”的发展，在发展的方式上应当考虑和探讨新的经济发展模式，走资源节约、环境友好、人与自然和谐共处的发展道路。

相关链接27-3 《如何捕获猴子》

——剥开一个椰子，在其顶部打开一个洞并填入大米。

——找一个合适的地方，把椰子楔在两块顽石之间，使其顶部明显暴露出来。

——用一个铁链一端连接椰子，另一端牢固地固定在地里。

——这个洞的大小要很合适，使猴子的爪子可以伸进去，但当它抓一把米，形成一个拳头时就出不来了。

——如果猴子不忍心放弃一粒米，那么它就被锁无疑了。

——如果猴子松一松爪子，少抓一些米，它既能吃饱又能不失去自由。

☞想一想，如果是你，你能够抓得松一点，只索取你所需要的吗？据此寓言，谈谈你对转变经济增长方式的必要性的认识。

---

① 参见高健《论生态道德与人的全面发展》，载《山东省农业管理干部学院学报》2007年第7期。

学会做事 LEARNING TO DO

评价

三、理解自己:个人职业道德观评价

☞ 动动脑:采用填写价值表的方式完成,然后参与者分为3～5个小组讨论交流观点,理解你自己。

1. 你工作挣钱的基本目的是什么?

- 走出家门;
- 为基本生计挣钱(养家糊口);
- 支付账单,然后再购买尽可能多的物品;
- 为未来攒钱;
- 提升我的专业,做我接受过培训的职业;
- 为其他人和社会作贡献;
- 其他:____________________。

2. 你选择你所从事的工作的原因是什么?

- 跟着自己感觉走;
- 根据我接受的教育做我们的工作;
- 只是为了有保障,除此之外我不知道还要做什么;
- 我的家庭期望我做此工作;
- 这工作有趣、有挑战并有用;
- 我想作出自己的贡献;
- 其他:____________________。

3. 你若愿为保护环境而生存,应有什么变化?

- 没有什么,我最关心的是照顾我自己;

• 任务分担，部分时间工作或减少收入；

• 在我公司变换发展道路；

• 如果我公司的产品、政策或行为危害环境，我将变换工作。

☞ 讨论：自己在工作中的态度和价值对可持续发展社会的贡献是小还是大？什么样的道德能支持可持续发展的社会？

学会做事 LEARNING TO DO

四、做一个有新道德的人

党的十七大提出要在全社会牢固树立生态文明观念，培育和构建基于可持续发展的生态道德。生态道德以尊重和保护生态环境为宗旨，以未来人类继续发展为着眼点。生态道德强调人的自觉和自律，强调人与自然环境的相互依存、相互促进、共存共融。强调在改造自然中保持自然的生态平衡，尊重和保护环境，不能以牺牲环境为代价取得经济的暂时发展。

实现天蓝水清

生态道德作为一种道德规范主要有以下要求：

1. 践行一般性生态美德

生态美德即生态德性中的善德、善行。概括起来，其主要内容有勇敢、节制、慷慨、大方、胸襟恢弘、温和、诚实、机智、友善、正义、高尚、坚毅、智慧等。生态美德是寻找对自然的情感，以及在与自然界进行能量交换时既不过分又非不及的恰当中庸之品质，过度或不及都是破坏自然的恶习。

2. 尊重生命

(1)尊重生物的道德身份。

(2)保持生态平衡,提倡生物多样性。

3. 善待自然,反对环境法西斯主义

长期以来我们倡导和奉行的道德哲学是以人类为中心的价值观,即人类中心主义。这种价值观被超越和整合,就形成了新的理论——新人类中心论。新人类中心论可以理解为:以人类的生存、发展和幸福为中心,在发挥人类科技生态能动作用的同时兼顾自然的价值和权利,以正确处理人和自然的关系,形成人造生态和自然生态的有机结合,从而使自然更好地为人类服务,达到人和自然的和谐发展。新人类中心论将是生态伦理的核心理论,也将是生态道德教育规范的新的核心理念。

4. 保护自然资源,树立绿色生态理念

(1)重视善、恶、美的引导。绿色生态理念明确指出,尊重生命、热爱自然、保护环境的行为是最基本的生态行为,是尊重事物发展规律的。它发展社会“善”的积极意义,认为“善”是生态美的灵魂。绿色生态理念通过人与自然和睦相处的美表现出来,这就符合了自然美的生态规律。绿色生态理念下的美的生态环境能调节人的精神,陶冶人的情操,教化社会风尚,使人们能以充沛的精力和良好的心态从事生产活动。

(2)培养受教育者的生态审美意识。要唤起受教育者热爱大自然、热爱生活的丰富情感,实现对生态美的不尽追求与创造的理念,使受教育者以生态审美意识引导科学技术和人类实践,创造出自然美与人造美融为一体的生态环境,防止生态环境在科学与工业力量干预下发生反自然美的畸形变迁。

(3)树立绿色消费理念。生态道德的绿色消费理念是绿色生态道德理念的又一个重要内容。生态道德理念教育最根本的任务就是帮助人们树立起绿色的消费理念。绿色消费是指在购买、使用商品过程中节约有度,追求接近自然,不以获得某一具体的经过化学加工的有形商品(服务)为主要目的,而以获得主体消费的自然美感、健康、安全为指向的一种生态消费方式。这种绿色生态理念贯穿于日常生活中,指导消费者养成良好的健康生活方式。它包含节约、自然、健康、安全、可持续性等消费理念。

5. 学习生态科学知识是生态道德教育内容的基础

基本的生态科学知识包括地球生态和当前环境科学系统的基本规律:森林群落、物种群落基本生态过程和分布;化学产品及元素对大气、植物、动物的影响;化学产品对人体的影响及危害;沿海滩涂湿地对人类的作用;水资源的净化

及保护措施等等。生态科学知识在整个生态道德教育体系中具有重要的基础作用，是 21 世纪公民素质的必备知识，是对公民进行素质教育的极好教材。[1]

☞ 想一想：为了保护我们共同的家园——地球，我们应如何立志做一个具有新道德的人？

学会做事 LEARNING TO DO

____

____

____

____

① 参见刘振亚《生态道德教育的理论和实践探索》，载《理论探讨》2007 年第 2 期。

模块28　保护和促进多样性

生物多样性是实施可持续发展、保证地球生物圈与人类延续的物质基础;文化多样性是实施可持续发展战略、保证地球生物圈与人类延续的精神基础。保护和促进多样性是人类社会可持续发展的客观要求。因此,我们每一公民、每一企业、每一国家都有责任为保护生物的多样性和尊重文化的多样性而做出最大的努力。这是我们全人类共同的责任。

一、世界是复杂多样的

德国有一位哲学家,名叫莱布尼茨。他曾给当时的奥古斯特公爵讲哲学。莱布尼茨说:“世界上没有两片完全相同的树叶。”公爵夫人苏菲不相信,就吩咐女仆们到后花园去找“两片完全相同的树叶”。结果,女仆们折腾了大半天,一个个空手而回。别看一片小小的树叶,如果细细考究起来,它所具有的属性同样是无穷多的:长短、宽窄、厚薄、色彩的浓淡、边缘的锯齿形状、中间的脉络走向……其中的每一种属性,都可以再细分出许多种。要想找出两片树叶,其各自无穷多的属性完全吻合,显然是办不到的。世界本来就是多样性的、丰富多彩的。

1. 生物多样性

所谓生物多样性就是指地球上所有的生物体及其有规律地结合所构成的生态综合体。生物多样性代表着一个区域内生命形态的丰富程度,它包括遗传多样性、物种多样性和生态系统多样性三个层次。生物多样性是生命在其形成和发展过程中跟多种环境要素相作用的结果,也就是生态系统进化的结果。

生物界为人类提供了食物、纤维、木材、药材和多种工业原料,提供了保持土

壤肥力、保障水质以及调节气候等生态服务功能，它关系着人类的安康福祉和文化完整性。

中国拥有十分丰富的基因资源，是全球生物多样性大国之一，拥有陆地生态系统 599 个类型，有高等植物 32800 种，特有高等植物 17300 种；脊椎动物 6300 多种，特有物种 667 个；有 56 个民族 13 亿人口，特别是有些长期与世隔绝的地方保留了同质性极好的人群，具有极大的遗传学研究价值。这些丰富的资源是我国发展生物技术产业得天独厚的条件。如何保护我国丰富的生物基因资源，是我们必须关注的问题。

2. 文化多样性

文化多样性主要是指民族文化的多样性。世界各种文化的多样性是通过民族文化的形式呈现出来的。文化多样性表现为语言文字、宗教信仰、思想伦理、文学艺术、民居建筑、风俗习惯的多样性。

由于各民族之间经济、政治、历史、地理等因素的不同，决定了各民族文化之间存在着差异，但各民族的文化都是世界文化中不可缺少的色彩。对人类社会来说，文化多样性的重要作用，就像生物多样性对于维持生态平衡那样必不可少。只有保持世界文化的多样性，世界才更加丰富多彩，充满生机和活力。

☞ 想一想：不同的体育运动项目、建筑艺术、语言文字承载着不同的文化内涵，请举一两个例子加以说明。

学会做事 LEARNING TO DO

文化的物质载体和表现物主要是民族节日和文化遗产。

案例 28-1 《中国的年》 中国春节俗称“年”，即农历正月初一，是中国最隆重的传统节日。春节源于原始社会的腊祭。春节活动从腊月二十三过小年开始，经过除夕、春节，直到正月十五元宵节结束。春节活动因地而异，主要有以下活动内容：操办年货、做新衣、掸尘、祭灶、祭祖、吃团圆饭、守岁、贴春联、挂年画等。节日期间人们还相互拜年、放爆竹、吃年糕、包饺子、吃元宵、舞狮、扭秧歌、观花灯。

案例 28-2 《西方的圣诞节》 公历 12 月 25 日，是基督教徒纪念耶稣诞生的日子，称为“圣诞节”。从 12 月 24 日至翌年 1 月 6 日为圣诞节节期。节日期间，各国基督教徒都举行隆重的纪念仪式。圣诞节本来是基督教徒的节日，由于人们格外重视，它便成了一个全民性的节日，是西方国家一年中最盛大的节日，可以和新年相提并论，类似我国的春节。西方人以红、绿、白三色为圣诞色，圣诞节来临时家家户户都要用圣诞色来装饰，红色的是圣诞花和圣诞蜡烛，绿色的是圣诞树，红色与白色相映成趣的是圣诞老人，他是圣诞节活动中最受欢迎的人物。圣诞节期间，人们唱圣诞歌，送圣诞卡，吃圣诞大餐，内容丰富多彩。

从以上两个节日，我们可以感知东西方民族的风土人情、宗教信仰和伦理道德的差异，可以领略东西方文化的不同韵味。

☞ 想一想：你能了解哪些西方节日？说一说：如何看待“中国年轻一代过圣诞成习惯，几乎跟春节平起平坐”这种现象？

学会做事 LEARNING TO DO

3. 生物多样性与文化多样性的相互作用

早在生物科学发展的初期，达尔文的《进化论》里就肯定了“人类是自然界的一部分”，“是从较低级的动物基础上发展起来的动物”。达尔文强调“物竞天

择”，同时也强调“文化是利用自然的手段”。达尔文关于人类是自然界的组成部分的观点恰恰和中国古代文化中“天人合一”的思想不谋而合。然而“文化是利用自然的手段”的观点，却显现出了西方文化“天人对立”的世界观。如今，全球一体化的趋势正迅速地改变着世界的面貌，包括人类的文化面貌和自然生态的面貌。无论是东方还是西方文化，都在寻求生物与人的新平衡点和人与自然生态的和谐共存。由于这样一个有关人类未来命运的原因，东西方的科学家和社会学家都在努力探求和寻找人与自然和谐共存的办法和途径，保护生物多样性和人类文化多样性。

生物多样性和文化多样性是相互联系、相互作用的。文化多样性的发展建立在生物多样性的基础上。人类从采集野生植物、狩猎开始到建立原始农业、发展现代农业和现代工业、信息社会，衣、食、住、行、治病、娱乐、体育运动都离不开动物和植物；选择优良品种，淘汰不喜欢的动植物，从原产地引种植物到新的地方等等，人类文化的发展促进了动植物的家养和栽培；人类文化信仰中的禁忌和崇拜行为，保护了一些动植物物种和栖息地，这不但影响了生物多样性的地理分布、种群数量和形态特征，而且在一定范围内增加或减少了生物多样性的内容和组成，特别是动植物的遗传多样性和景观多样性的改变。这种生物与文化之间的关系决定了生物多样性与文化多样性相互作用的普遍性。

二、世界多样性的缺失

1. 生物多样性缺失的事实

案例 28-3 《世界灭绝动物墓地》 北京的麋鹿苑内有一座“世界灭绝动物墓地”，在一个苍凉的十字架上，排列着近三百年来已经灭绝的各种鸟类和兽类的名单，每一块墓碑都代表一种已经灭绝的动物，上面记载着灭绝的年代和灭绝的地方。两座具有象征性的坟冢、横斜的枯木、低飞的寒鸦把整个墓区笼罩在一派萧瑟、悲凉气氛中。参观者来此凭吊的，不是人类中逝去的成员，而是自然界中永远逝去了的动物物种，这个特

殊的墓地将向你诉说一个个物种灭绝的哀歌。由于作为地球上绝对优势种群的人类对自然事物的蛮横干涉，在生态环境破坏、过度开发、盲目引种、环境污染等因素的综合作用下，野生物种大量走向灭绝。一些大型脊椎动物被记录了下来，1600 年以来共计 720 种动物灭绝了，而未被记录的灭绝物种，特别是无脊椎动物，则要多得多。无齿海牛在被发现 27 年后便遭灭绝(1854 年于白令海峡)。更多的物种尚未被我们认知，便默默逝去了。为此，人们立起一座无字碑，为不为人知的灭绝者哀悼。

几千年前，人类的活动就开始与自然有了矛盾冲突。随着人口数量的增加和农业技术的提高，我们清除森林以获取更多的食物，建造更大的城市。随着科技、工业的发展，人类无节制地开发自然资源，制造污染。在这过程中大量的物种因失去家园或被人类屠杀而灭绝。专家估计，我们现在令物种灭绝的速度是自然灭绝速度的 50～100 倍。科学家们认为，如果我们不解决这个问题，34000 种作物和 5200 种植物物种将会在未来的几年中灭绝。以下的数据触目惊心：

在恐龙时代，平均 1000 年才有一种动物灭绝；20 世纪以前，地球上约每 4 年有一种动物灭绝；现在，每年约有 4 万种生物灭绝。

近 100 年来，地球物种灭绝的速度超过自然灭绝的 1000 倍，而且这种灭绝速度依然有增无减。

☞ 想一想：你知道地球已经有哪些生灵已永久灭绝和濒临灭绝吗？

学会做事 LEARNING TO DO

____

____

____

____

2. 生物多样性丧失的原因

自然原因：气候变化对生物多样性的影响。越来越多的研究显示，动植物为了适应气候的变化，正不断地改变着其活动范围和行为。许多情况下，这样的变迁正在引起生态混乱。例如，迁徙的鸟类到达欧洲的时间太晚，致使其产下的后代错过了毛虫生长旺季。而对气候变化反应最显著的指示物之一珊瑚礁，目前正发生大规模白化现象，尤以 1998 年的情况最为严重，估计当年世界上有 16% 的珊瑚死亡。另外，很多野生动植物病原体对温度、降雨量和湿度非常敏感，这些因素的共同作用可能会影响到生物多样性，如气候变暖将增加病原体生长率和存活率、疾病的传染性以及寄主的易受感染性。科学家认为，最近几十年气候变暖导致了带菌者和疾病在纬度上的转移，这个假说得到了实验室研究和实地

研究的支持。

人为原因:(1)对食物、能源和其他自然资源不断增加的需求。(2)对待生物多样性问题的无知与冷漠。(3)人口爆炸。(4)空气、水、土壤污染。(5)在防止过度利用资源上及适当管理上的失败,过度捕杀及捕捞。(6)人类移民、旅行、国际贸易的增加。(7)收集珍稀蝴蝶、鸟类物种做标本等。

3. 文化多元性缺失的事实

美国人类学家洛鲁纳・福尔布教授最新的研究发现:在未来的100年中,世界上将有一半语言消失。他说:"这里说的语言不止是人类的语言,也包括动物和植物的语言。动物和植物的语言是多种多样的,如果这些语言消失了,那么对人类来说将是一个巨大的损失,对世界的理解的认识也将失去一种有效的工具。"

全球约有6900种语言,但语言学家估计,至少有一半会在下个世纪消失。语言如流体,不断地改变并随说话者的需要作调整,语言的消失是这个过程中很自然的事,但问题是它消失得太快。濒临消失的语言往往蕴藏着独特的知识内涵,它们的快速消失,让语言学家甚感忧虑。

案例28-4 《伊拉克巴比伦遗址》 巴比伦是古巴比伦王国的首都,位于美索不达米亚,是尼布甲尼撒国王建立的最大建筑群,"空中花园"就位于那里。20世纪以来,自从考古学家发现巴比伦古城遗址后,古城内的古物不断遭到抢掠、破坏和污染。伊拉克战争结束后,美军还在那里挖战壕,军用坦克碾碎了古老的道路。大英博物院最近在一份报告中警告说,伊拉克目前缺乏恢复巴比伦古城原貌的资源。

案例28-5 《中国长城》 蜿蜒于中华大地上的万里长城,以其无比宏伟的雄姿久闻于世,成为中国最著名的地标式建筑。今天,长城已有近三分之二被侵蚀,加之没有节制的旅游开发,目前对长城的保护已不容乐观。

4. 文化多样性受到损害的原因

第一,正确完善地保持传统的价值观并使之得以与时俱进的传承和延续,这是一个至关重要的核心问题。在长期的漠视传统、批判传统和否定传统的声浪中,我们民族传承下来的优良的观念、习俗、为人之道等一直受到贬损,结果使得一部分人认为一切过去的都是陈旧的、落后的、封建的、有害的。这在一定程度上也影响了我们的民族自尊心和自豪感。保护文化遗产首先是要正确对待文化遗产中所存续的价值观,没有了尊重和珍爱,也就没有了保护的内在动因。在一些地方,把保护和彰显具体的文化表现形式作为要务,忽视修本,没有在培育文化遗产的正确价值观方面下大力气,舍本而逐末,这样的道路是不可能走远的。

第二,在很多情况下,文化的整体性没有得到很好的保持。为了操作的便利,在许多场合,对非物质文化遗产的保护往往把结构性的对象,把民众整体性的生活方式分解开来,分门别类,逐个地加以保护。既没有考虑它们作为文化生命体的历史发展过程和未来发展趋势,也没有认真关注这些表现形式及其与生态环境的密切联系,尤其是没有把这些表现形式的主体——广大民众的情感和欲求等放在保护的中心地位。于是,这些表现形式一经解构式处理,经过一段时间便会萎缩,失去它的灵魂和本真性,成为无本之木、无源之水。

第三,对文化的过度开发造成了对文化的严重伤害。曾经流行的"文化搭台、经济唱戏"的口号至今还有市场,在社会实践中还占有相当的地位。在很多地方,民众的生活方式被当作旅游的资源加以推销,庄重的仪式、礼俗成为日复一日的表演,寄寓其中的民众情感自然就会逐渐淡化,使这些非物质文化遗产的功能发生了根本的转变,虽然它们在形式上仍然保持着原来的面貌,但被抽掉了情感和灵魂,被空洞化、异化了:男女对唱的情歌变成了苍白的歌唱;仪式性的舞蹈成为技巧的展示;庄重的仪式成为戏剧的表演。而在生活中,这些文化表现形式是充分的、纯真的、激动人心的,是有着无限魅力的。

第四,在一些地方,公共政策和行政部门即使是出于保护的善意而作出的不适当的参与和干预,也会对文化生态产生负面的影响。

三、保护生物多样性和尊重文化多样性

1. 要保护生物多样性

多种多样的生物是全人类共有的宝贵财富。生物多样性为人类的生存与发展提供了丰富的食物、药物、燃料等生活必需品以及大量的工业原料。生物多样

性维护了自然界的生态平衡，并为人类的生存提供了良好的环境条件。生物多样性是生态系统不可缺少的组成部分，人们依靠生态系统净化空气、水，并充腴土壤。科学实验证明，生态系统中物种越丰富，它的创造力就越大。自然界的所有生物都是互相依存、互相制约的。每一种物种的绝迹，都预示着很多物种即将面临死亡。

生物多样性还具有重要的科学研究价值。每一个物种都具有独特的作用，例如利用野生稻与农田里的水稻杂交，培育出的水稻新品种可以大面积提高产量。在一些人类没有研究过的植物中，可能含有对抗人类疾病的成分。这些野生动植物如果绝迹，是人类的重大损失。

正是生物多样性使这个星球上的生命得以持续。通过森林吸收二氧化碳这种温室气体，我们才得以呼吸空气。通过土壤、微生物和气象变化去除水中的污物，我们才得以喝到净水。全部的物种——植物、动物、微生物，组成了生命。

即使是一些物种灭绝了，还是有不少物种存留了下来，但值得注意的是，所有的这些物种与其他物种是相互联系的，组成了相对稳定的食物链和生态系统。如果其中一个特定的物种失去了它的栖息地或者不再找得到它常吃的食物，就会灭绝掉，整个食物链就会不稳定甚至破碎；当我们在生命之网中不断灭掉物种，整个的网将变得摇摇欲坠，灭绝掉足够的物种就会撼动整个地球的生命结构。

随着环境的污染与破坏，比如森林砍伐、植被破坏、滥捕乱猎等，目前世界上的生物物种正在以每天几十种的速度消失。这是地球资源的巨大损失，因为物种一旦消失，就永不再生。消失的物种不仅会使人类失去一种自然资源，还会通过食物链引起其他物种的消失。如今，人类都在呼吁保护生物多样性并为之付诸行动。

相关链接 28-6 《生物多样性公约》 1992 年 6 月 5 日联合国环境与发展大会通过的《生物多样性公约》，是全面探讨生物多样性的第一个全球性协议，是世界各国保护生物多样性、可持续利用生物资源和公平分享其惠益的承诺。中国是最早签署和加入《公约》的国家之一。目前，该公约已有 188 个国家及欧盟正式批准加入，是缔约方最多的国际环境公约。

2. 要尊重文化多样性

首先，文化多样性与生态多样性或生物多样性相互依存、相互影响。各民族的文化是在物质世界的基础上创造和发展起来的，世界各地的生态环境各不相同，不同的生态环境形成不同的文化体系。然而，文化多样性并不是被动的，它反过来又影响生态或生物多样性。因此，两者是相互依存、相互影响的。

其次，文化多样性是各种族、各民族交流、创新和创作的源泉。联合国教科文组织《世界文化多样性宣言》第一条也指出："文化多样性是交流、革新和创作的源泉，对人类来讲就像生物多样性对维持生物平衡那样必不可少。从这个意义上讲，文化多样性是人类的共同遗产，应当从当代人和子孙后代的利益考虑予以承认和肯定。"

第三，文化多样性是民族平等和保障人权的基础。世界上各民族无论大小，无论其社会处于何种发展阶段，都一律平等。各民族应该相互尊重对方的文化，并相互理解和相互认同。文化权利是人权的一个组成部分，它们是不可分割的和相互依存的。每个人都有选择语言文字特别是用自己的母语来表达自己的思想及进行创作和传播自己的作品的权利。只有充分保护各民族的文化，才有可能真正实现民族平等，才有可能保障每个人自由使用本民族文化的权利。

第四，文化遗产是一个民族或国家具有重要价值的资源，它可以造福于子孙后代。

第五，各民族的传统文化的价值具有相对性，没有高低、优劣之别。

相关链接 28-7 《2006 年世界百大濒危文化遗址》 中国有六处上榜：河北怀来鸡鸣驿、浙江省东阳卢宅、山西省碛口镇村落、甘肃秦城天水的古楼群建筑、云南团山历史村以及分布在四川和西藏地区的石林。

四、从我们的日常生活做起

1. 保护生物多样性要从我做起

• 学习更多关于生物多样性的知识。

• 把关于生物多样性的知识和发生了什么事告诉其他人。

• 不吃野生动物，尽量吃本地物种（水果、蔬菜和肉类）并且弄清什么是本地特产稀有物种。

• 买有机的和生态产品。如果它的确是生态产品的话，它一定是以一种对生物多样性有好处的方式成长起来的。

• 尽量骑自行车，鼓励其他人用自行车。如果没有骑自行车的小路，提议给当地的政府修建此种小路。如果你骑车上山，请走规定道路。

• 不要把像油漆、汽油等有毒的物质倒入排水沟，尽量使用可再充电的电池，不要乱扔废旧电池，要把它们放在合适的回收箱中。

• 尽你所能回收再利用。在一些国家，每一样东西都是再利用的，包括烹调油、草地剪取物和家庭用具。如果你认为你的城镇和国家做了更多，搞清做了什么。

• 尽量乘坐公共运输工具，并且促进公共交通业的发展，减少温室气体排放。

• 种植并且保护地方树木和植物。不践踏草坪，不要摘花。在湿地和沿海地区要走在指定的线路。

• 在地方的植物园、森林苗圃和公园做志愿者，参加义务植树。

• 把被抛弃的地区改变成为社区花园。

• 避免使用杀虫剂、除草剂。一些杀虫剂会毒害鸟类，并且几乎所有的杀虫剂都会伤害蝴蝶和毛虫。

• 种植特定的花和矮树丛去吸引特殊的物种，例如种植马利筋用以吸引黑脉金斑蝶（它们只会将卵产在这种植物上），或者用苜蓿吸引蜜蜂。

• 联合抵制包含将要灭绝物种部分的产品，例如象牙、麝香鹿、海龟壳或藏羚羊的羊毛。如果你发现一个商店在卖这些东西，要让警察知道，甚至告诉媒体。

• 联系地方或者国家级的环境或农业部门，并且想想你可以怎样帮助保护生物多样性。

• 请长远考虑你的行为！

2. 如何尊重文化多样性

首先，尊重自己民族的文化，培育好和发展好本民族文化。每个民族的文化都有自己的精粹，每个民族的文化精粹都是这个民族历史发展的产物和人民智慧的结晶。在一个民族的历史与现实中，民族文化起着维系社会生活、维系社会稳定的重要作用，是这个民族生存与发展的精神根基。

其次，尊重和保存不同的民族文化。世界各民族都以其鲜明的民族特色丰富了世界文化，共同推动了人类社会的进步和发展，尊重和保存不同的民族文化，是人类生存和发展的基础。

再次，遵循各国文化一律平等的原则。孔子说："君子和而不同，小人同而不和。"坚持文化的民族性和世界文化的多样性是人类文明发展的永恒主题。"一花独放不是春,百花齐放春满园。”承认世界文化的多样性,尊重不同民族的文化,必须遵循各国文化一律平等的原则。这就要求我们在文化交流中要尊重差异,理解个性,和平共处,共同促进世界文化的繁荣,反对盲目自大、贬低、排斥异文化,或者妄自菲薄、盲目崇拜异文化的错误倾向。

案例28-8 《文化的差异》 小雪的班上转来一个美国女孩,叫Mary。她性格开朗,不拘小节,乐于助人,可有时又显得“斤斤计较”。有一次,她邀请小雪一起出去吃饭,结账时却说一人一半。小雪愣了半天——“真小气!”

还有一次,Mary过生日,邀请同学到她家。小雪带了漂亮的礼物,没想到Mary把她迎进门之后,迫不及待地拆开礼物,然后兴奋地说:“太漂亮了!谢谢你。”

小雪想:“真是没有礼貌,起码要等到送走客人,才能把礼物拆开呀。”

☞ 你怎样看待Mary的做法?

学会做事 LEARNING TO DO

☞ 听一听

“各美其美,美人之美,美美与共,天下大同。”——费孝通

这就告诉我们既要认同本民族文化,又要尊重其他民族文化,不同民族之间应该相互尊重,在发展本民族文化的同时共同维护、促进文化的多样性。

“君子和而不同,小人同而不和。”——孔子

文化交流,崇尚“和而不同”。人际交往,以和为贵。因为不同,才需交流;唯有和睦,方能沟通。“和而不同”的“和”,表达了人际交往的原则;“不同”则体现了文化交流的特点。

核心价值观七：

国家统一　全球团结

国家统一是指具有不同宗教、文化、政治信仰的人群具有共同的国家意识和文化，为了国家的发展共同工作。全球团结是指不同的国家在经济、社会和政治关系方面相互尊重并良好合作。

公民责任：公民具备相应的知识、价值和技能，积极参与社区、国家和全世界的社会、文化、经济以及政治生活，并且履行相应的公民责任。

恪尽职守的领导：对未来具有坚定的信念，有能力引导、激励和支持小组成员为实现共同目标奉献和努力工作，并起到模范带头作用。

民主参与：善治管理的基础要素。所有权益者都有权参与决策，其中应该包括覆盖了公共事务的各个方面的非政府组织、民间团体。参与的活动应该包括选举、游说、议政和人民赋权等。

统一和相互依存：认识到各种体系间相互依存的现实——生态体系、政治体系——在国家和地区水平上，赞颂各种文化的多元性，同时肯定人类的唯一性。

模块29　我是一个负责任的公民吗

我们每一个人从出生那天起，就生活在纷繁复杂的社会关系中，与他人、集体、社会之间存在着必然的责任关系。我们必须承担对自己、他人、家庭、社会、民族、国家乃至整个人类所应当承担的责任。这种高度的责任感是我们每一个人都应该具备的基本品德，是我们学会做人的基点。在我们青春的生命里，充满了追求理想、服务社会的企盼之情，如果能够将我们的能量和活力应用于完善自己、友爱他人、关心集体、报效国家、造福人类和世界的行动中，并且积极主动承担起我们应尽的社会责任，则是人格健全和心理成熟的表现。我们在承担自己应尽的责任与义务的同时，也就开始了美好人生的塑造，而只有建立在责任与义务之上的人生才是坚实的人生、成熟的人生、美丽的人生。

一、公民责任意识

1. 公民、公民责任和公民责任意识

现代意义上的公民是一个具有独立、自由、平等人格，享有充分的法律权利、政治权利、社会权利和参与权利的人。

马克思、恩格斯认为：作为确定的人、现实的人，你就有规定、就有使命、就有任务，至于你是否意识到这一点，那都是无所谓的。这个任务是由于你的需要及其现存世界的关系而产生的。对每一个人来说，都受客观必然性的制约，但同时又有相对的自由，这两点规定了个人必须承担一定的责任。责任是社会成员对社会所承担的与自己的社会角色相适应的应为的行为和社会成员对自己的实际所为的行为承担一定后果的义务。

因此,从责任的基本含义出发可以把公民责任定义为:公民履行与自己的公民身份相适应的、符合社会规范预期的职责,以及没有履行好这种职责时所应承担的谴责和制裁。当社会公民在感情上认同和接受了与自己的社会角色相适应的公民责任时,公民责任的要求便成为社会公民内心的一种自觉,转化为公民责任意识,这对人生行为具有巨大的推动作用。

2. 不同公民的责任意识

总有这样一些人让我们感动:党的好干部牛玉儒以勤政为民、忘我工作诠释“生命一分钟,敬业六十秒”;桥吊工人许振超在普通岗位上创出世界一流的“振超效率”;乡邮员王顺友二十年如一日在大凉山中用脚步丈量工作的苦乐;公安卫士任长霞以炽热情怀书写执法为民的人生壮歌;导弹司令杨业功用赤胆忠心浇铸共和国的和平之盾;医学专家钟南山在抗击非典这场没有硝烟的战争中敢医敢言;科学家马祖光在实验室里以生命之火点燃科学之光;艺术家常香玉用德艺双馨八十人生唱响“戏比天大”……从中,人们无不感受到一种品格、一种境界,这就是对国家、对人民、对事业的责任。

也有这样一些事令我们痛心:一起起惨痛矿难带来人民生命财产的重大损失,一种种假劣食品导致许多无辜百姓受到伤害,一次次严重污染造成难以挽回的生态灾难……从这些安全事故和重大案件中,人们看到了共同的祸根,这就是责任的缺失。责任,就这样沉甸甸地摆在我们面前。

和谐社会,人人共享;建设和谐,人人有责。我们所要建设的社会主义和谐社会,应该是民主法治、公平正义、诚信友爱、充满活力、安定有序、人与自然和谐相处的社会。责任是和谐社会的“生态链”,每个人都是这个“生态链”上的重要一环。只有大家都重视依法行使民主权利、增强遵纪守法的观念,才有整个社会的民主法治;只有大家都把公平正义作为自己追求的价值取向和秉持的基本准则,才有整个社会的公平正义;只有大家都诚实守信、融洽相处,才有整个社会的诚信友爱;只有大家都激发创造活力、焕发蓬勃生机,才有整个社会的充满活力;只有大家都珍惜团结稳定,通过正常渠道表达合理诉求,通过合法手段维护自身权益,才有整个社会的安定有序;只有大家都从自己做起、从细节做起,节约每一度电、每一滴水、每一张纸、每一粒粮,为建设资源节约型社会和环境友好型社会尽责出力,才有人与自然的和谐相处。

构建和谐社会的过程,从一定意义上说,也是建设责任社会的过程。“各自责则天清地宁,各相责则天翻地覆。”每一位公民都各司其职,各负其责,才能形成全体人民各尽其能、各得其所而又和谐相处的社会。

☞想一想:当今世界、社会存在哪些不和谐的音符、因素?面对挑战,作为

构建和谐社会的当代公民，我们应该承担哪些义务和责任？

学会做事 LEARNING TO DO

3. 案例思考

案例 29-1 《责任♥赢得职位》 一位大公司的老板曾经讲过这样的故事。有个人来他公司应聘，经过交谈，他觉得那个人其实并不适合他们公司的工作。因此，他很客气地和那个人道别。那个人从椅子上站起来的时候，手指不小心被椅子上跳出来的钉子划了一下。那人顺手拿起老板桌子上的镇纸，把跳出来的钉子砸了进去，然后和老板道别。就在这一刻，老板突然改变了主意，他留下了这个人。事后，这位老板说："我知道在业务上他也许未必适合本公司，但他的责任心的确令我欣赏。我相信把公司交给这样的人我会很放心。"虽然这是应聘中经常讲的老掉牙的小故事，但由此也可见责任心确实是一种很重要的素质，正是这种素质为这位小伙子赢得了一个好职位。

案例 29-2 《责任心，也需要呼吁普及吗?》 2007 年 11 月，32 岁的李国贤发现自己不是现在父母的亲生子。事件发生后，香港医管局呼吁：1976 年 11 月 28 日到 12 月 14 日在赞育医院出生的男婴及产妇，可在 4 月 30 日前联络医管局，接受 DNA 检验。这其中涉及 180 对母子，而 32 年后的今天会涉及多少人呢？是 180 的多少倍？如此想下去，心中不寒而栗！

香港"错婴案"一经爆出，广州市民也颇受影响。为什么受影响呢？跟风？缺乏信任？拷问医护人员的责任心和医德的警钟再次敲响！谁抱错了自己的孩子？是谁让我们怀疑自己的孩子非亲生？谁是根源所在？谁导演了这场悲剧？本来医患关系就有些紧张的今天，"错婴案"将医患关系推到了风口浪尖。自己的孩子被抱错了，哪怕很短暂的时间，其产生的伤害都是不可估量的，更何况是 32 年，是 180 人都有抱错的可疑，于是称之为轩然大波真的是无可非议，毕竟涉及的可疑人数之多，前所未有。（来源：搜狐社区）

☞ 是什么原因导致了"错婴案"的发生？

学会做事 LEARNING TO DO 

☞ 你意识到责任问题的严重性和加强责任意识教育的紧迫感了吗？列举在生活中遇到的缺乏责任心的表现或事件，并从中分析原因。

学会做事 LEARNING TO DO 

二、理想社会与负责任的公民

1. 理想社会的八个特征

坎贝尔(Campbell)和合作者研究出了未来美好社会的八个主要特征，这些特征是基本的也是美好的愿景：

(1)具有基本的食品、住房和卫生健康；

(2)排除安全威胁，和平共处；

(3)超国家的实体；

(4)社会公正；

(5)保持和发展多样性；

(6)在所有层面关怀和联系人类；

(7)民主参与；

(8)全球和谐共处。

美好未来的八个特征表明：将环境教育、和平教育、社会公正和平等、民主参与、尊重多样性和人权、基本自由和全球化教育等方面的内容整合到公民教育课程中，非常重要而且也是不可或缺的。

☞ 你认为还有哪些特征？

学会做事 LEARNING TO DO

2. 负责任公民的八个特征

专家们一致的意见是，21世纪公民应具有的性格、技能和特殊能力等素质与特征可以归纳为八条，以应对未来不可预测的发展趋势，培养教育理想的人。这八条根据其重要性排列如下：

(1)能够从世界社区成员的角度来关注和处理问题；

(2)能够与他人合作共事，并能够承担个人在社会中所应承担的角色/责任；

(3)能够理解、接受和宽容文化差异；

(4)能够批判性和系统性地进行思维；

(5)愿意以非暴力方式解决冲突；

(6)愿意为了保护环境而改变个人的生活方式和消费习惯；

(7)具有足够的敏感性，并且能够保护人权，特别是妇女、儿童和少数民族的权利；

(8)愿意并有能力参与地方、国家和国际的政治活动。

仔细思考这些特征，我们会发现：除去公民应该具备的能力，其中还包括了公民应该具有的态度、价值和敏感性。公民具有的应该是实现变革的能力，而不仅仅是知识与信息。

站在新世纪新阶段的起点上，面对全面建设小康社会的宏伟目标，我们党以邓小平理论和“三个代表”重要思想为指导，提出了以人为本、全面协调可持续的科学发展观。科学发展观是统领我国经济社会发展全局的重要指导思想，也突出地展现出当代中国共产党人的责任观。这就是对眼前负责，对长远负责，对当代负责，对未来负责，归根到底，对人民负责。

全面落实科学发展观，推动经济社会发展转入科学发展的轨道，这是当代中国共产党人的神圣责任。

☞ 除了上述八条，你认为还应该具备哪些素质与特征？

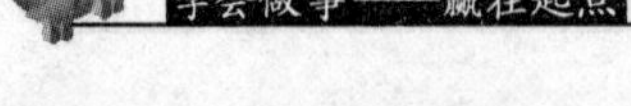

学会做事 LEARNING TO DO

三、我是一个负责任的公民吗

一个和谐的社会，应当是每个公民都承担与其社会角色相应的责任、都有较强的公民责任意识的社会。大学生作为高素质的社会群体，代表着祖国的未来，21 世纪的中国面貌在很大程度上将由我们这一代的面貌所决定。

☞请列举能够体现自己公民责任意识的事例。

学会做事 LEARNING TO DO

☞责任感测试：

(1)小时候，你经常帮忙做家务吗？ 是 否

(2)在求学时代，你经常拖延交作业吗？ 是 否

(3)你曾经犯过法吗？ 是 否

(4)与人相约，你从来不会耽误，即使自己生病时也不例外吗？ 是 否

(5)“既然决定做一件事情，就要把它做好”，你相信这句话吗？ 是 否

(6)收到别人的信，你总会在一两天内就回信吗？ 是 否

(7)你从来没有错过任何选举权利吗？ 是 否

(8)你永远将正事列为优先，再做其他休闲吗？ 是 否

(9)你忌吃垃圾食物、脂肪性过高和其他有害健康的食物吗？ 是 否

(10)你经常运动以保持健康吗？ 是 否

(11)出外旅行，找不到垃圾桶时，你会把垃圾带回家去吗？ 是 否

(12)发现朋友犯法，你会通知警察吗？ 是 否

(13)你会因未雨绸缪而储蓄吗? 是 否

(14)你认为你这个人可靠吗? 是 否

(15)与人约会,你通常准时赴约吗? 是 否

计分方式:“是”得1分,“否”不得分。

测试结果参考:

分数为10～15:你是个非常有责任感的人。你行事谨慎、懂礼貌、为人可靠,并且相当诚实。

分数为3～9:大多数情况下,你都很有责任感,只是偶尔有些率性而为,没有考虑得很周到。

分数为2以下:你是个完全不负责任的人。有些朋友的父母可能会对你有成见,力劝儿女少跟你来往。你一次又一次地逃避责任,造成每个工作经常干不长,手上的钱也老是不够用。

☞ 对照评价结果,谈一谈自己在责任意识上存在什么问题?如何加以改进?

学会做事 LEARNING TO DO

四、做负责任的公民

公民责任建设是加强公民道德建设的关键环节,是增强国家“软实力”的重要内容。大力推进我们社会的责任建设,大力提升全体公民的责任意识,让尽责任托起我们的事业,让负责任温暖我们的生活,这是我们现代化建设之伟力,是我们民族振兴之幸事。

> **名言**
>
> 当责任如阳光普照人间,盲人眼中也有蓝天和白云;当责任像春雨滋润大地,希望便会如嫩芽般充满人心;当责任似彩虹插上飞翔的翅膀,世间将充满信任、欢乐与关爱。

负责任的公民,应当认真践行我国《公民道德建设实施纲要》提出的基本道德规范:爱国守法，明礼诚信，团结友善，勤俭自强，敬业奉献。

1. 培养公民责任意识

现实生活中，公民责任意识的缺位有两种表现。一是对公序良俗无敬畏之心，无遵从之诚，无维护之意。一方面以小节自慰，放纵自己有悖公德的行为；另一方面对他人有损社会文明的行为，视而不见，听之任之。二是面对邪恶，畏葸胆怯，见义不为；路见不平，避之唯恐不及，或乐于当看客。这两种表现，反映出在我们内心有一种误解，好像社会成员个体都可以置身于世外桃源：自身的不良，无损社会整体的文明；社会的负面，无关个人的利害和福祉。

汶川大地震发生后，人们为灾区捐款捐物根本就不用动员，也不依赖宣传的力量，完全是发自内心的自觉行动。一些地方的老人甚至捐出积攒了一辈子的养老钱。灾区一些幸存下来的农民，主动把在家里做好的热菜热饭用人力车拉到城里，去救助受灾严重一时生活无着的城里人……感人的场景一幕又一幕。

这至少说明，公民之间互相协作、互相扶助的精神，原来深深地隐藏在我们很多人的心底。《人民日报》发表文章说，在这次大地震中，“亿万国人的集体道德感和现代公民意识被勃然唤醒”。的确如此！这场灾难见证了现代公民意识在中国的成长。在今天，不论是一个普通公民，还是一个企业公民，都不可能不考虑对国家和社会的责任。

什么是公民意识？简单地说，就是公民个人对自己在国家中的地位的自我认识。虽然公民意识体现在许多方面，但是公民对国家和社会的责任意识，无疑是公民意识里至关重要的一个方面。在应对大地震的过程中，我们看到了这种公民意识的蓬勃生机。这是我们战胜困难的底气所在，也是我们能赢得其他国家、其他民族更多尊重的原因所在。

在当代中国，公民责任意识的培育主要就是要以《公民道德实施纲要》为指南，以培养一代又一代有理想、有道德、有文化、有纪律的社会主义公民为目标，以为人民服务为核心，以集体主义为原则，以爱祖国、爱人民、爱劳动、爱科学、爱社会主义为基本要求，以社会公德、职业道德、家庭美德为着力点，紧紧抓住影响人们道德观念形成和发展的重要环节，通过家庭、学校、机关、企事业单位和社会各方面，坚持不懈地在全体公民中进行道德教育，把建设有中国特色社会主义的思想观念和道德要求，不断地融入社会公民的头脑之中，使人们懂得什么是对的，什么是错的，什么是可以做的，什么是不应该做的，什么是必须提倡的，什么是必须坚决反对的。大学生则通过系统地学习《公民道德实施纲要》，可以很清晰地懂得作为一个社会公民，自己的肩上承载着什么样的公民责任。只有认识到了自己所要承担的公民责任，才能在感情上认同和接受并自愿地承担责任，才能逐步树立起较强的公民责任意识。

2. 勇于承担责任

人生的成熟不是始自形骸躯壳的长大，而是责任意识的觉醒，责任心才是支撑个人走向成熟的骨骼。责任感的培养，包含着以下几个方面的内容：对自己有责任感，对家庭有责任感，对他人有责任感，对集体有责任感，对社会有责任感，对国家有责任感。作为一个学生，我们要爱惜自己的品格；作为子女，我们要孝敬自己的父母；对于同学和朋友，我们有义务伸出援助友爱之手；作为一个公民，我们应该肩负保家卫国、建设祖国的重任；作为一个社会人，我们应该维护正义、扶助弱者、呼吁和平、保护环境。在这个社会中，我们每个人都需要承担属于自己的责任。正因为有了责任，我们才在人生漫长的旅途中挫而不败，坚强地迈过每一道艰难的门槛；也正因为我们具有坚强的责任感，才在每一次精彩的收获之后始终做到谦虚谨慎，不断地追求新的目标。

仔细观察就会发现，在我们周围招人喜欢、受人尊敬的都是富有责任感的人。责任是成就事业的可靠途径。有了责任感，再危险的工作也能减少风险；没有责任感，再安全的岗位也会出现险情。责任心强，再大的困难也可以克服；责任心差，很小的问题也可能酿成大祸。每个人只有在履行责任时才能使自己的潜在能力得到充分的挖掘和发挥。每个人只有在推动社会的进步中才能实现个性的丰富和完美。

公民承担的责任基本框架(主要包括五个发展方面和十五项基本品行)：

对自己：生活自理、认真学习、珍爱生命；

对集体：岗位负责、遵纪守规、维护荣誉；

对他人：友爱同学、关爱长辈、关心社会上的其他人；

对社会：遵守公德、保护环境、关注社会；

对国家：初知国情特点、培养国家安全意识、了解公民基本的权利和义务。

案例 29-3 《武秀君：将责任负责到底》 武秀君，辽宁省本溪市本溪满族自治县南甸镇滴塔村村民。武秀君夫妇从事建筑施工生意多年，凭着诚信经营，树立了良好的商业信誉。五年前，武秀君的丈夫赵勇因车祸去世，留下个人名义的外债 270 多万元、债权 300 多万元。武秀君在承受巨大的家庭痛苦的同时，仍然没有忘记诚信，顶着家庭和债务双重压力，走上了代夫还债之路。

武秀君一一打电话告诉债权人自己的电话号码，并将丈夫的欠款签字改成她自己的名字。账目不清，她打电话重新核对；没有找她要账的人，她主动打电话承诺一定要把欠款还上。她领着工程队继续承揽工程，用挣来的钱、要来的欠款还债……就这样，五年里，她还清了数百笔欠款。别人欠她的钱，有的是折价偿还，有的始终拖欠，但都没有影响她主动还债。

武秀君第一个想到还钱的是一家银行的贷款。当武秀君克服困难把 50 万元全部还给银行的时候，这家银行的领导眼圈红了。为了帮助母亲还债，武秀君的家庭也行动起来，她大儿子出门尽量不坐车，节省下车票钱还债；上中学的小儿子一天只花 1.5 元，省下伙食费替母亲还债。当小儿子把自己省吃俭用省下来的 380 元钱存折递给妈妈时，母子二人抱头痛哭。

在武秀君还债的过程中，经常出现双方热泪盈眶的场面。有些债权人不好意思收，对她说人心都是肉长的，这样的处境就不要还了，但她仍然坚持还给人家。在武秀君看来，大家是因为对丈夫信任才赊账，这份诚信的建立不容易，做人要讲诚信！2005 年，丈夫去世三周年祭日那天，众多曾经和武秀君有过经济往来的合作伙伴、个体老板、银行领导等近千人自发赶去看望。

“欠债还钱，这是做人的本分。”“大家挣钱都不容易，我们得有良心。”武秀君，这位只有小学文化的山村女性，用再普通不过的语言，诠释了什么叫“诚信”！2006 年，本溪市将武秀君评为文明市民，颁奖典礼的颁奖词这样写道：“她诚重如山，一诺千金，诠释着这个流金溢彩的时代最赞赏的诚信。人世沧桑，含泪坚强，最真最诚武秀君！”2007 年 9 月我国评选首届全国道德模范，她被评为“全国诚实守信模范。”

☞想一想：武秀君是一个负责任的人吗？如果是，她在对哪些人负责？她的负责任主要体现在哪里？

学会做事 LEARNING TO DO

3. 责在行动

有的人认为，讲责任太沉重，担责任太劳累，不轻松，不潇洒。这种认识是不全面的。“天地生人，有一人当有一人之业；人生在世，生一日当尽一日之勤。”作为社会的人，不可能脱离责任而生存。你不扛枪我不扛枪，谁来保卫国家？你不劳动我不劳动，谁来创造财富？你不担责我不担责，哪有美好生活？有收获必有

付出，有享受必有奉献，这是社会生活的法则。

讲责任，体现着生活的价值，映照着人生的意义。“你要欣赏自己的价值，就得给世界增加价值。”“尽力履行你的职责，那你就会立刻知道你的价值。”逃避责任、坐享其成、虚度光阴，这样的人生没有价值。勇敢地担负起自己的责任，人生才会充实，生活才有意义。这样的人生才是真正的“潇洒走一回”。

快乐和尽职如影相随。责尽心安，苦中孕乐，这是一种深刻而朴实的人生体验。尽到自己应尽的责任，快乐便会在辛苦付出中不请自到，并使看似不起眼的工作变得高尚和光荣。

一个时代有一个时代的使命，一代人有一代人的责任。历史的接力棒已经传到我们手中。

全面建设小康社会，实现中华民族伟大复兴。这是一个光辉的奋斗目标，也是一个艰辛的历史进程。实现这个目标，推进这一进程，就是全体公民在自己的岗位上忠实履行责任的奋斗过程。让我们接受责任的召唤。

☞ 情境体验：

(1)在回家的路上，遇到有人落水，你会____________________。

(2)公交车上，你无意中看到有一只手伸到别人口袋里，你会____________________。

(3)同学们正在教室里上课，突然起火，你会____________________。

☞ 自我反思：我有什么责任？我主动承担了吗？我尽心尽力了吗？

学会做事 LEARNING TO DO

古时没有镜子，人们常用一种叫做“鉴”的容器盛满水，从里面可以映出自己的影子来，这就是“镜鉴”一词的来由。你是不是一个有责任心的人呢？不妨拿它来照一照自己。如果感觉自己做得不够，那么就从我们自己做起，从细节做起，各司其职，各尽其责。如果大家都能如此，那么，就能形成一个各尽所能、各得其所的和谐社会。

模块 30 谁是负责任的领导

"我们触到了冰山……正在快速下沉……请求救援！"1912 年 4 月一个寒冷的夜晚，电波中传来这些只字片语。这些在沉没前最后敲打的字符成了泰坦尼克号上 1496 名乘客的墓志铭。船体慢慢地滑入了它的水下坟墓。是什么导致了这样巨大的豪华游轮的沉没呢？

研究过泰坦尼克沉没事件或看过相关电影，我们就会知道答案了。酿成这场悲剧的不是巨大的冰山，真正的原因在于领导的失败。

泰坦尼克号的这次航行是史密斯船长退休前的最后一次航行。在这次航行之后，他就会开始一种舒适的退休生活。他所需要做的仅是到达纽约。天才知道他为什么会对来自船员和其他船只的七个冰山警告置若罔闻。要知道，责任感是不能被别人代为行使的。领导要对组织的成功、失败和无所作为负责。领导就是永远负责。领导也不仅仅是一种权力或者拿来自我欣赏的东西，领导力既是科学也是艺术。领导者需要永远现实、积极、具有感召力、善于表达，并且是一个障碍排除者，时刻准备着向一个特定的目标努力。管理只是一种朝九晚五的任务，而领导是 24 小时的责任。

一、领导力

1. 领导的分量有多重

案例 30-1 《人民的总理》 当汶川地震来袭，1942 年出生，已经 66 周岁的温家宝总理几个小时之后便奔赴灾区查看灾情，慰问灾区人民。总理在和赶往汶川灾区的登机部队领导讲话中说："我就一句话，是人民在养你们，你们自己看

着办!"在环境险恶的抢救现场,两鬓苍苍劳累无眠的老爷子摔倒了,手臂受伤出血,却把要给他包扎的医务人员一把推开说:"第一还是救人,救人的重点是重灾区,地震中心区,联系不到的地区。"

无论是在湖南雪灾现场,还是在四川抗震救灾的第一线,都表明了以温家宝总理为代表的领导人在运用权力的同时,在彰显的执政能力的背后,有着深刻的人格底蕴的支撑。他们在百姓中的好口碑印证了这样一句广为流传的话语:百姓在领导心中的分量有多重,领导在百姓心中的分量就有多重!

☞ 当你读到这段文字时,你对领导力有何感想?

学会做事 LEARNING TO DO

☞ 你在日常生活中最信服的领导是什么样的?

学会做事 LEARNING TO DO

2. 游戏活动:教、练技术

时间:20 分钟。

道具:七巧板若干。

目的:学会如何指导下属。

游戏操作方法:

(1)导师先教给组长方法,大约 3～4 分钟。具体方法是定义目标,定义形状,定义多边形的每边。

(2)然后看哪个组长教习本组快,由小组抽签决定谁来代表本组进行比赛。

(3)可增加 12 秒限时完成项目,正确的进行加分。

(4)三分钟练习,有谁摆不出来罚分。

教、练技术的口诀:先说说看,做给他看,让他试试看,旁边指导看。

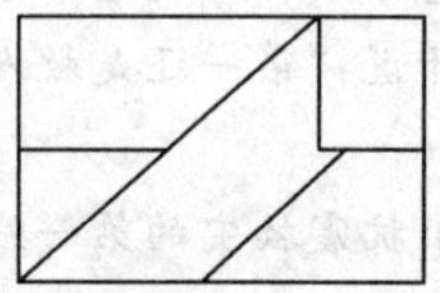
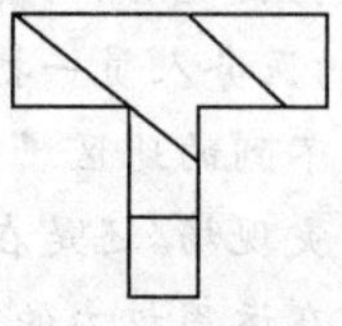

一个优秀的团队不是领导者管下来的，而是靠全体团队人员的共同努力创造出来的。领导的决断力、影响力、号召力在此活动中尤其重要。

二、发展个体在工作中的领导力

案例30-2 《当不当班长》 一位中职学校的新生在网上发布一条求助信息：我今年刚刚进入某职业学校，班主任找我谈话，想让我做本班的班长。我不知道怎么办，许多同学都认为班干部难当，职业学校的班干部更是不好当。虽然在初中时我任过团委书记，可我心里还是没有底，请大家帮帮我。

☞ 如果你是这位新生的好朋友，你应该怎么做？你将给这位朋友什么样的建议？

学会做事 LEARNING TO DO

☞ 如果你就是这位新生，你将怎么做？怎么开展你的工作？

学会做事 LEARNING TO DO

☞ 在你的学习生活中，你最敬佩哪位班干部？他做的哪件事情(说的哪句话)最让你感动？

学会做事 LEARNING TO DO

班干部是班级的骨干，是班级的核心，也是同学们的榜样。可以说，班干部的一言一行直接决定了一个班级的发展方向。所以，我们一定要充分认识到自己所肩负责任的重要性，严格要求自己，以身作则，做一名称职的班干部。

一个班级的班风好坏与我们自己是密切相关的。而在学校里面最多的时间还是在班级里面，班级管理好了，对我们大家都有利，在这样的班级里面不仅我们的学习会得到大幅度提高，而且我们会感到心情舒畅，会感到生活是那样美好，是那么愉快。如果班级出现混乱，我们都会受到影响，不仅会影响我们的学习，而且还会影响我们的健康成长，使我们的心理受到压抑，使我们感到特别难受。所以，我们不能被动地靠班主任来管理，而要主动地配合班主任做好班级的每一项工作。

三、你是一个优秀的领导吗

案例30-3 卡内基十八岁时，受聘于宾州铁路公司任电报员。好不容易得到这样的工作，卡内基心里很是感谢珍惜，每天早上他都会提前到岗。有一天，他刚到公司就收到一封紧急电报，原来是东部发生了一起严重事故，耽误了西向的列车，而东向列车则需仰赖信号员慢慢引领才能前进，由于正值上班时间，所以双向列车几乎陷入无法行驶的状况，已持续近四个小时。

情况相当紧急，需要有人立刻出面来化解这样的危机。不过，因为当时的铁路是单线的，管理系统也尚未健全，必须透过电报来发送指令，而且只有局长才有权力下达指令给所有列车。无奈的是，卡内基到处都联络不到局长，这时独自一人在办公室，显得格外无助与不安。

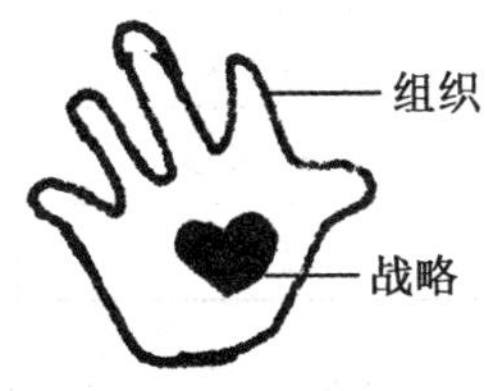

几经思量，他知道危急的程度已经不允许等到局长来再处理了，所以，他决定冒着可能被解雇、处分的危险，冒用局长名义发出指令。将电报发出后，他小

心翼翼地坐在机器旁边关注着每一个信号,直到一切都顺利运转了,才真正松了口气。

几个小时后,局长走进办公室见到桌上急电,马上铁青着脸写了封电报,要卡内基赶快把电报发出去。卡内基支支吾吾欲言又止,局长便说:"有话待会儿再讲,现在最重要的是把这份电报发出去。"这时,卡内基才鼓起了勇气说:"电报我已经发出去了。"局长大惊,问:"谁发的?"他回答:"是我,因为当时情况已经非常严重,我才会大胆冒用您的名字发了电报。"当局长看完卡内基所写的电报内容,心情很是复杂,因为他虽然违背了规定,但成功地化解了这次危机,功不可没。所以从此事件之后,局长对他有着极高的评价,甚至将他这次的表现向铁路总局报告,这对于他日后升迁发挥了极大助益。

☞ 如果你是卡内基,你又会如何选择呢?

学会做事 LEARNING TO DO

☞ 工作生活学习中,你是否具有负责任的勇气?

学会做事 LEARNING TO DO

☞ 你具有下面哪些素质?

责任感		信赖性	
使命感		诚实度	
公平性		热情	
观念感		公平	
进取性			

☞ 你认为,作为一个领导者还应该有什么素质?你还欠缺什么?怎么加以改进?

学会做事 LEARNING TO DO

四、做一名优秀的领导者

能力的培养、素质的提高、习惯的养成靠平时的点滴积累，所以我们现在必须要认识到培养领导能力的紧迫性和必须性。那么现在我们应该怎么做？

☞ 探究：领导能力培养的途径有哪些？请填写下表：

在娱乐中	在工作中	在班级中	在朋友中

☞ 议一议：通过下面的材料议一议如何成为一个优秀的领导者？

学会做事 LEARNING TO DO

拓展阅读

通用汽车副总裁马克·赫根谈领导力

生活充满了起伏，我们永远不知道前面是什么。但是，享受旅途，让每天都成为探索和冒险的经历，向你遇到的人们问好致意。

我(马克·赫根)总是告诉我的通用汽车的团队成员:"简单就更好。"(Simple is better.)"如果你不相信它,就不要说它;但是,如果你相信它,就用心去说它。"(If you don't believe it,don't say it. And if you do believe it,say it with your heart.)

那我们怎样才能到达那里呢?不是建立更好的高科技基础设施、令人印象深刻的网站,而是通过伟大领导的远见。

在我(马克·赫根)的生涯道路上,我学到了一些关于领导力的东西,今天我与大家分享这些:

(1)寻找原谅要比要求许可更好。任何曾经给我工作过的人都知道,这是我的工作方式。你不应鲁莽,你必须谨慎,但是,如果你总是等待许可,你将很少取得成绩。

(2)有时,你会让人们生气愤怒,那是可以的。努力让每一个人跟你一样会培养平庸之才。有些人将对你做的决定不满、生气是不可避免的,但是,不要因为某些人不喜欢,就避免作出强硬的决定。

(3)让人们能找到、接触到你是重要的。打破与上级交流沟通的障碍,我不能容忍一层又一层的官僚机构,我努力让组织中的任何人能找到我和见到我。

(4)重视速度和创新。我一直在致力于培养和鼓励,要在所有我们所做的事上创新,要执行的比任何人更快一些,好主意不执行就没有任何价值。

(5)做你自己,希望那些为你工作的人们也是一样。在通用汽车,我不需要盲目服从和只会说"是"的人。我想要能挑战我的人,就像我一样挑战他们。

(6)记住:"魔力是在细微之处。"如果你只考虑那些人们可以看到的东西,那你将丢掉那些他们能感到的更重要的东西。

(7)记住:事情是由人做成的;没有人去执行,世界上最好的计划将没有任何意义。我努力让最聪明、最有创造性的人围绕在我的周围。我的目标永远是创造一个最优秀、最有才能的人们想要的环境。如果你有对人们的尊敬,并且永远能保持你的承诺,你就是一个领导者,不管你在公司是否有领导的头衔。

(8)挑战旧的、舒服的工作方式。绝不要变得太舒服了,永远寻找改进你环境的机会。在事业上,一个人的价值可以由他愿意继续学习新技能和负起新责任所决定。

(9)每天将你的热情带给世界!我坚信态度的连锁反应将会有很强大的感染力。

(10)这是最重要的课程,但不幸的是最被忽视的行动。当意义重大的事发生时,相互祝贺;当一些小事取得明显成果时,大家庆祝。人们需要知道,他们的工作带来了变化或成果。你不说他们怎么会知道?要设法让自己和大家愉快地

工作,在工作中寻找乐趣。

我们生活在一个工业新世纪的黎明,我们需要坚实、强壮的领导带领我们走进新世纪。我在这里告诫你们:没有道路、地图,我没有所有的答案。但是,有一个最后的课程:"如果你相信你的本能,用尊重和尊严对待人们,好事将会发生。"

当你不能取胜时,不要害怕改变路线。当你认为你能行时,不要害怕,要竭尽你全身的力量和智慧去战斗。

最后,不要让任何人告诉你:你不能做到顶峰,相信你的头脑和智慧,你会成功。

作为一个领导者应该具有的能力

(1)要以身作则,严以律己。

(2)要履行好自身的职责。

(3)要有明确的目标,并把利润时刻放在第一位。

(4)要不断学习新知,增长智能,提高执行的能力。

(5)要有爱惜人才、求贤若渴的理念。

(6)要有宽容人才的肚量、举荐人才的美德。

> "将者,智、信、仁、勇、严也",就是说,将领(领导者)要具备"智、信、仁、勇、严"这五个要素,五者俱备才能成为一个出色的领导者。

模块31 民主需要达到的基本水平

人类政治发展的历史表明，一个社会的政治制度模式与社会发展是否有长久的活力存在着直接而密切的相关关系。对于何种政治结构和公共权力的配置模式能够对社会发展产生更大的推动力，人们曾进行过长期的争论和探索。无数的政治现象证明，在各种政治模式之中，民主制度和民主的政治结构更可能给社会的发展带来活力和持续发展的推动力。

众多事实也证明，民主制度的优越性的一个突出表现，就在于民主的政治模式为社会的发展提供活力和营造鼓励探索创新的环境。民主的发展程度和社会发展的活力呈正比关系。这一点已经在改革开放的中国得到了证明。改革开放近三十年来我国社会发展活力的迸发，很大程度来自于民主政治进程的推动，而要想继续保持和加大社会发展的活力，就要持久推动民主政治的发展，为国家和民族的发展提供不竭的动力。

一、不同背景下民主的实践

1. 民主的基本概念

民主是个古老而又非常现实的话题。它是个政治性问题，也是个社会性问题；它涉及国家制度和人民权利，也涉及观念意识和人们的行为方式；它是人类为之奋斗的崇高理想，也是国家组织管理的具体实践。

就本来意义而言，民主是指多数人的统治，或叫人民的统治，即最终的政治决定权不依赖于个别人或少数人，而是特定人群或人民全体的多数。就形式而言，民主分为直接民主与间接民主，前者指多数直接参与政治决定的制度，后者则是公民通过自己的代表进行决策的制度。民主政治具有两重性：一方面，民主政治反映国家的阶级本质，不同阶级统治的国家，民主政治的性质是不同的，并由此表现出特殊性和差异性；另一方面，民主政治又有共同性和普遍性，不同的民主政治制度在实现其阶级统治时必须遵循民主政治的一些基本原则，如多数原则、确认和保护公民权利原则、代议制原则、有限权力原则、法律面前人人平等原则等。

社会主义民主政治的本质和核心是人民当家作主，是最大多数人享有的最广泛的民主。社会主义民主政治批判地吸收了资产阶级民主政治的合理成分，为人类民主政治的发展开辟了新的前景。

2. 我国的民主实践状况

民主在中国实为一件不折不扣的舶来品，我国奴隶和封建社会时期是不存在民主制度的。辛亥革命期间，中国的先进分子对于在中国如何移植西方民主制度进行了深入的思考，在创建民国时，依据这个时期所积累的知识和经验构建起共和国最初的民主制度。但是，从袁世凯窃权的那一天开始，民主制度的实质内容就日复一日地被淘空。于是先进分子发动了以解放人的思想为主要目标的新文化运动。这次运动实际是一场伟大的思想启蒙运动，它使中国人对民主的认识向前推进了一大步。此后，在国民党一党专制的训政体制下，自由主义者曾掀起争取人权的斗争，主要是知识分子内部平心静气地对民主与独裁制度进行的一次深入讨论。从抗战开始直到抗战胜利的一段时期，人们在民主的认识上没有也不可能有什么新的进展。

新民主主义革命时期，我们党领导全国各族人民为争得民族解放、国家独立和人民民主，经历了国共合作的北伐战争、土地革命战争、抗日战争和解放战争。在这个过程中，共产党领导的人民民主制度建设，从无到有，逐步产生、发展和壮大起来，为我国革命的胜利和新中国民主制度的建立奠定了基础。从 1949 年 10 月 1 日中华人民共和国成立，到 1954 年 9 月第一届全国人民代表大会第一次会议召开，建立和实行的是过渡性的民主政治体制。在 1954 年以后的发展中，我国的宪法和社会主义民主制度曾经有过曲折，特别是在“文化大革命”中，出现了用“群众专政”、“大民主”等违法、违宪的极其错误的方式解决人民内部矛盾的做法，严重破坏了社会主义民主和法制，使党、国家和人民遭受巨大劫难。

党的十一届三中全会在总结历史经验，特别是在吸取“文化大革命”沉痛教训的基础上，为了从制度上、体制上防止“文革”悲剧的重演，确立了发展社会主义民主、健全社会主义法制的基本方针。我国的社会主义民主与法制建设进入了一个新的历史发展时期。

3. 我国当前的民主政治制度

改革开放30年来，在党的领导下，经过全国人民的探索、努力和实践，我国社会主义民主制度建设取得了前所未有的进步，逐步形成了以宪法为基础的有中国特色的社会主义民主制度架构。以1982年宪法为基础，我国在人民主权、民主集中制和四项基本原则的基础上形成了以人民代表大会制度为核心，以中国共产党领导的多党合作和政治协商制度、民族区域自治制度、城乡基层民主、尊重和保障人权、中国共产党民主执政、政府民主、司法民主等为主要内容的有中国特色的社会主义民主制度架构。

相关链接31-1 《中国的社会主义民主政治》 中国的社会主义民主政治，使占世界约1/5人口的这个东方大国的人民在自己的国家和社会生活中当家作主，享有广泛的民主权利，这是对人类政治文明发展的重大贡献。

中国的社会主义民主政治符合中国的国情，保证了人民以国家和社会主人的身份充分发挥建设国家、管理国家的积极性、主动性和创造性，不断推动着中国的经济发展和社会全面进步。同时，中国共产党和中国人民也清醒地看到，虽然中国社会主义民主政治建设取得了巨大成就，但仍有许多需要克服和解决的问题。这主要表现在：民主制度还不够健全，人民在社会主义市场经济条件下当家作主管理国家和社会事务、管理经济和文化事务的权利在某些方面还没有得到充分实现；有法不依、执法不严、违法不究的现象依然存在；官僚主义作风、腐败现象在一些部门和地方滋生和蔓延；对权力运行进行制约和监督的有效机制有待进一步完善；全社会的民主观念和法律意识有待进一步提高；公民有序的政治参与尚需扩大。中国的民主政治建设还有很长的路要走，这将是一个不断完善和发展的历史过程。

人类政治文明发展的历史和现实情况说明，世界上并不存在唯一的、普遍适用的和绝对的民主模式。衡量一种政治制度是不是民主的，关键要看最广大人民的意愿是否得到了充分反映，最广大人民当家作主的权利是否得到了充分实现，最广大人民的合法权益是否得到了充分保障。

一百多年以来中国人民为争取实现民主而进行的艰辛探索和奋斗，特别是中国社会主义民主政治建设的成功实践，使中国共产党和中国人民深刻地认识到，中国的民主政治建设一定要从中国的实际出发，总结自己的实践经验，珍重自己的实践成果，同时借鉴其他国家政治文明的有益经验和成果，但绝不能照搬别国政治制度的模式。

中国的民主政治建设遵循以下原则：

——坚持中国共产党的领导、人民当家作主和依法治国的有机统一。这是中国发展社会主义民主政治最重要、最根本的原则。中国共产党的领导是人民当家作主和依法治国的根本保证,人民当家作主是社会主义民主政治的本质要求,依法治国是中国共产党领导人民治理国家的基本方略。在中国民主政治建设的实践进程中,只有坚持这三者的有机统一,才能保证中国民主政治建设坚持正确的方向,实现社会主义民主政治的制度化、规范化和程序化。

——发挥社会主义制度的特点和优势。中国社会主义制度的最大特点和优势在于:在中国共产党的领导下,各族人民当家作主,充分发挥建设社会主义国家的积极性、主动性、创造性,为实现社会主义现代化和中华民族的伟大复兴团结一心,共同奋斗。坚持这一特点和优势,是亿万中国人民掌握自己的命运,创造更加美好幸福生活,建设富强、民主、文明的现代化国家的根本保证。

——有利于社会稳定、经济发展和人民生活水平的不断提高。社会稳定、经济发展和人民生活水平的不断提高,是人民当家作主的重要目的,也是人民当家作主的必要条件。一个国家的政治发展、经济发展、文化发展是互为条件的。社会不稳定,经济就不能顺利发展。发展的目的,是使人民共享发展的成果。中国共产党和中国政府将紧紧抓住经济建设这个中心不动摇,为不断提高社会主义民主政治的实现程度和水平创造更加雄厚的物质文化基础。

——有利于维护国家主权、领土完整和尊严。中国人民争取民主,从一开始就与维护国家主权、领土完整和尊严紧密联系在一起。如果失去了国家主权、不能维护国家的领土完整和尊严这一全体人民的共同利益和根本利益,中国人民已经取得的民主成果就会丧失。

——符合渐进有序发展的客观规律。中国社会主义民主政治建设是一个不断提高人民当家作主的实现程度和水平的历史过程。完备的民主形态是不可能一蹴而就的。中国共产党和中国人民坚定不移地推进社会主义物质文明、政治文明、精神文明与和谐社会建设的全面协调发展,不断研究民主政治建设的新情况、新问题,探索和创造实现人民当家作主的新机制、新方式,按社会主义民主政治发展的客观规律,有领导、有步骤、有秩序地发展社会主义民主。①

☞想一想:毛泽东同志在同黄炎培先生谈话时就提出“民主是保证我们党不腐败、跳出旧政权兴亡周期率的根本途径”,你对此怎么认为?

① 国务院:《中国的民主政治建设白皮书》,见人民网(2005年10月19日)。

二、民主政治的基本元素

1. 民主参与、公共监督是善治管理的基础

公民政治参与、公共监督的实现程度被视为民主政治的基本元素和标志。民主参与、公共监督主要有以下四种形式：

(1)民主选举。公民只有切实行使好自己的选举权，才能更好地管理国家事务，管理经济和文化事务，管理社会事务。行使好这一权利，是公民政治参与能力的体现，也是表明公民政治素养高低的重要标志。而是否积极参加选举、认真行使这一权利，是衡量公民参与感、责任感的重要尺度。民主选举的方式主要有直接选举、间接选举、等额选举、差额选举。采取什么样的选举方式，在不同的时期、不同的地区，要根据社会经济制度、物质生活条件、选民的文化水平等具体条件来确定。

(2)民主决策。实行民主决策，有助于决策反映民情，体现民主；有助于提高决策的科学性、全面性；有利于促进人民对决策的理解，使之自觉落实决策，提高热情、信心和政治责任感。民主决策包括间接决策、直接决策两种形式。间接决策是指人民通过自己的代表参与决策，如我国的人大代表制度；直接决策是人民直接参加重大事务的决策，如我国的基层民主自治制度，另外如“社情民意制度”、“专家质询制度”、“社会公示制度”、“社会听证制度”等。

(3)民主管理。民主管理是相对于绝对服从权威的管理而言的，即管理者在“民主、公平、公开”的原则下，科学地将管理思想进行传播，协调各组织、各种行为达到管理目的的一种管理方法。因此，民主管理既符合人们的心理要求或“以人为本”管理思想，也是管理者所追求的是一种管理艺术，即一种被管理者意识不到的正在接受的管理。因此，民主管理又是一种群众参与下的多数人管理多数人的管理。

(4)民主监督。民主监督有利于消除腐败现象,克服官僚主义和不正之风,改进国家机关及其工作人员的工作;有利于维护国家利益和公民的合法权益;有助于激发广大公民关心国家大事、为社会主义现代化建设出谋划策的主人翁精神。在我国,民主监督的方式包括信访举报制度、人大代表联系群众制度、舆论监督制度、监督听证会、民主评议会、网上评议政府等。

2. 我国的基层民主制度

胡锦涛在党的十七大报告中指出:"发展基层民主,保障人民享有更多更切实的民主权利。人民依法直接行使民主权利,管理基层公共事务和公益事业,实行自我管理、自我服务、自我教育、自我监督,对干部实行民主监督,是人民当家作主最有效、最广泛的途径,必须作为发展社会主义民主政治的基础性工程重点推进。"在我国基层民主中,公民参与民主管理的基本形式是村民自治、居民自治和职工代表大会。

村民自治是广大农民直接行使民主权利,依法办理自己的事情,实行自我管理、自我教育、自我服务的一项基本制度。它发端于20世纪80年代初期,发展于80年代,普遍推行于90年代,已成为在当今中国农村扩大基层民主和提高农村治理水平的一种有效方式。村民委员会是村民自治组织,是村民民主管理村务的机构。

相关链接31-2 《我国村民自治的内容》 民主选举、民主决策、民主管理和民主监督是村民自治的主要内容。

——民主选举。按照宪法、村民委员会组织法等法律法规,由村民直接选举或罢免村民委员会成员。村民委员会由主任、副主任和委员三至七人组成,每届任期三年。在选举过程中,村民委员会成员候选人由村民直接提名和参加投票选举,当场公布选举结果,做到公正、公开、公平。村民的参选热情高涨,据不完全统计,全国农村居民的平均参选率在80%以上,有的地方高达90%以上。截至2004年底,中国农村已建立起64.4万个村民委员会。全国绝大多数省、自治区、直辖市都普遍完成了五至六届村委会换届选举。

——民主决策。凡涉及村民利益的重要事项,都由村民会议或村民代表会议讨论,按多数人的意见作出决定。鉴于中国农村千差万别,村庄规模大小不一,在一些人数较多、居住分散的村庄,村民会议面临难组织、难召开、难议决的实际困难,通过设立村民代表会议,较好地解决了这个问题。目前,中国85%的农村已经建立了实施民主决策的村民会议或村民代表会议制度。

——民主管理。依据国家法律法规和有关政策，结合本地实际情况，由全体村民讨论制定或修改村民自治章程或村规民约。村民委员会和村民按照被形象地称为“小宪法”的自治章程实行自我管理、自我教育和自我服务。目前，中国80％以上的村庄制定了村民自治章程或村规民约，建立了民主理财、财务审计、村务管理等制度。

——民主监督。村民通过村务公开、民主评议村干部、村民委员会定期报告工作、对村干部进行离任审计等制度和形式，监督村民委员会工作情况和村干部行为，特别是村务公开，得到了村民的普遍欢迎。①

实行基层民主自治，有利于扩大基层民主，保证人民群众依法管理自己的事情，创造自己的幸福生活，是社会主义民主最为广泛而深刻的实践，也是发展社会主义民主的基础性工作。

案例31-3 《中国第一个村委会》 广西宜州市屏南乡合寨村是“中国第一个村委会的发源地”。1980年2月，合寨村农民冲破了当时生产大队、生产队的僵化体制，先以自然村为单位，率先实行村民自治。民选村委会班子上任后，制定村规民约，村委会又带领群众铺路、修桥、修水库、安装闭路电视、修篮球场、建小学校，合寨村的面貌焕然一新。村里的经济也得到了前所未有的发展。

28年来，合寨村村委会已先后7次换届，合寨村始终坚持按“民主选举、民主决策、民主管理、民主监督”的原则精神管理集体事务，村民自我管理、自我教育、自我服务。由农民直接选举的7届“村官”们，带领全村12个自然村，4000多壮、瑶族群众，在33.4平方千米的土地上，描绘经济发展和社会进步的蓝图，这里发生了翻天覆地的变化。

社区自治是我国城市居民直接行使民主权利，依法办理自己的事情，实行自我管理、自我教育、自我服务的一项基本制度。城市居民委员会是社区基层群众性自治组织，是在城市基层实现直接民主的重要形式。

相关链接31-4《我国城市社区居民自治情况》 新中国成立后，即在全国各个城市普遍建立居民委员会，实现城市居民对居住地公共事务的民主自治。1982年，城市居民委员会制度首次写入中国宪法。1989年，全国人大常委会制定了《城市居民委员会组织法》，为城市居民委员会发展提供了法律基础和制度保障。1999年，国家在全国26个城区开展了社区建设的试点和实验工作。此后，在全国开展了社区建设示范活动。到2004年底，全国城市已经建立了符合新型社区建设要求的71375个居民委员会。目前，城市社区建设正在由点到面、

① 国务院:《中国的民主政治建设白皮书》，见人民网(2005年10月19日)。

由大城市向中小城市、由东部地区向西部地区推进，以完善城市居民自治。

如同中国农村村民自治，城市社区居民自治的主要内容也是实行民主选举、民主决策、民主管理和民主监督。在民主选举方面，选举的形式经历了由候选人提名到自荐报名，由等额选举到差额选举，由间接选举到直接选举，并打破了地域和身份的限制，民主程度不断提高。近年来，城市社区居民直选蓬勃发展。国家有关部门对26个试点城区的调查表明，城市社区居民对社区居民委员会直选持积极参与的态度，超过九成选民参加了投票。通过直选成立的社区居民委员会呈现出年轻化、知识化和职业化的趋势。在民主决策方面，社区居民是民主决策的主体，通过社区居民会议、协商议事会、听证会等有效形式和渠道，对社区内公共事务进行民主决策。在民主管理方面，居委会依法办事，按照社区居民自治章程和规约规范工作，努力增强居民当家作主意识，实现"社区的事大家管"。在民主监督方面，实行居民委员会事务公开，凡是居民关心的热点、难点问题和涉及全体居民切身利益的重大事务，都及时向居民公开，并通过召开居民评议会，听取居民意见，接受居民监督。[①]

☞ 议一议：村民委员会、居民委员会是什么性质的机构？能说说你家居地的基层群众是如何管理自己的村务、区务的吗？

学会做事 LEARNING TO DO

职工代表大会，是保证职工对企事业单位实行民主管理的基本制度。在中国，职工在企事业单位中享有的当家作主的民主权利，主要通过职工代表大会制度来实现。

相关链接 31-5 《我国的职工代表大会制度》 新中国成立后即在公有制企业中实行了职工代表会议制度，1957年后在全国普遍推行了这一制度。中国宪法、全民所有制工业企业法、劳动法、工会法和全民所有制工业企业职工代表大会条例等法律法规，均对职工代表大会制度作了相应规定。依据有关法律，职工代表大会具有五项职权：对企业生产经营、发展计划和方案有审议建议权；对工资、奖金、劳动保护、奖惩等重要规章制度有审查通过权；对有关职工生活福利等重大事项有审议决定权；对企业行政领导干部有评议监督权；对厂长有推荐或选举权。

① 国务院：《中国的民主政治建设白皮书》，见人民网(2005年10月19日)。

在中国，职工代表大会具有广泛的群众基础，代表中不仅有工人，而且有科技人员、管理人员和其他工作人员，能够代表全体职工民主管理企业。职工代表大会闭幕后，由企业工会委员会作为职代会的工作机构，负责职工代表大会的日常工作。从1998年起，厂务公开在国有企业、集体企业及其控股企业开始实施，并逐步向非公有制企业拓展。截至2004年底，中国已建立工会的企事业单位有173.2万个；全国基层工会所在企事业单位建立职工代表大会的有36.9万个，覆盖职工7836.4万人；实行厂务公开的有31.6万个，覆盖职工7061.2万人。目前，建立工会组织的公有制企业中有52.8%建立了职工代表大会，覆盖职工3502.6万人，占已建立工会公有制企业职工的72.9%；建立工会组织的非公有制企业中有32.6%建立了职工代表大会，覆盖职工2787万人，占已建工会非公有制企业职工的46.7%。

改革开放以来，职工代表大会和其他形式的企事业单位的民主管理制度在实行民主管理、协调劳动关系、保障和维护职工合法权益、推进企事业单位的改革发展稳定等方面发挥了不可替代的作用。国家坚持全心全意地依靠职工办企业的方针，随着改革开放的深入，将努力推动各类所有制企事业单位建立和完善民主管理制度，切实解决在这方面存在的突出问题，确保职工的民主权利和合法权益得到落实。①

三、关注民主，感受民主

1. 身边的民主

生活在人民当家作主的社会主义国家，公民享有广泛的民主。从我们身边的生活中，可以感受到民主选举、民主决策、民主管理、民主监督的途径和方式，民主与我们息息相关。

案例31-6 《投出理性的一票》 2005年8月15日是山东省乳山市西岬岭村村民自治村民委员会开展直接选举的日子。一大早，

① 国务院：《中国的民主政治建设白皮书》，见人民网（2005年10月19日）。

900 多名村民赶到了村委会大院，聆听 13 名候选人的 5 分钟现场演讲并向他们提问。选举现场设有秘密写票间，现场计票，当场公布。投票选举，首先村民从 13 名参选人中选出 4 名，然后再从这 4 人中选出 3 人。最后上一届村支部委员、46 岁的姜俊华获得了 548 票，成为新的村主任。另外两名当选的村委会委员都是普通村民。

☞ 想一想：西峒岭村民采取的是什么选举方式？你还知道哪些选举方式？影响选举方式的因素主要有哪些？

学会做事 LEARNING TO DO

☞ 根据你或家人参与选举的经历，说一说直接选举、间接选举的优点及局限性。

学会做事 LEARNING TO DO

案例 31-7 《作出最佳的选择》 国家发改委针对我国调整节假日制度和全面建立带薪休假制度等问题进行了网络调查。2007 年 11 月人民网、新华网、国家发展改革委网、新浪网、搜狐网等大型网站就国家法定节假日调整方案（草案）开展了问卷调查。这次调查共获得约 150 万份有效答卷。同时，有关方面还公布了联系电话、电子邮箱和通信地址等，通过多种渠道接收广大群众的意见和建议。调查结果显示，超过 80%的网民赞成调整国家法定节假日。

2007 年 12 月 1 日，国务院正式颁布修订后的《全国年节及纪念日放假办法》，将国家法定节假日由 10 天增加到 11 天，除夕、清明、端午和中秋四个民族传统节日列入国家法定节假日成为调整方案的最大亮点。

在国家法定节假日调整问题上，决策部门广泛听取群众的建议，问政于民，尊重大多数社会成员的意见，其最大亮点就是民众成为政府的“决策参谋”。

☞ 想一想：政府的每一个重大决策，往往会涉及社会各阶层的利益，关系千家万户的生活起居。你知道公民可以通过哪些渠道参与民主决策吗？你能说说每种渠道的作用吗？

学会做事 LEARNING TO DO

案例 31-8 《抗震救灾物资社会监督员——守望和谐家园》 2008 年 5 月 12 日四川省汶川发生 8 级地震。汶川特大地震发生以来，中央和地方投入和捐赠的抗震救灾资金物资数量之大、来源之广，历史空前。如何公正、合理、透明地发放救灾物资，是我们全国人民很关心的问题。

为增强抗震救灾资金和物资发放工作的公开性、透明度，有序有效地推进抗震救灾工作。四川省"5·12"抗震救灾指挥部决定从 5 月 26 日起，面向社会征集抗震救灾工作社会监督员，凡年龄在 20 岁以上、身体健康、热心公益者均可报名。截至 30 日，2000 多名来自社会各界的志愿者踊跃报名。6 月 1 日起，四川省"5·12"抗震救灾指挥部向 308 名社会监督员颁发了抗震救灾工作社会监督员证书，宣布了《社会监督员工作规则》，他们依法依纪独立开展工作，以义务志愿者的身份参与抗震救灾工作，监督抗震救灾款物的筹集、拨付、发放和使用情况，了解抗震救灾的社情民意，及时向有关部门反映，体现了社会监督、民主监督的特色。

四川省纪委、监察厅和全省 21 个市、州，181 个县(市、区)纪检监察系统同步开通了赈灾监督电话 12388。截至 6 月 12 日，仅四川省纪委、监察厅开通的举报电话就已接听 7696 次，受理赈灾监督电话 1310 个，网络举报 132 件。比如网络反映帐篷问题，省纪委、监察厅马上派出 10 个督查小组一顶一顶进行拉网式排查，及时处理。

四川省纪委、监察厅还通过多种途径定期向社会公开接收捐赠情况，对接收的每一笔捐赠款和每一批捐赠物资，均实行每日一通报、每日一公开，并把公开透明原则贯穿于救灾款物接收管理使用的全过程，自觉接受捐赠人、新闻媒体和社会各界的监督。

☞ 做一做：信访、电话、网络、新闻媒体是比较常见的公民反映意见、提出建议的方式。你能说说自己所在地区的电视台(或中央电视台)或你所熟悉的报刊有哪些舆论监督栏目？请讲述一个你印象最深的舆论监督案例，与同学们交流共享。

学会做事 LEARNING TO DO

2. 关注民主

民主是人类共同追求的价值观和共同创造的文明成果。我们的国家是社会主义国家，一切权力都来自人民、属于人民，人民当家作主是社会主义民主政治的本质和核心。党的十七大报告中旗帜鲜明地强调："人民民主是社会主义的生命"，"坚持中国特色社会主义政治发展道路，坚持党的领导、人民当家作主、依法治国有机统一，坚持和完善人民代表大会制度、中国共产党领导的多党合作和政治协商制度、民族区域自治制度以及基层群众自治制度，不断推进社会主义政治制度自我完善和发展"。

☞ 探究活动一：《班长选举规则》

假如选举班长是一种政治参与过程，让我们来尝试制定、评估一个规则，从中体验有序民主生活的意义。

(1)我们首先考虑一个好的规则应该具备哪些要素。例如：公正的；容易理解的；能够被大家接受的；严密的，没有漏洞……

(2)在制定规则的时候，应该考虑哪些因素呢？例如：选举班长的重要性；选举班长的资格；参选班长的程序；可能出现的问题及其补救办法……

(3)你还有哪些想法？跟同学们说说。

(4)在考虑上述问题后，尝试共同制定一个合理的规则。

(5)制定规则后，填写下表，对制定出的选举班长的规则予以评价。

问　　题	你的回答
制定规则的目的是什么？	
这个规则是必需的吗？	
是否还有其他更好的办法能达到同样的目的？	

续表

这个规则的效果可能是怎样的?	
这个规则有什么长处和不足?	
是否具备一个好的规则应该具备的要素?	
这个规则应当被遵守、修改还是取消?为什么?	

☞ 探究活动二:《模拟听证会——学生是否要穿校服》

第一步:确定参加听证会的代表应来自哪些方面。

第二步:将全班同学分成小组,扮演不同方面的代表;各小组分别积极准备准备材料。

第三步:按照下列程序,开始模拟听证会。

宣布会议开始:

第一项议程,主持人宣布《听证会会场注意事项》;

第二项议程,主持人介绍听证代表、出席人员构成及产生办法;

第三项议程,听证申请人介绍方案;

第四项议程,各小组推荐听证代表陈述观点;

第五项议程,会议小结,正式代表审阅会议记录并签名。

第四步:宣布方案。

☞ 议一议:举办听证会有哪些积极作用?

学会做事 LEARNING TO DO

提示:听证制度是现代民主政治的产物,是公民有序地直接参与政治的一种较好的活动方式。听证制度移植到决策决定方面,形成了"决策听证制度"。公众直接感受政府决策的知情权和参与决策权,是使决策者在决策之前充分倾听各种不同意见,听证在前、决策在后,实现决策的科学化、民主化和公开化。听证于民的目的是决策利民。

核心价值观八：

全球精神

全球精神：是一种无形的理念，一种超越的精神。它让每一个人都能看到所有存在的事物之间的统一性和内部联系。

对神圣的敬畏：对于所有的有益的事物产生深深的敬畏和尊重，承认还有我们所不知道的力量和事物存在。

内心平和：当一个人具备爱和同情，并且能够与自己、与他人和谐相处时，就会体验到宁静和幸福的感受。

宗教宽容：承认宗教自由是一种基本人权，承认宗教信仰和活动的多样性。

相互关联：相信所有形式的生命都相互联系、相互依存，认识到这一点并付诸行动。

模块32　当所有边界都消失之后

随着广播、电视和其他电子媒介的出现，人与人之间的时空距离骤然缩短，整个世界紧缩成一个“村落”。加拿大传播学家M·麦克卢汉1967年在他的《理解媒介：人的延伸》一书中首次提出“地球村”这一具划时代意义的崭新概念。

地球村的出现打破了传统的时空观念，使人们与外界乃至整个世界的联系更为紧密，人类变得相互间更加了解了。地球村现象的产生改变了人们的新闻观念和宣传观念，迫使新闻传播媒介更多地关注受传者的兴趣和需要，更加注重时效性和内容上的客观性、真实性。地球村促进了世界经济一体化进程。

边界无处不在，在很多地区、很多领域、很多行业都存在着边界的问题。很多时候，边界的存在对于地区、行业的稳定与发展发挥着重要的作用。然而，随着社会的发展，全球化趋势的来临，就像柏林墙的倒塌一样，边界正在逐渐消失，地区与地区之间、行业与行业之间的联系和依存正逐渐加强，而且也不断地影响着我们的学习、工作和生活。

一、目前的地区发展趋势和全球和平与公正问题

(1)世界63亿人口中的73%生活在贫困线以下(每天不足2美元)，其结果导致童工和儿童卖淫。

(2)贫穷国家与富有国家之间的差距不断扩大。

(3)边界、领土和种族冲突导致社会架构恶化。

(4)环境恶化。

(5)艾滋病患者与艾滋病毒携带者的增加，非典型肺炎、禽流感的出现与

流行。

(6)亚太地区有30亿人，大约占世界人口的61%。

(7)当今5个人口最多的国家：中国、印度、印尼、孟加拉和巴基斯坦。

(8)15～25岁的年轻人口占较大比例。

(9)许多国家具有深厚的哲学、宗教和文化传统。

(10)在种族、语言、社会和政治等方面具有很大的多样性。

(11)大量跨国组织迅速发展，移民大量涌现。

(12)2005年，超过2100万15岁的儿童在五年级以前可能已辍学。

(13)世界上共有8.85亿文盲，其中将近70%在亚太地区。

(14)成人识字率存在14%的性别差异。

(15)全世界有1.3亿学龄儿童接受不到任何基础教育，其中亚太地区有3700万。

☞ 问一问：

- 以上这些事例，你知道多少？
- 如果让你给它们分别贴上“崩溃”或者“突破”的标记，你会作何选择？
- 为什么你觉得有的现象导致的是“崩溃”，有的导致的是“突破”？
- 我们生活中遇到的边界有哪些？你知道有哪些与边界相关的职业吗？
- 当今，学习、工作甚至生活在异国他乡的人越来越多，你是如何认识和理解这种现象的？

学会做事 LEARNING TO DO

二、人的个性与文化的多元

☞ 小组讨论，共同探究：发达国家发达的原因有哪些？那些贫穷落后的国家落后的原因呢？

	可能存在的原因
发达国家	
发展中国家或欠发达国家	

世界各国发展差异的原因至少包括这样几个方面：

(1)由于历史上的殖民主义在亚、非、拉进行了长期的殖民掠夺和统治，破坏了这些国家的经济发展秩序；

(2)国际上不平等的经济秩序(国际贸易中长期存在不等价交换)；

(3)殖民地国家独立后长期的不稳定和战乱。

这些因素，使发达的国家越发达，贫困的国家越贫困，导致各国的贫富差距增大，出现了发展的差异。

☞ 看一看：观察生产一件羊毛衫的流程图，分析全球化中经济相互依存的关系。

- 你对这种相互依存的关系是如何认识的，有何感想？
- 这一流程图说明了哪些概念？
- 各个国家靠什么方法在生产过程中获得利益？
- 从什么角度看，这种生产是有缺点的？
- 还有其他形式的互相依存吗？

学会做事 LEARNING TO DO

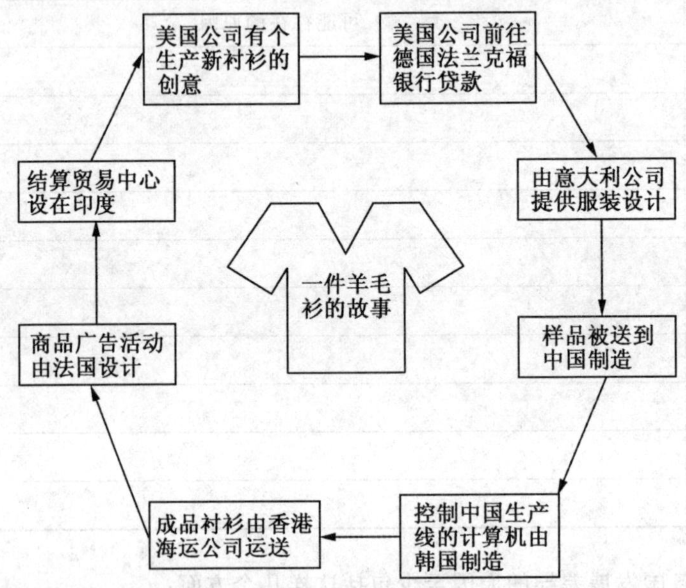

其实,不仅是产品的生产存在着相互之间的依存性,产品的分配、销售业都存在着相互依存的关系,甚至,在日益全球化的今天,我们的学习、工作和生活中的点点滴滴都充满了国与国、地区与地区之间的依存关系。这种依存关系在全球层面、社区层面和个人层面都会带来或已经带来了巨大的影响,我们必须正确面对这一现象并利用这一现象为我们服务。

三、可持续发展的趋势

在每一个边界哨所
　　都有某种阻挡不住的东西
每一个边界哨所都思慕
　　缤纷的落叶、香艳的飞花
但却指不出来
　　它们来自哪一种树木
我推想
　　起先,是人发明了边界

之后，边界又造就了人
　　人、军队和边界卫兵无一不是边界的发明
只要边界仍然矗立，我们所有人就依然如处于史前时代
　　只有当所有的边界消失时
真正的历史才会开始

（来源：Almost an End，Henry Holt，New York，1987.）

☞ 欣赏这首诗，思考并回答下列问题：

(1)读了这首诗之后，你总的感觉是什么？

(2)哪些字、句最打动你？为什么？

(3)生活在一个被边界包围的地方，你感觉如何？

(4)生活在一个没有边界的世界中，你感觉如何？

(5)你能从诗中领悟出什么？

(6)你对可持续发展的趋势是如何理解的？

学会做事 LEARNING TO DO

四、促进相互统一和相互依存

案例32-1 《联合国大会通过决议要求以色列拆除隔离墙》 在今天(2004年7月20日)下午举行的第十次联大紧急特别会议上，各国代表以压倒多数通过决议，要求以色列政府遵守国际法院关于以色列在约旦河西岸建立隔离墙的意见，立即停止非法的隔离墙建设。

这项由约旦代表阿拉伯国家提出的决议草案是以150票赞成，6票反对，10票弃权而得到通过的。决议也要求各会员国根据国际法院的意见，不承认因在巴勒斯坦被占领土建立隔离墙而形成的非法局面,不支持维持这样的局面。

决议还呼吁以色列政府和巴勒斯坦权力机构立即履行中东和平“路线图”中所规定的义务,在2005年建立起两个和平相处而并存的独立国家。

在7月16日复会的第十次紧急特别联大会议上,各国代表已就以色列非法建造隔离墙问题进行了激烈的辩论。许多国家都发言谴责以色列的非法行动。今天的联大决议反映了各会员国对国际法院意见的支持。(记者:何洪泽　邹德浩)

案例32-2 《朝鲜、韩国破冰,共同组队入场》 据国际奥委会官方网站2004年7月2日消息:国际奥委会已经确认,在8月13日雅典奥运会开幕式上,朝鲜和韩国将在奥运五环旗的引领下,共同入场。

国际奥委会主席罗格说:“这将会是奥运会开幕式上的高潮之一。”

8月13日,第28届夏季奥运会开幕式在奥林匹克主体育场隆重举行。右图为朝鲜和韩国代表团携手入场。(新华社记者郭大岳摄)

案例32-3 《拆除“围墙”高校联合办学已成共识》 2006年12月7日,首届全国高校联合办学研讨会在上海交通大学徐汇校区浩然高科大厦隆重举行,来自全国近70所高校的代表共聚一堂,总结全国各地高校联合办学资源共享、优势互补、培养复合型人才的经验,探索国内外高校联合办学的理论和实践问题。

跨进一所大学的校门,就可以进入几所大学的课堂听课,甚至可以同时拥有两所学校不同专业的学士学位证书——高校联合办学的内涵不断深入。

“联合办学是对高等教育改革的有益探索。”高校联合办学作为高等教育教学改革的一项“新生事物”,在高等教育结构调整和体制改革的背景下,逐步发展并得到社会承认,各地高校开展了多种形式的合作办学试点,打破了原来高校各自封闭办学的状况,形成了各种区域性的联合办学体系。目前全国已经有十几个省市在进行校际联合办学的实践探索,尽管各地在联合办学时间、规模、模式上有所不同,但都各自具有鲜明的办学特色,并积累了不少成功经验,形成了学生积极参与、高校相互配合、社会普遍认可的可喜局面。

研讨会希望,形成一个全国性的高校联合办学交流平台,进一步了解各地联合办学的现状,交流各高校联合办学的成功经验,共同探讨具有中国特色的联合办学发展模式,使得联合办学事业进一步走向规范化,取得更大的成就。

上海的联合办学始于1994年，距今已有12个年头。12年来，高校之间跨校选课、互相承认学分、跨校选择第二专业、师资互聘、实验室设备共享等举措，使各个高校资源互补、优势互补，最终受益者是广大学生。

2006年开始，上海西南片联合办学项目又有新的拓展，学生可以跨校学习副专业学士学位，这项举措深受高校学生欢迎，目前已有10所高校、58个专业、1368门课程对西南片高校学生开放，有2200余名的学生被录取。

拆除校与校之间的"围墙"，突破了传统的办学观念，除了教学，联合办学的优势同样体现在科研、图书资源、信息资源、设备共享、人才资源的互补上。既可以发挥各校所长、达到资源共享、互惠互利的目的，又可以提高办学质量和办学效益，更主要的是，体现了"以学生为中心"的精神，为扩大学生之间的交流、培养复合型人才作出了贡献。（上海交通大学焦点网）

☞ 议一议：你对促进相互依存，在社区、班级和个人的层面加强团结有哪些建设性的意见？

学会做事 LEARNING TO DO

____

____

____

____

☞ 面对当前这种消除边界、加强联系、相互依存的局面和发展趋势，你准备采取哪些行动以适应这一发展趋势？

学会做事 LEARNING TO DO

____

____

____

____

模块33 全球合作

2008年爆发于美国的金融危机已经席卷了全球每一个角落。世界经济论坛发布的《2009全球风险》报告认为，今年全球财政状况还将进一步恶化。当今世界除了经济不景气，还受气候变化、食品安全、中东冲突、恐怖主义等问题困扰。所有这些世界性问题都在呼唤卓越有成效的全球合作。

毋庸置疑，在分工国际化、经济全球化的今天，全球的合作是一种内生性的诉求。全球化是一种良好的趋势，为资源（包括资金、技术、管理、劳动力、市场）的全球组合，或是更高层次上知识和智力的全球组合，提供了开放的环境。

既然全球化已经成为现实，各政府和企业应该主动适应全球化的挑战。政府应该为资源的有效整合提供良好的环境，包括面向国内外投资者的投资环境，面向科技工作人员的有创造力的环境等；企业应该跟上信息技术的潮流，使用信息技术加强管理效率。

一、地球是一家

案例33-1 有这么一个故事，几年前一家德国报纸接受了一项挑战，要帮法兰克福的一位土耳其烤肉店老板找到他和他最喜欢的影星马龙·白兰度的关联。结果经过几个月，报社的员工发现，这两个人只经过不超过六个人的私交，就建立了人脉关系。原来烤肉店老板是伊拉克移民，有个朋友住在加州，刚好这个朋友的同事，是电影《这个男人有点色》的制作人的女儿在女生联谊会的结拜姐妹的男朋友，而马龙·白兰度主演了这部片子。

你和任何一个陌生人之间所间隔的人不会超过六个，也就是说，最多通过六

个人你就能够认识任何一个陌生人，无论这两个人是否认识，无论他们生活在地球上任何偏僻的地方。这就是六度空间理论。社会化的现代人类社会成员之间，都可能通过“六度空间”而联系起来，绝对没有联系的A与B是不存在的。

案例33-2 电影《通天塔》 故事从皮特和布兰切特扮演的一对美国夫妻在摩洛哥遭遇不测开始。一个摩洛哥的牧羊少年捡到一把手枪，他朝着远处发亮的东西射去，而这个发亮的东西正是皮特和布兰切特夫妇乘坐的旅游巴士。这个少年发现自己射出的子弹远得超出了想象。它射中了布兰切特，这是整个事件的催化剂。为此这对夫妇只好逗留一段时间，这又影响了他们的保姆，这位墨西哥保姆面临着艰难的抉择，她不想错过在墨西哥边境的一场婚礼，虽然皮特命令她在美国和孩子们呆在一起，她却打算叫她的侄子开车带她去参加婚礼，并且也把孩子们带上。但是若他们回程从墨西哥到美国，却可能遭到一项犯罪指控——绑架美国小孩，所以他们准备带着两个孩子非法穿越国境……

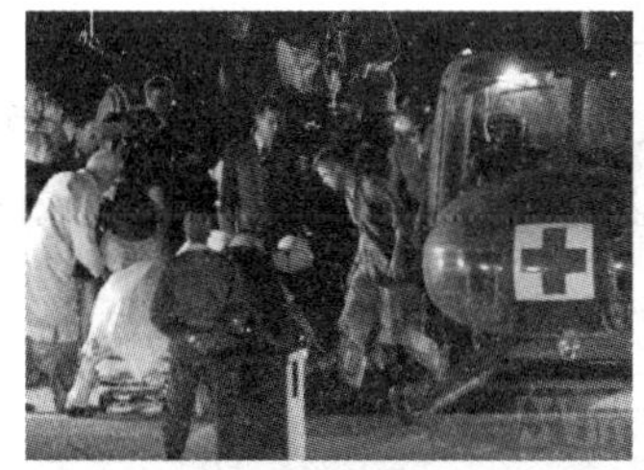

四个不同的群体，在三个国家不同的大路上，虽然都是陌生人，却产生了碰撞。一个偶然的事故使得事情无法控制，美国夫妇，反叛的日本聋哑少年和她的父亲，墨西哥保姆……这些陌生人不会相遇，同样他们也无法进行有意义的交流……但是，他们是由若干相互关联的要素组成的整体，这些要素是这个世界上的所有形式的存在，包括各类的人、所有的事和一切的物。

☞ 你所在的群体有哪些？

学会做事 LEARNING TO DO

☞ 想一想你平时影响了哪些群体？哪些群体又影响了你？

学会做事 LEARNING TO DO

☞ 你听说过“城门失火，殃及池鱼”、“唇亡齿寒”的故事吗，怎么理解它们之间的联系？

学会做事 LEARNING TO DO

关联无处不在，人与人、事与事是相互联系的，尽管这种联系未必直接。各种人、各种事物、各种系统以及他们内部都有着直接或间接的联系。

二、我的觉悟

某市三名中学生曾经通过问卷、走访、查阅文献等办法，用几个月时间完成了《关于废旧电池回收现状调查与研究》的调查报告，结论是：我国废旧电池回收率只有1%～2%。他们对废电池危害大而回收现状差感到“震惊”。三名中学生在调查中发现，有近八成的市民认为废电池回收活动“与自己无关”或“没时间参加”，有87%的居民将废电池与生活垃圾一起丢弃。

☞ 想一想：你平时是怎么处理废旧电池的？

学会做事 LEARNING TO DO

☞ 你知道乱扔废旧电池对其他系统有什么影响？

学会做事 LEARNING TO DO

☞ 小组讨论，共同探索：针对下列问题说明一个系统对另一个系统的作用和影响（你也可以选择其他感兴趣的问题进行讨论），并将结果填入下表中。

A. 使用白色塑料袋

B. 选举社区代表

C. "5·12"汶川大地震

D. 油价上涨

讨论方向（问题）	
影　　响	
本系统内	系统与系统间

每个小组讨论后由小组代表展示他们的成果。

个体与个体间是相互关联的，系统与系统间是相互关联的，全球更是高度关联的。这种关联不仅是经济上的，还体现在政治、文化、生态和价值观念等各个方面。

理解

三、全球性思维，地方性行动

2008年6月29日晚，第19届世界石油大会召开，正值西班牙经济遭遇创纪录高油价的侵袭。早些时候，西班牙数千卡车司机举行大规模罢工，示威活动破坏了正常的流通体系，导致超市缺少新鲜食品。随后，渔业工人也举行罢工，使大量鱼摊无货可卖。油价暴涨之前，是食品价格骤增。两场危机接连降临，“这对许多西班牙家庭而言，是一次打击”。油价高涨将西班牙官方公布的通胀数字推高至4%，这是该国十年来通胀最高水平。

面对能源危机，建立全球合作机制来解决能源问题和可持续发展，已成为全球性课题，为实现这项合作，要求能源生产国、消费国以及能源输出途径地区通力合作，各自承担份内工作。我们个体在日常也要树立全球能源危机的意识，注意节约水电等能源。这就是所谓的“全球性思维，地方性行动!”这一口号要求各个国家和地区面对全球合作的浪潮时，都要具有世界视野和全球意识的思维模式，解放思想，积极投身其中，从细节入手，从自身做起。

☞ 课堂讨论：你在行动中能在哪些方面实践“全球性思维，地方性行动”？而原因又是什么？

你的行动	影响的系统	原　因

☞ 以小组为单位，讨论影响全球合作的因素有哪些？

合作内容	合作状况	影响合作的因素

为使自己的意识变得更加全球化和相互关联，要打破内心的障碍，确立“和而不同的文化观”和“合作与竞争并存”的意识，切实践行“全球性思维，地方性行动!”

四、积极的参与

为了积极参与到全球性活动中，我们现在应该从身边的小事做起，主要途径有：在家庭，在学校，在社会生活中，在工作岗位上。

☞ 请把以上途径中能够做到的方面填在下表中：

在家里	在学校	在社会生活中	在工作岗位上

☞ 到目前为止，你和哪些全球性组织进行过联系和交流？你愿意用什么方式和它们进行交流？

学会做事 LEARNING TO DO

世界合作组织资讯

上海合作组织前身是由中国、俄罗斯、哈萨克斯坦、吉尔吉斯斯坦和塔吉克斯坦组成的“上海五国”会晤机制。2001 年 6 月，“上海五国”元首在上海举行第六次会晤，乌兹别克斯坦加入“上海五国”。随后，六国元首举行首次峰会，并签署了《“上海合作组织”成立宣言》，上海合作组织正式成立。

亚太经济合作组织（APEC）是亚太地区最具影响的经济合作官方论坛，成立于 1989 年。1989 年 1 月，澳大利亚总理霍克访问韩国时建议召开部长级会议，讨论加强亚太经济合作问题。经与有关国家磋商，1989 年 11 月 5 日至 7 日，澳大利亚、美国、加拿大、日本、韩国、新西兰和东南亚国家联盟 6 国在澳大利亚首都堪培拉举行亚太经济合作会议首届部长级会议，这标志着亚太经济合作会议的成立。1993 年 6 月改名为亚太经济合作组织，简称"亚太经合组织"或"APEC"，英文为"Asia-Pacific Economic Cooperation"。宗旨是：保持经济的增长和发展；促进成员间经济的相互依存；加强开放的多边贸易体制；减少区域贸易和投资壁垒，维护本地区人民的共同利益。

欧洲联盟（简称"欧盟"，EU）是由欧洲共同体（European Communities）发展而来的，是一个集政治实体和经济实体于一身、在世界上具有重要影响的区域一体化组织。1991 年 12 月，欧洲共同体马斯特里赫特首脑会议通过《欧洲联盟条约》，通称《马斯特里赫特条约》（简称《马约》）。1993 年 11 月 1 日，《马约》正式生效，欧盟正式诞生。总部设在比利时首都布鲁塞尔。

石油输出国组织（Organization of Petroleum Exporting Countries，OPEC），属协调和统一成员国石油政策、确定以最适宜的手段来维护它们各自和共同的利益的国际组织。世界主要石油生产国为共同对付西方石油公司和维护石油收入，1960 年 9 月 10 日由伊拉克、伊朗、科威特、沙特阿拉伯和委内瑞拉代表在巴格达开会商议成立一个协调机构，9 月 14 日"石油输出国组织"正式宣告成立，之后成员国由 5 个增加到 13 个，即阿尔及利亚、阿拉伯联合酋长国、卡塔尔、利比亚、尼日利亚和印度尼西亚，厄瓜多尔、加蓬分别于 1992 年和 1996 年退出该组织。该组织总部设于奥地利首都维也纳，现任秘书长为里尔瓦努·卢克曼。

联合国前秘书长安南曾经说过：全球化的综合逻辑是不可动摇的，其势头是无法抗拒的。现在，全球合作不再是"七八个星天外，两三点雨山前"，它已暴雨倾盆，冲刷着世界每个角落，从纽约华尔街银行老板到北京胡同里的普通老百姓，没人能躲得过去。"各扫自家门前雪，休管他人瓦上霜"的观念必须改变。我们希望全世界的国家和人民能够具有全球性的精神、视野和思维，各尽所能，发挥自身优势，加强交流与合作，共同对抗全球性问题，为全人类的全面可持续发展和长远利益作出贡献。

模块 34　对工作崇敬的再发现

古希腊雕刻家菲迪亚斯被委派雕刻一座雕像。当菲迪亚斯完成雕像时，雅典市的会计官却拒绝支付薪水，理由是他把雕像的后面雕刻得和前面一样，"没有人能看到这座雕像的背面！"菲迪亚斯反驳说："你错了，上帝看到了！在你们把这项工作委派给我的时候，上帝就一直在旁边注视着我！他知道我是如何一点一滴地完成这座雕像的。"

每个人心中都有一个信仰，工作就是我们的信仰。菲迪亚斯相信自己的努力一定会被上帝看见，同时他坚信自己的雕像是一个完美的作品。这就是心安。菲迪亚斯凭心中神圣，让自己看到了敬业的意义。事实证明了菲迪亚斯的伟大，这座雕像在 2400 年后的今天，仍然伫立在巴特农神庙的屋顶上，成为受人仰视的艺术杰作。

一、对敬畏的认知

一个人可以不信神，但不可以不相信神圣。是否相信上帝、佛、真主或别的什么主宰宇宙的神秘力量，往往取决于个人所隶属的民族传统、文化背景和个人的特殊经历，甚至取决于个人的某种神秘体验，这是勉强不得的。一个没有这些宗教信仰的人，仍然可能是一个善良的人。然而，倘若不相信人世间有任何神圣价值，百无禁忌，为所欲为，这样的人就与禽兽无异了。相信神圣的人有所敬畏，在他的心目中，总有一些东西属于做人的根本，是亵渎不得的。他并不是害怕受到惩罚，而是不肯丧失基本的人格。不论他对人生怎样充满着欲求，他始终明白，一旦人格扫地，他在自己面前竟也失去了做人的自信和尊严，那么，一切欲求的满足都不能挽救他的人生的彻底失败。

1. 人类对文明的敬畏体验

案例 34-1 《巴黎和海德堡》

1945 年，当纳粹德国撤出巴黎之时，希特勒曾下令炸毁塞纳河上所有桥梁。但是德军总司令违抗军令——面对着与巴黎城市浑然一体的这些桥梁建筑史上的辉煌杰作，他的心战栗了。无独有偶，当年盟军为攻克德国，莱茵河流域的许多城市都遭到了炮火的轰炸，而海德堡幸免于难，原因是那里有“出此校门，便无学问”的海德堡大学，那是诞生过无数科学家、哲学家和文学家的学府，甚至盟军中的一些高级将帅也毕业于这个学校。

今天，几十座造型各异、金碧辉煌的桥梁安然无损地横跨在河面上，它们成为巴黎光荣的脊梁。而莱茵河畔，海德堡沐浴在宁静、典雅的光辉中，继续贡献着学问和理想。试想，在那个疯狂的年代里，一旦理智彻底崩溃，无论是巴黎，还是海德堡，都会一夜之间变为废墟。在炮火纷飞、残酷厮杀的年月，是什么拯救了这两座城市？是什么力量使他们让敌人们的城垣幸免于难？是对文明的敬畏之心。

我们倾向于相信，敬畏之心并不一定依赖于伦理、道理，也可能依赖于人的自身，是在作恶、犯罪、屠戮的过程中残留的人性或者良心的发现。由于对文明的深深敬畏，欧洲一座座古城完整地保存了下来。从大都市恢弘的教堂到乡村小镇苍老的中世纪城堡，小心翼翼地保护，年复一年地维修。由于对文明的敬畏，古城区不允许轻易出现新建筑。一座新建筑的出现，要经过从政府到专家的反复权衡，历经数年，最终经严格的立法程序通过。站在米开朗基罗广场俯视佛罗伦萨，最具高度的地标始终是指向苍穹的古建筑尖顶以及壮美的歌剧院、音乐厅、博物馆。新建的任何商业、生活和娱乐设施都不敢轻易超过这个高度。

☞感悟：对于每一个民族每一个时代文明，敬畏之心是否是必需的？

学会做事 LEARNING TO DO

2. 人类对自然的敬畏

盛夏晚上，一场大雨如期而至。大大的雨点从天空砸下来，很痛快的样子。连未及时回家的行人，也是满脸的兴奋，在雨中跑着、叫着。很多窗户里都探出头来，小孩子甚至故意跑到雨里，感受着雨的清凉。这场雨，人们盼了很久了，终于来了，炎热的天气要告一段落了，人们怎能不高兴呢？

现在的科技不可谓不发达，但与自然相比，又是多么微不足道啊。南方的暴雨洪水，北方的干燥高温，印度洋的大海啸，汶川的大地震，大自然不让人如意，科技现在又能奈何？人定胜天，这只是理想，我们似乎更应该敬畏自然啊。敬畏不是迷信，而是因了解自身而产生的更高层次的热爱。就拿我们的人体来说吧，你看看自己的身体，就该感叹自然的伟大。多么自如，多么精密！据说，现在还

没有任何机器能模拟人体最简单的平衡，连很多造型逼真的机器人，也无法做到。更别说人的内部构造，各种精密的系统乃至于人的思想了。科学家说，我们掌握的科技，对自身的了解现在还处在皮毛阶段，我们还不应该敬畏自然吗？有一部纪录片，讲的是人们对鸟类飞行的研究。其中讲到，现在最先进的战斗机，也无法像老鹰一样灵活地穿过原野、森林。人类甚至还掌握不了蜜蜂飞行的全部原理。自然的每个物种都好像精灵一般，挑战着人类的智力和科技，我们不应该敬畏自然吗？

因我们的无知而破坏的森林和草原，现在“回报”我们了。沙尘、洪水、泥石流、干旱，谁能说这里面没有我们的“功劳”呢？大面积的环境污染而造成的疾病、毒害，就不会降临到我们头上吗？我想，我们应该敬畏自然。

☞ 议一议：为什么说“敬畏自然”就是“敬畏我们自己”？

学会做事 LEARNING TO DO

☞ 为什么说“我的智慧即是宇宙的智慧，我对宇宙的认识即是宇宙对自己的认识，我思维即是宇宙在思维，我痛苦即是宇宙在痛苦，我欢笑即是宇宙在欢

笑”？这句话能否理解为“我就是天，我就是地，我就是自然，我就是宇宙”？这是否是一种天真、狂妄的心态，是极端的唯心主义？

学会做事 LEARNING TO DO

☞ 小活动：体验敬畏（聆听李娜演唱的歌曲《青藏高原》）。当悠扬的歌声流溢出来，在我们耳边萦绕，我们闭上眼睛想象那白云飘飘的湛蓝天空，那耀眼的明亮，广阔无垠的世界屋脊；让我们带着灵魂向上飞升，思绪从耶稣到佛陀，由佛陀到李娜，由李娜到青藏高原，我们不禁肃然起敬，是对那颗已融入宇宙获得了巨大能量的心灵之敬。

二、因为敬畏，所以奋斗

对于职业，人们的认识通常有不同的层次，如果一个人以一种尊敬、虔诚的心灵对待职业，甚至对职业有一种敬畏的态度，他就已经具有了敬业精神。但是，如果一个人的态度还没有上升到视自己的职业为天职的高度，他的敬业精神就不彻底，还没有掌握精髓。唯有天职的观念才使自己的职业具有了神圣感和使命感，也使自己的生命信仰与自己所从事的职业结合到了一起，信仰也得到了现实的实施。只有将自己的职业视为自己的生命信仰，才是真

> 工作是一个施展自己才能的舞台。我们寒窗苦读来的知识，我们的应变力、我们的决断力、我们的适应力以及我们的协调能力都将在这样的一个舞台上得到展示。除了工作，没有哪项活动能提供如此高度的充实自我、表达自我的机会，以及如此强烈的个人使命感和一种活着的理由。工作的质量往往决定生活的质量。
>
> ——约翰·洛克菲勒

正地掌握了敬业的本质。

案例 34-2 《对无常商道保持敬畏》 年轻的高云峰是中小企业板龙头股——大族激光的董事长，生于1967年。用目前的股票价格来计算的话，他的身家在8亿左右。他所领导的大族激光是激光设备业的翘楚，根据中国工业经济联合会的调查，大族激光2003年在国内激光打印机市场上占71.96%的份额，处于行业绝对领导地位。从1996年高云峰创办大族实业以来，仅仅用了8年时间，就干净利索地进入了亿万富翁的殿堂。不过，他对记者说："我对财富已经看得很淡了。"尽管，他的话很难让人相信。他说："在我创业的过程中，我要感谢很多人。他们在我面临危机的时候都充当了我的'贵人'、'救命稻草'。商道无常，缘分可贵。当你对商道保持敬畏时，你就应该用商业的成功来回报社会。"

在1998年，为了效仿"硅谷"的成功，对中小企业的风险投资成为各地政府热衷的"政绩"之一。当时深圳市成立了深圳高新技术产业投资服务公司，以解决中小企业融资难、担保难的问题。

高云峰清晰地记得自己从报纸上看到这个消息后的兴奋，挎着一个黄军包，手握一张报纸的他兴冲冲跑去找高新投。"我将一大群老总请到我们几十平方米的办公室，我们的产品让他们很激动。他们决定向我们风险投资。"但是，高新投提出了两个条件，这两个条件让高云峰感到不公平和为难。他说："国有资本和一个个体户之间的条款不可能是平等的。"高新投的两个要求是：一个是要控股，即在新成立(高新投和大族实业共同投资的)大族激光股权结构里，高新投要占大头，即控股51%。另外一个是以净资产的价格作价，大族不准溢价转让股权。

高云峰对记者说："他们的理由是，高新投是政府的，如果是小股东，面子上过不去。另外，如果溢价购买股权的话，外面会有人讲闲话的，猜疑高新投的人和大族勾结，把溢价的好处捞到自己的口袋。""其实，我真的不是很情愿，但也没有办法。我们公司当时的利润都有几百万，属于非常好的企业。我最终还是被当时高新投的副总蔡凡说服了。"

不过，高云峰还是打了一个"埋伏"，他要求，如果在一年半之内大族激光的净资产从高新投入股后的860万变成2000万的话，那么高云峰就可以从高新投手中买回2%的股权，使本人能持有51%，拿回公司的控制权，高新投同意了这个要求。"他们认为这是个不可能的任务。"

☞ 感悟：高云峰敬畏于商道，你认为对他的发展发生重要影响的因素还有那些？

学会做事 LEARNING TO DO

案例 34-3 《侏罗纪公园里一只爱吃糖的恐龙》 任一，冲浪新一代 29 岁的 CEO；冲浪成立比较晚，1999 年才成立。一年多来，冲浪人只做了三件事。第一件事是中国最早的 Linux 商业运用，在北京市政府的项目中得到了成功应用。第二件事是第一个推出了中文 Linux 的发行版本，打开了中文 Linux 的市场。第三件事是推出了 Lin-dows 产品，时隔一年，Lindows 把国内的 Linux 普及推广到了一个新的高度上。

任一把他的公司比作侏罗纪公园，而冲浪人就像公园里的一只只恐龙，这来自他对恐龙时代的敬畏和对工作的崇敬。他说侏罗纪公园里的气氛是自由自在的，恐龙是属于群居的动物，种类繁多，且能共处，当然恐龙的灭亡自有它的原因。它会时刻提醒冲浪人要想适应环境就要反应迅速，洞察市场，要保持高度的紧张，就像恐龙随时随地都会面临灭亡一样。冲浪前行中的每一步很多时候都像是在薄薄的刀刃上走，走不好的话，很容易就会掉下来。这边掉下来是这么死，那边掉下是那么死，不是破产，就是被别人挤垮。“有好几次冲浪都化险为夷了，因为我们的方向对，每到危机的时候，都会出现帮助我们的人，帮助我们做事。”

☞感悟：“自然界的法则不是竞争，不是适者生存，而是合作、节俭和艺术性；作为人类，我们的伟大之处与其说是我们能够改变世界，还不如说我们仅能够改变自我。”结合这番话谈谈任一的成功之处。

学会做事 LEARNING TO DO

三、带着敬畏去工作

人类每一个选择和决定，不是朝向恐惧、不信任、保持原有生存方式的方向，就是朝向信任、风险和进一步发展的方向。我们的选择基于我们对世界的看法，我们应相信世界是一个美好、奇妙的地方。我们可以为了贡献而生存，在工作中、在自然界中、在艺术中寻求我们的新经验，照亮和鼓舞我们自己。

案例 34-4 《"护树改道"的标本意义在于敬畏法律》 路修到一半，发现前面挡着十几株受保护的红树。怎么办？海南省文昌市政府选择了"护树改道"，并为此增加投资上千万元。此举在当地引起争议。

为保护十几株红树，就要修改规划和设计，且增加投资上千万元，在社会各界引发争议是难免的，毕竟各有各的出发点和立足点，也各有各的追求目标和评判标准。但对政府来说，这种选择是完全正确的。在法治条件下，政府做事首先要考虑的应当是严格守法，其次才是节约成本。因此，海南省文昌市政府为护树而改道具有强烈的标本价值，这个标本价值就在于敬畏法律。

随着经济的发展，近年来各地进一步加快了基础设施和城市基本建设步伐，修桥铺路，城市改造，商业开发，轰轰烈烈，有声有色。这原本是好事，然而，一些地方往往以公共利益为名，片面强调规划权威和工程进度，无视有关文物、环境、森林的法律法规，大肆砍伐树木，毁坏文物，破坏环境，侵犯权利，严重伤害了社会和谐及人与自然的和谐。

案例 34-5 《让美丽的珠宝会说话》 刘斐从小就对珠宝有独特的兴趣和感情。小时候刘斐跟爷爷看戏，他最喜欢看的是演员身上那些闪闪发光的珠宝；每次上街，他都要钻到珠宝店去，趴在柜台上一看就是半天。初中毕业，刘斐进入中专学习美术专业，可他多半年时间和精力都用来打工挣钱了。刘斐家境不宽裕，他想打工挣钱减轻家里负担。后来他应姑姑邀请去香港，在那里他看到了从未见到过的天然宝石，美丽极了。刘斐为大自然的魅力所折服，一次次感叹：如果内地商店也摆满这类豪华级的珠宝该多好啊！香港的繁荣发展让他震撼，他突然间领悟到，人生还有好多事情比赚钱更有意义、更值得去追求。天性中不安分的因子又一次被激活了，沉淀已久的珠宝情结重新在心头活跃，他要放弃眼前的一切，去找回久违了的珠宝梦！

从香港回来，刘斐积攒够留学所需的学费之后，停了生意，走进了北京大学英语强化班。他要攻下英语关，敲开出国留学的大门。仅用了半年时间，他考取了英国伯明翰珠宝学院。刘斐学的是珠宝设计和银器设计本科专业，2000年的英国国家级珠宝大赛一开始，留学仅一年的他报了名。刘斐的作品“欢乐的喷泉”荣获设计单项第一名！最让珠宝界同仁刮目相看的是，在瑞士举行的2001年“巴塞尔国际珠宝设计大赛”中，刘斐以中国彩色淡水珍珠为创作基调的宝石项链“水之彩”获得十佳设计奖！

刘斐的作品打入了国际市场，他的设计理念突破了国界，突破了东西方文化差异的束缚，由此登上了国际珠宝行业的舞台，“美丽的珠宝会说话，我喜欢聆听我设计的珠宝首饰对我说……”

☞ 议一议：在人类生活中敬畏的重要功能是什么？

学会做事 LEARNING TO DO

☞ 大哲学家康德曾经说过：“有两种东西，我们对它们的思考越是深沉和持久，它们所唤起的那种越来越大的惊奇和敬畏就会充溢我们的心灵，这就是繁星密布的苍穹和我心中的道德律。”谈谈你对这句话的理解。

学会做事 LEARNING TO DO

☞ 敬畏感是否能抑制人类的幸福感？

学会做事 LEARNING TO DO

☞ 寻找敬畏的感觉：回忆生活中经历过的产生敬畏或感动的体验，并填写表格。

时　间	地　点	对现象（原因）的描述	产生敬畏感的心理体验

四、敬畏自己的工作

1. 让"敬畏"化为工作的动力

每个人都应相信，工作是人与生俱来的一种责任，每个人都应将工作视为自己不可推卸的神圣天职。敬畏职业，像带着虔诚信仰的教徒，忠实地珍惜自己的职业。在我们世俗的经济生活中，需要人们抱有这样的人生态度和生命信仰，把职业当作生命的重要一部分。它会给你相应的回报，你的敬畏态度使你逃离痛苦和烦乱，你的忠实心灵为你带来乐趣和成功，你的生命在有了职业的追求后将变得更加充实和有意义。要成就人生，必先成就你的工作，而要成就工作，你首先就要学会敬畏它！

案例 34-6 《一位部长对工作的敬畏》 "我一上任就跟大家说，我是诚惶诚恐到科技部任部长的。"履职近一年的万钢说。有记者追问，您上任快一年了，而且有海归和大学教授背景，您是否会把一些海外经验带到科技部的工作中，如果要对您一年的工作打个分，您打多少分？记者的提问宛若一次堂考，顿时吊起在场所有人的胃口，但见中外记者纷纷引颈，等待部长作答。

不假思索，曾任同济大学校长的万钢话声沉稳："无论是当校长，还是当部长，必须对自己岗位的权力有一种敬畏，你应该觉得你的责任重大，当你运用权力的时候，必须考虑到你要对它承担的责任。"究其"敬畏"何解，万钢解释道，怎么敬畏？一个要勤，一个要慎。"勤"就是要多做调研，多找专家，多到各方面了解情况，你要掌握全面的情况。"慎"就是做决策的时候，一定要慎，要科学、民主、集体地来作好决策。

2. 记住，这是你的工作

案例 34-7 《杰克·法里斯的少年经历》

美国独立企业联盟主席杰克·法里斯 13 岁时开始在他父母的加油站工作。那个加油站里有三个加油泵、两条修车地沟和一间打蜡房。法里斯想学修车，但父亲让他在前台接待顾客。当有汽车开进来时，法里斯必须在车子停稳前就站到司机门前，然后忙着去检查油量、蓄电池、传送带、胶皮管和水箱。法里斯注意到，如果他干得好的话，顾客大多还会再来。于是，法里斯总是多干一些，帮助顾客擦去车身、挡风玻璃和车灯上的污渍。有段时间，每周都有一位老太太开着她的车来清洗和打蜡。这个车的车内地板凹陷极深，很难打扫。而且，这位老太太极难打交道，每次当法里斯给她把车准备好时，她都要再仔细检查一遍，让法里斯重新打扫，直到清除掉每一缕棉绒和灰尘她才满意。

终于，有一次，法里斯实在忍受不了了，他不愿意再侍候她了。法里斯回忆道，父亲告诉他说："孩子，记住，这是你的工作！不管顾客说什么或做什么，你都要记住做好你的工作，并以应有的礼貌去对待顾客。"父亲的话让法里斯深受震动，法里斯说："正是在加油站的工作使我学到了严格的职业道德和应该如何对待顾客。这些东西在我以后的职业经历中起到了非常重要的作用。"

"记住，这是你的工作！"我认为，应该把这句话告诉给每一个员工。对那些在工作中推三阻四、老是抱怨、寻找种种借口为自己开脱的人，对那些不能最大限度地满足顾客的要求、不想尽力超出客户预期提供服务的人，对那些没有激情、总是推卸责任、不知道自我批判的人，对那些不能优秀地完成上级交付的任务、不能按期完成自己的本职工作的人，对那些总是挑三拣四，对自己的公司、老板、工作这不满意、那不满意的人，最好的救治良药就是：端正他的坐姿，然后面对他，大声而坚定地告诉他：记住，这是你的工作！

如果一个清洁工人不能忍受垃圾的气味，他能成为一个合格的清洁工吗？

记住，这是你的工作！美国前教育部长威廉·贝内特曾说："工作是需要我们用生命去做的事。"对于工作，我们又怎能去懈怠她、轻视她、践踏她呢？我们应该怀着感激和敬畏的心情，尽自己的最大努力，把她做到完美。

除非你不想干了，或你已垂垂暮年，否则，你没有理由不认真对待自己的工作。当我们在工作中遇到困难时，当我们试图以种种借口来为自己开脱时，让这句话来唤醒你沉睡的意识吧：记住，这是你的工作！

请仔细体味这段话的深刻内涵，然后对以后希望选择的工作从以下几个方面进行描述：

☞ 我的工作是可敬畏——令人感动的吗？工作召唤我还是我追求工作？

学会做事 LEARNING TO DO

☞ 我的工作推动了工作的创造吗？

学会做事 LEARNING TO DO

☞ 如何才能使我的工作变得更加充满愉悦和幸福，生活更加简单？

学会做事 LEARNING TO DO

模块35　探究内心的平和

英国诗人弥尔顿说："心，乃是你活动的天地，你可以把地狱变成天国，亦可以把天国变成地狱。"心态决定思想，思想决定人生。古语云：山因势而变，水因时而变，人因思而变，思而悟，悟而行，行必高远。只有当心态有了平和而又不失进取的弦音，许多棘手的问题才会迎刃而解，许多人间的美景才能尽收眼底。"宠辱不惊闲看庭前花开花落，去留无意漫观天外云展云舒。"平和对人生来说是何等的重要。

一、平和是人生的境界

个人都同世界发生着密切的联系，人人都会经历痛苦和欢乐，都会有成功和失败。"保持一种平和的心态"应该是每个人对自己人生的一个要求、一个目标。所谓"平"，即平静、平稳；所谓"和"，即和气、和睦。在纷繁的世界中给自己留一个空间，这样，一切的压力会在自我的平和中减少，所有的不幸会在自我的平和中淡化。平和的心态会让你融于宇宙万物。平和是在这个信息社会、在这个竞争时代的一道风景，更是一种境界。

案例35-1　《智者的答案》　一位少年去拜访一位年长的智者。他问智者："我如何才能成为一个自己愉快，同时也给别人带来愉快的人呢？"智者说："孩子，在你这个年龄有这样的愿望，已经很难得了。我送你四句话。第一句话是，'把自己当成别人'。你能说说这句话的含义吗？"少年回答说："是不是说，在我感到痛苦忧伤的时候，就把自己当成别人，这样痛苦就减轻了；当我欣喜若狂之际，把自己当成别人，那些狂喜也会变得平和一些？"智者微微点头，接着说："第二句话，'把别人当成自己'。"少年沉思一会儿说："这样就可以真正同情别人的不幸，理解别人的需求，在别人需要的时候给予恰当的帮助。"智者两眼发光，继

续说道:"第三句话,'把别人当成别人'。"少年说:"这句话的意思是不是说,要尊重每个人的独立性,在任何情况下都不可侵犯他人的核心领地。"智者哈哈大笑说:"很好,很好,孺子可教也!第四句话是,'把自己当成自己'。这句话理解起来太难了,留着你以后慢慢品味吧。"少年说:"这四句话之间有太多自相矛盾之处,我用什么才能把它们统一起来呢?智者说:"很简单,用一生的时间和经历。"少年沉默了很久,然后叩首告别。

后来少年变成了壮年人,又变成了老人。再后来,他离开了这个世界很久以后,人们都还时时提到他的名字。人们都说他是一位智者,因为他是一个愉快的人,而且也给每一个见到过他的人带来了愉快。

☞ 少年为什么能成为一名智者?是否和他拥有平和的心态有关?请发表自己的看法。

学会做事 LEARNING TO DO

☞ 谈谈自己经历过的一些难忘的事情,然后分组讨论,共同探究:在什么情况下能形成平和心态?

项　目	小学时的心情	中学时的心情	中专(大学)时的心情
遇到成功的事情			
遇到失败的事情			
受到委屈的事情			
遇到悲痛的事情			

人不一定都成为成功者,但都可以成为一个智者,给他人带来快乐。因为平和的心情靠自己去修炼。自己经历多了,经验多了,思想境界高了,心情就会平和了。

二、平和存在于人的内心深处

“不雨花犹落，无风絮自飞。”是啊，生命的进程没人能阻挡，也无法改变。人生的旅途上，有人一味地向自己的目标奔波，很少去浏览脚下的一丛野花、一眼山泉、一条小溪。其实，不正是这些风景构筑了我们生活的美好吗？

1. 平和是内心的一种追求

人生若能拥有一种平和的心态，以鉴赏的眼光看时事，发现事物的美好，感悟生命的真谛，即使清苦也潇洒自如，即使平凡也倍感幸福。平和在哪里？其实就在你的心里深处。

案例 35-2 《著名作家的平和》 提及朱自清教授，很多人非常熟悉。朱自清教授在失意中始终追求内心的平和，使我们油然而生敬意。在 20 世纪 30 年代，中国兵荒马乱，军阀混战，民不聊生。一介文人朱自清，携儿带女，生活极为窘迫，吃饭都成了问题。可面对美国救济粮，他却拍案而起，发出了“饿死不吃救济粮”的铮铮誓言。就是这位威武不能屈、富贵不能淫的斗士，写出了脍炙人口的《荷塘月色》：“路上只有我一个人，背着手踱着。这一片天好像是我的，我也像超出了平常的自己，到了另一个世界。我爱热闹，也爱冷静；爱群居，也爱独处。像今晚上，一个人在苍茫的月下，什么都可以想，什么都可以不想，这就是独处的妙处……”人生不如意十之八九，但在失意中不失人格，不失风骨，极为难得。能在失意中满怀希望，摆脱现实烦恼，去追求内心的安宁、心境的平和，更为难得。

案例 35-3 《知名运动员的平和》 韩国棋手李昌镐对于多数人也不陌生。此君素有“石佛”之誉，虽年少，却有泰山崩于前而色不变的本事。看看媒体有关他的报道，就会发现他无论是世界大赛，还是与业余选手过招，无论是被各国政要接见，还是与棋童合影，其表情始终如一，喜怒不形于

色，保持心静如水。这也是一种平和，一种建立在信心实力上的平和。正是这种平和成就了他在围棋领域霸主的地位。

案例35-4 《禅师的平和》 著名作家林清玄笔下有一个不知名的禅师。他扶危济困，积德行善，倍受尊敬。忽一日，众村民携一名怀孕女子来到寺庙，女子之父手指着禅师骂道："你这个道貌岸然的禽兽，竟然做如此卑鄙无耻的事情，此事如何了结？"禅师看了看目光游离的女子，既没辩解，也没否认，只是轻轻地说了句："是这样啊！"孩子出生后，被送到寺庙，禅师悉心喂养。于是，禅师声名狼藉，身败名裂。若干年后，不知是孩子的母亲良心发现，还是终日惶惶的折磨，终于将实情告诉了父母。原来那时该女子与同村一名男青年谈恋爱，一时冲动，酿下苦果。为了保护心上人，她将责任推给了无辜的禅师。真相大白，众人后悔不已，更惊叹禅师的忍辱负重。禅师看了看羞愧满面的众人，又轻轻地说了句："是这样啊！"

☞ 想一想：有人说平和就是与世无争，看了上面的事例之后，你觉得什么才是真正的平和？

辩论：正方观点：平和是不思进取，安于现状；

反方观点：平和是心胸宽阔，乐观主义。

☞ 你赞成哪种观点？说出你的理由。

学会做事 LEARNING TO DO

从内心追求平和，就要像李昌镐这样，虽具有足够的实力，却没有丝毫的霸气。老子说："夫唯不争，故天下莫能与之争。"看似朴实无华，实则蕴含极大内力。从内心追求平和还要像朱自清教授那样，建立在坚定信念上。也许我们现在并不完美，但是我们一定要坚信未来无限光明。从内心追求平和更需具备禅师的心态，学会忍耐，学会宽容，有大海般的胸怀。

2. 平和能助人成功

案例35-5 《他是怎么摔下来的》 瓦伦达是美国一个著名的高空走钢索的表演者，他在多次表演中保持了平和的心态，取得了圆满的成功，赢得了荣誉。但有一次重大的表演，在上场

前总是不停地说,这次表演太重要了,决不能失败。结果,事于愿违,他从钢丝上摔了下来。可见心态的失衡导致事业的失败,危及到了生命。

案例35-6 《钟表的精度》 布克是法国的一名天主教徒。1536年,因反对罗马教廷的刻板教规被捕入狱。由于他是一位钟表大师,入狱后就被安排制作钟表。在那个失去自由的地方,他发现无论狱方采取什么高压手段,都不能使其制作出日误差低于1/10秒的钟表。可是,入狱前的情形却不是这样。那时,他在自己的作坊里,能使钟表的误差低于1/100秒。

为什么会出现这种情况?起初,布克把它归结为制造的环境。后来,他越狱逃往日内瓦,才发现真正影响钟表准确度的不是环境,而是制作钟表时的心情。

美国斯坦福大学的一项研究表明,人大脑里的某一图像会像实际情况那样刺激人的神经系统。比如当一个高尔夫球手击球前一再告诫自己"不要把球打进水里"时,他的大脑里就会出现"球掉进水里"的情景,而结果往往事与愿违,这时候球大多会掉进水里。这项研究从另一个方面证实了瓦伦达和布克的心态。

☞想一想:人的能力,是否唯有在内心平和的情况下,才能发挥到最佳水平?

项　目	工作速度	工作差错率	思维状况
心情平静时			
心情愤怒时			
心情懊恼时			

3. 平和给人以力量

案例35-7 《今天很抱歉,今天没鞋子穿》 迪亚是法国一位贵族科学家,1789年法国大革命时已有70岁的高龄了。在这场大动荡中,他的贵族头衔,他的财产包括实验室、花园、房产统统地都没有了。但他坦然处之,心境平静得像水一样,耐心、毅力仍在,勇气不减当年。即使经常食不果腹,衣不遮体,还是乐呵呵的。有一次,法国自然科学家协会邀请他作报告,他欣然同意,赤着脚上台,第一句话就是:"今天很抱歉,没有鞋子穿,不过赤着脚倒还挺舒服。"作报告时,他的声音抑扬顿挫,演讲是那么的专注,微微颤抖的双手描绘着植物的特征,生活中一切痛苦都消融在探究自然的无穷乐趣之中。科学家协会准备给这位令人尊敬的老科学家一点点抚慰金,但他婉言谢绝了。

9年以后,这位历经沧桑的老人平静地走了。遗嘱中他规定了自己的葬礼方式:用自己一生中确定的45种植物编成一个花环,放在他的灵柩上,这是唯一

的要求，不需要任何别的东西。这着实反映了他平和的性格，他用这种方式向世人证明了：伟大不在于金钱、不在于身份，只要保持内心的平和，为社会作贡献，就会赢得世界的敬重。

德国大诗人歌德看到社会上一些年轻人未老先衰，一本正经像个小老头，感叹不已："唉，世界上又多了一些年轻的老头了！"他认为，人生就要平和、豪爽。豁达就是快乐，宽宏大量、与人为善就是幸福。童心常驻、精神快慰就是难得的享受。这些快乐幸福和精神享受决不是那些一本正经、过分拘谨的年轻小老头所能够享受得到的。过于一本正经的人缺乏精神活力，缺乏创造性，这种年轻人徒有青春的外表，他们那颗心已经老了，没有活力了。所以在平和的人眼里总会闪着愉快的光芒，显得欢快、豁达、朝气蓬勃而且富有生气。

☞ 想一想：平和的心态来自爱、希望和耐心，它是幸福之源。在你的生活中，你感到最幸福的事情是什么？

学会做事 LEARNING TO DO

☞ 谈一谈：在怎样的心情状态下工作效率高，并填写下表。

对待同学			对待突发事件		性　格			理想与信念	
宽容	一般	苛刻	冷静	急躁	不知所措	随和	多变	坚定	不坚定

平和就是要始终坚信即使在灾难和痛苦之中也能找到心灵的太阳，重重乌云布满了天空，但太阳依然悬挂在天上，太阳的光线终究会照到大地上来。心态平和的人终归是心地善良、善于宽容体谅他人的人，终归是一个具有强大克制力和耐心的人。平和的人也总是幸福的，使自己幸福也使别人幸福。平和的人，能拿得起放得下，不患得患失，斤斤计较，时时感到光明快乐和美丽的生活就在自己的身边。他们眼睛里焕发出来的光彩使整个世界都流光溢彩。在这种心境下，荆棘会变成鲜花，寒冷会变成温暖，痛苦会变成快乐。

4. 平和能让世界和平

同居一片蓝天，共享一个世界。世界是由一个个人组成的。如果人人追求内心的平和,那么世界就会永远和平。联合国教科文组织的文件中说:战争与和平其实产生于人的头脑中。作为人类的我们既能创造,也能毁灭。如果你希望让黑暗的房间中充满光明,你所做的只是打开灯而已。我们要点燃我们世界的人性之灯,就需要鼓起勇气,把希望变成动力,通过实现内心的平和,最终实现世界的和平。

☞ 想一想:我们想要一个怎样的生活、学习、居住的环境。为什么我们大家不能齐心协力,共建和谐,努力拥有一个健康、干净的世界呢?

学会做事 LEARNING TO DO

三、分享平和

☞ 情境:欣赏一段优美的文章(聆听音乐伴奏——《雨的印记》)

清晨,伴着刷刷的雨声醒来。披衣起床,推开阳台上的窗户。一股湿淋淋的由土地呼出来的雨水的味道沁入干燥的肺腑,我感到所有沉睡一冬的小虫子都会在这个雨雾蒙蒙的清晨睁开眼睛。

回想起来,已经很久没有感受到这种浑然一体的平和气息了。一直以来,城市的噪音、人群的纷争以及四面八方潮水般涌来的压力,使我对身边这些安宁的事物几乎视而不见。不知是这第一场春雨,还是什么莫名的奇怪的引力,使我又终于重新看见了平和、宁静,一时间,竟恍若隔世,惊叹自己何以多时以来浑然不知?

其实,此时天地万物的和谐之感,首先是缘自内心的安静。

这几天,我感到一股奇妙的安静的力量在内心里生长,它们先是一团模糊不清的东西,进而渐渐成形,然后它们成为一股清晰而强有力的存在——那是一团沉默的声音,它们一点一点浸蚀、覆盖了我身体里边的那些嘈杂,然后一直涌到我的唇边、涌到我的指尖上来。我清晰地听到了它们。这样,我的唇边和指尖都

挂满丰沛的语言。我无须说话,无须表达。但是,如果你的内心同我此刻一样恬静,你就会听到它们。由于它们的存在,当我独自一人对着墙壁倚桌静坐的时候,我的眼前不再是一堵封闭的墙垣,相反,我的视野相当辽阔,仿佛面对的是一片丰饶多彩的广袤景观,让人目不暇接,脑子里边的线路与外部世界的信号繁忙地应接不断;而当我置身于众多的人群里,却又如同独处一室,仿佛四周空空荡荡什么都不复存在,来自身体内部的声音密集地布满我的双眼。

多么美好!

泰伊的弥撒曲远远地徐徐地飘来,其实我并没有打开音响,那声音的按钮潜藏在我的脑中,只需一想,那乐声便从我的脚尖升起。我甚至不是用耳朵倾听,而是用全身的皮肤倾听。

这是平和带来的感受。

这种时刻,所有的嘈杂纷争、抑郁怨愤甚至心比天高的欲望,全都悄然退去了,平和、富足甚至幸福感便会从你的心里盈盈升起。

☞做一做:

(1)内心的平和需要宁静和快乐的感觉,这种感觉同样需要分享。请大家准备好纸与笔,讨论找到内心平和的途径和方法,并把它写出来。

学会做事 LEARNING TO DO

(2)我的平和意识:平和是一种内心的活动,是一种思想的境界。你的平和意识如何?以小组为单位,同学之间相互讨论和评价。

学会做事 LEARNING TO DO

内心的平和使我们心胸宽敞,心情宁静,充满爱心,享受快乐。内心的平和是人生的一种境界,需要一个人慢慢体会和提升。内心的平和使社会和谐,世界和平。只要我们努力去追求,每一个人都能做到。欲望少一些,眼光长一些,心态平一些,平和就多一些。但愿我们的心灵能在这浮躁的尘世中保留一份净土,人人内心平和,世界就会永远和平。

后 记

《学会做事——赢在起点》的面世可谓正逢时节。在经济全球化以及中国产业结构调整的背景下,个人的职业价值观及职业态度已经成为衡量劳动者素质及竞争能力的关键因素,同时也成为企业选人、用人的重要标准。人力资源市场对人才的评价标准在经历了学历取向、技能取向之后,正在向职业态度的取向延伸。然而,院校的职业价值观教育在课程设置及教学的方式、方法探索等方面有待于取得大的突破。希望该书能够起到抛砖引玉的效果。

作为山东实验子课题组的重要研究成果,该书在编创时得到了总课题组组长余祖光所长、副组长王文槿主任的鼎力支持,在此编委会表示衷心感谢。

本书的编创凝聚了山东省 20 多所参编院校的 50 多位领导和教师的辛勤劳动,参与编创工作的有:第一模块:姜文宽、贾强;第二模块:李德军、刘凌涛;第三模块:王金庆、谢玉清;第四模块:姜文宽;第五模块:刘素群;第六模块:周淑珍、丁雪涛;第七模块:李秀清、吕昌锋;第八模块:姜文宽、郝淑珍;第九模块:孙涛;第十模块:韩百宝、王吉明;第十一模块:程英良;第十二模块:刘肖燕;第十三模块:孙晓东;第十四模块:倪建强、王强;第十五模块:王金庆;十六模块:范友林;第十七模块:孙萍、李强;第十八模块:宋娜;第十九模块:翟丽萍;第二十模块:郭庆军、丁翠兰;第二十一模块:昃道鹏;第二十二模块:赵庆华;第二十三模块:黄秀勇、刘跟科;第二十四模块:宋士强;第二十五模块:李志强;第二十六模块:徐乃香、朱艳军;第二十七模块:隋灵灵;第二十八模块:梁敬升;第二十九模块:卜善磊;第三十模块:朱建军;第三十一模块:何雷、杜春法;第三十二模块:张家选、隋立国;第三十三模块:孙永杰;第三十四模块:胡强;第三十五模块:梁建、顾军。在此对他们表示衷心的感谢!

在书稿编写的过程中采用了一些图文，在此对它们的作者们表示衷心的感谢！因条件所限无法一一与他们取得联系，恳请有关人士及时与我们接洽。

因时间仓促，加之经验有限，本书难免有诸多不足之处，请各界专家学者不吝赐教。

全国教育科学“十一五”规划教育部重点课题
“职业教育中价值观教育的比较研究与实验”
山东实验子课题组
《学会做事——赢在起点》编委会
2008 年 12 月

图书在版编目(CIP)数据

学会做事:赢在起点/梁敬升等著.
—济南:山东大学出版社,2009.3(2019.1 重印)
ISBN 978-7-5607-3823-9

Ⅰ.学…
Ⅱ.梁…
Ⅲ.成功心理学—通俗读物
Ⅳ.B848.4—49

中国版本图书馆 CIP 数据核字(2009)第 037110 号

山东大学出版社出版发行
(山东省济南市山大南路 20 号　邮政编码:250100)
新　华　书　店　经　销
沂南县汶凤印刷有限公司印刷
720×980 毫米　1/16　24.25 印张　445 千字
2009 年 3 月第 1 版　2019 年 1 月第 8 次印刷
定价:29.80 元